储能科学与工程新兴领域"十四五"高等教育教材
国家教材建设重点研究基地（储能科学与工程教材研究）重点成果

# Functional Materials for Energy Storage

# 储能功能材料

主　编　韩杰才

副主编　何玉荣　唐天琪　朱嘉琦

　　　　胡彦伟　王天宇

中国教育出版传媒集团
高等教育出版社·北京

内容简介

随着世界能源结构的加速变革,国内外储能技术蓬勃发展,储能专业知识构架以及研究对象的前沿性、复杂性以及学科交叉性日益显著。其中,储能功能材料的设计、研发和性能优化为促进储能技术与产业发展起到了重要推动作用。

本书是储能科学与工程新兴领域"十四五"高等教育教材之一。本书详细介绍储能功能材料的基础理论、储能功能材料的分类以及典型应用案例,为读者展现一个丰富多彩、蓬勃发展的储能材料世界,使读者感受到能源、材料以及化工等多学科交叉带来的知识融合之美。

本书还配有网络电子资源,收集整理了储能功能材料最新前沿进展,旨在科学技术飞速发展时代实现专业教学内容的有效更新,提升教材专业化程度,助力储能科学与工程专业发展。

本书主要面向高等学校储能科学与工程专业本科生、研究生,以及希望了解储能功能材料全貌的同等学力者。

**图书在版编目(CIP)数据**

储能功能材料 / 韩杰才主编. -- 北京 : 高等教育出版社, 2025. 6. -- ISBN 978-7-04-063915-5

Ⅰ. TB34

中国国家版本馆 CIP 数据核字第 20255UZ389 号

Chuneng Gongneng Cailiao

| | | | |
|---|---|---|---|
| 策划编辑 杜惠萍 | 责任编辑 杜惠萍 | 封面设计 李树龙 | 版式设计 李彩丽 |
| 责任绘图 黄云燕 | 责任校对 刁丽丽 | 责任印制 存 怡 | |

| | | |
|---|---|---|
| 出版发行 | 高等教育出版社 | 网　　址　http://www.hep.edu.cn |
| 社　　址 | 北京市西城区德外大街 4 号 | http://www.hep.com.cn |
| 邮政编码 | 100120 | 网上订购　http://www.hepmall.com.cn |
| 印　　刷 | 保定市中画美凯印刷有限公司 | http://www.hepmall.com |
| 开　　本 | 787 mm × 1092 mm　1/16 | http://www.hepmall.cn |
| 印　　张 | 16 | |
| 字　　数 | 320 千字 | 版　　次　2025 年 6 月第 1 版 |
| 购书热线 | 010-58581118 | 印　　次　2025 年 6 月第 1 次印刷 |
| 咨询电话 | 400-810-0598 | 定　　价　44.70 元 |

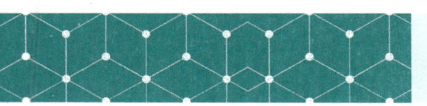

# 新形态教材网使用说明

## 储能功能材料

主 编 韩杰才

## 计算机访问：

1 计算机访问https://abooks.hep.com.cn/1268591。

2 注册并登录，进入"个人中心"，点击"绑定防伪码"，输入图书封底防伪码（20位密码，刮开涂层可见），完成课程绑定。

3 在"个人中心"→"我的学习"中选择本书，开始学习。

## 手机访问：

1 手机微信扫描下方二维码。

2 注册并登录后，点击"扫码"按钮，使用"扫码绑图书"功能或者输入图书封底防伪码（20位密码，刮开涂层可见），完成课程绑定。

3 在"个人中心"→"我的图书"中选择本书，开始学习。

受硬件限制，部分内容无法在手机端显示，请按提示通过计算机访问学习。

如有使用问题，请直接在页面点击答疑图标进行问题咨询。

扫描二维码
访问新形态教材网

# 总　序

　　能源是经济的命脉,能源安全事关经济社会发展全局,积极发展清洁能源,是立足新发展阶段、贯彻新发展理念、构建新发展格局、推动高质量发展的重要举措。

　　目前,我国正加快经济社会的全面绿色转型,其中能源的绿色转型是基础和关键。储能技术是建设新型电力系统、推动能源绿色低碳转型、实现"双碳"目标的战略支撑,已经成为发展新质生产力的新动能。储能技术是将能量通过物理或化学手段储存起来,并在需要时以特定形式释放和使用的技术。其核心价值是在时间和空间两个维度上,实现能量的灵活存取,从而优化能源系统的供需动态。储能技术作为新能源发展的核心支撑在促进能源生产消费、开放共享、灵活交易、协同发展,推动能源革命和能源新业态发展等方面发挥着至关重要的作用。创新突破的储能技术将成为带动全球能源格局革命性、颠覆性变化的重要引领技术,世界主要发达国家纷纷加强储能人才培养和技术储备,大力发展储能产业,抢占能源战略突破的制高点。

　　2020 年 1 月,教育部、国家发展和改革委员会、国家能源局联合发布了《储能技术专业学科发展行动计划(2020—2024 年)》,对储能相关学科建设、多学科人才交叉培养、产教融合等多方面提出了一系列推进举措。2020 年 3 月,教育部批准西安交通大学在国内率先创办储能科学与工程专业,西安交通大学委托我负责专业的筹建,我们组建了多学科交叉的专业建设团队,编写了全国首部《储能科学与工程本科专业知识体系与课程设置》,获批国家首批储能技术产教融合创新平台,构建了实施学科交叉、机制创新、产教融合的储能高端人才培养新模式。截至目前,全国共有 105 所高校设置了储能科学与工程专业,有 7 所大学先后获批建设国家储能技术产教融合创新平台。

　　由于储能科学与工程专业具有较强的综合性、系统性、应用性和学科交叉性,所以对储能技术人才的培养要求很高。从我国储能人才现状来看,不仅领军人才、复合型创新人才紧缺,骨干工程人才和基础人才的存量也严重不足,人才短缺已经严重制约储能技术的创新、产业发展和升级。开展储能科学与工程新兴领域专业的研究与建设,加快培养储能领域"高精尖缺"人才,增强产业关键核心技术攻关和自主创新能力,以产－教－研－学－用融合发展推动储能技术和产业高质量发展,是我国有关高校进行储能科学与工程专业建设的核心任务。

2021年6月,教育部发布了《关于推荐新兴领域教材研究与实践项目的通知》,推进布局未来战略性新兴领域人才培养,深化新工科建设。我牵头申报了"储能科学与工程新兴领域基础教材的研究与建设"项目。该项目于2021年10月获批,经过历时近1年的深入工作,于2022年7月通过教育部组织的专家评估,项目完成质量和水平获评优秀。

为了完善储能科学与工程专业的教材体系,加强储能人才培养和技术储备,根据教育部2023年3月发布的《关于组织开展战略性新兴领域"十四五"高等教育教材体系建设工作的通知》,2023年4月,由西安交通大学牵头,联合上海交通大学、哈尔滨工业大学、天津大学、南京航空航天大学、武汉理工大学、中国石油大学(北京)、南方科技大学、东南大学的11名院士以及多位专家学者,在已有工作的基础上,申报了教育部战略性新兴领域"十四五"高等教育教材体系建设(储能科学与工程)项目,并于同年11月获批。项目在深入调研国内外储能领域教材建设现状的基础上,结合储能科学与工程专业学科交叉性强、基础知识广泛、实践要求高等特点,策划并编写了储能科学与工程新兴领域"十四五"高等教育系列教材。申报项目时规划的16种教材的名称与主编信息如下。

| 序号 | 教材名称 | 主编 | 主编单位 |
|---|---|---|---|
| 1 | 储能导论 | 何雅玲 院士 | 西安交通大学 |
| 2 | 储能热流科学基础 | 陶文铨 院士 | 西安交通大学 |
| 3 | 电力系统与储能 | 王锡凡 院士 | 西安交通大学 |
| 4 | 热能储存与转化利用 | 宣益民 院士 | 南京航空航天大学 |
| 5 | 储能功能材料 | 韩杰才 院士 | 哈尔滨工业大学 |
| 6 | 氢能技术 | 张清杰 院士 | 武汉理工大学 |
| 7 | 氢储能零碳智慧能源系统与经济性 | 管晓宏 院士 | 西安交通大学 |
| 8 | 储能与综合能源系统 | 黄 震 院士 | 上海交通大学 |
| 9 | 液流电池长时储能 | 徐春明 院士 | 中国石油大学(北京) |
| 10 | 储能化学基础与应用 | 赵天寿 院士 | 南方科技大学 |
| 11 | 电力储能系统控制与保护 | 王成山 院士 | 天津大学 |
| 12 | 储能系统设计与应用 | 别朝红 教授 | 西安交通大学 |
| 13 | 储能系统并网技术 | 刘进军 教授 | 西安交通大学 |
| 14 | 储能电池基础 | 肖 睿 教授 | 东南大学 |
| 15 | 可再生能源利用与存储技术 | 廖 强 教授 | 重庆大学 |
| 16 | 储能半导体器件 | 徐友龙 教授 | 西安交通大学 |

　　储能科学与工程涉及的知识浩若星辰大海。本系列教材希望能给读者一个关于储能科学与工程的比较完整的知识框架，使读者掌握一个基本完善的知识体系。本系列教材各具特色，涉及储能科学与工程的各个方面，倾注了各位主编和参编专家、学者的心血，可以满足相关读者对储能科学与工程不同方面知识的学习要求。

　　作为教育部战略性新兴领域"十四五"高等教育教材体系建设（储能科学与工程）项目的负责人和《储能导论》的主编，我谨代表项目建设团队向支持系列教材顺利出版的教育部、国家发展和改革委员会、国家能源局等各领导部门，向参与系列教材编写的各位专家学者，向负责系列教材出版的高等教育出版社、中国电力出版社等单位的领导、编辑，一并表示衷心的感谢，并致以崇高的敬意。惟愿本系列教材的出版，能有益于培养读者宽广扎实的专业基础知识、过硬的分析及创新能力，为我国培养储能科学与工程高精尖专业人才提供重要支撑，不负所托！

　　盼望各位读者朋友对本系列教材的不足之处提出宝贵意见，以期不断完善，你们的意见和建议是我们不断进步的动力！

中国科学院院士

储能科学与工程项目负责人

2025 年 4 月

# 前　言

能源是推动物体运动和发展的动力源泉,材料是构成各种物体的物质基础。能源与材料的合理应用和开发对于社会的可持续发展至关重要。

在国际能源转型背景下,太阳能等可再生能源,具有储量丰富、绿色低碳的特点,是实现可持续发展和清洁能源转型的重要支撑。然而可再生能源存在间歇性与不稳定性等问题,无法长时间连续、稳定运行。储能技术的出现很好地弥补了可再生能源的弊端,是实现可再生能源平滑波动、调峰调频,满足可再生能源大规模接入的重要手段;能有效提高能源的利用效率,减少能源的浪费,为实现能源绿色低碳转型提供重要助力。

储能技术作为重要的战略性新兴领域,涉及物理、化学、材料、能源动力、电气等多学科多领域交叉融合。我国已于 2020 年 3 月批准设置了首个“储能科学与工程”专业,旨在加快培养急需紧缺人才,破解共性和瓶颈技术,助力我国储能产业和能源高质量发展。

储能功能材料作为储能技术的核心组成部分,其功能是将能量转化为可存储的形式,在需要时再将能量释放。作为推动储能技术发展的重要驱动力,储能功能材料需要具有高能量密度、高循环稳定性、快速响应和长寿命等特性。在储能技术飞速发展、能源需求日益增长的时代,各行各业对储能功能材料的性能提出了更高的要求。全面系统地了解和掌握储能功能材料的分类、性能、制备方法、优化方法以及应用领域等专业知识,形成完整的知识体系,对培养专业技术知识扎实的储能专业人才至关重要。

本书分为五部分,除概论外,较为系统和全面地论述了储热/储冷功能材料、电化学储能功能材料、储氢功能材料以及其他新型储能功能材料(此部分内容作为课件的第十四章呈现,课件可在新形态教材网上下载)。教材融入了典型应用案例和工业实践案例,帮助读者更好地理解储能功能材料的专业知识,提升实践能力。本书配有数字资源,收集了储能功能材料最新前沿进展,旨在科学技术飞速发展时代实现专业教学内容的有效更新,提升教材专业化、信息化程度,为我国新形态教材建设添砖加瓦。本书由韩杰才院士组织编写,并担任主编。第一部分概论由朱嘉琦完成,第二部分储热/储冷功能材料由胡彦伟完成,第三部分电化学储能功能材料由何玉荣完成,第四部分储氢功能材料由唐天琪完成,数字资源由王天宇完成,并负责后续内容更新及维护。王彪、徐兴春、宋梓诚、刘本建、翟明、郭利等人参与编写。

在此,编者衷心感谢教育部战略性新兴领域“十四五”高等教育教材体系建设(储能科学与工程)项目、储能科学与工程专业教材建设团队、高等教育出版社对本书编写工作的指导和帮助,感谢哈尔滨工业大学何伟东教授对本书提出的宝贵建议,同时感谢高等教育出版社对本书出版的支持。

限于时间和能力,书中难免存在疏漏,诚请读者批评指正。编者邮箱为 cngncl@ 163. com。

编者

2024 年 10 月

# 目　录

## 第一部分　储能功能材料概论

**第一章**　"走进宏观储能世界、认识储能
功能材料"——绪论/003

1.1　储能技术概述/004
 1.1.1　能源的分类/004
 1.1.2　储能的基本特性及评价指标/005
 1.1.3　储能技术的意义/005
 1.1.4　储能技术的分类/007
1.2　储能功能材料的分类/011
 1.2.1　储热/储冷功能材料/011
 1.2.2　电化学储能功能材料/013
 1.2.3　储氢功能材料/014
 1.2.4　新型储能材料/015
本章小结/017
思考题/017
习题/018
参考文献/018

**第二章**　"储能功能材料从哪来?"——
储能功能材料的制备方法/021

2.1　储热/储冷功能材料主要制备方法/022
 2.1.1　固相法/022
 2.1.2　液相法/022
 2.1.3　气相法/024
2.2　电化学储能功能材料主要制备
方法/026
 2.2.1　固相法/026

2.2.2　液相法/027
2.2.3　气相法/030
2.3　储氢功能材料主要制备方法/030
 2.3.1　固相法/031
 2.3.2　液相法/032
 2.3.3　气相法/034
2.4　其他储能功能材料制备方法/035
 2.4.1　固相法/035
 2.4.2　液相法/036
 2.4.3　气相法/037
2.5　人工智能赋能储能功能材料的制备
与研发/038
本章小结/039
思考题/040
习题/040
参考文献/041

**第三章**　"如何了解储能功能材料"——
储能功能材料的表征与分析/043

3.1　成分分析/044
 3.1.1　化学分析法/044
 3.1.2　原子吸收光谱法/044
 3.1.3　X射线光电子能谱分析/045
 3.1.4　X射线荧光光谱分析/046
 3.1.5　质谱分析/047
 3.1.6　分光光度计法/047
 3.1.7　火花直读光谱分析/048

3.2 结构分析/049
  3.2.1 X 射线衍射分析/049
  3.2.2 红外吸收光谱分析/049
  3.2.3 拉曼光谱分析/050
  3.2.4 核磁共振波谱法/051
  3.2.5 透射电子显微镜分析/052
  3.2.6 穆斯堡尔谱分析/052
  3.2.7 洛伦兹力显微镜/053
3.3 形貌分析/053
  3.3.1 原子力显微镜分析/053
  3.3.2 扫描电子显微镜分析/054
  3.3.3 金相分析/054
  3.3.4 背散射电子探针/055
  3.3.5 电子背散射衍射/055
3.4 热性能分析/056

3.4.1 热重分析法/056
  3.4.2 差热分析法/057
  3.4.3 差示扫描量热法/057
  3.4.4 热机械分析法/058
3.5 电化学分析/059
  3.5.1 循环伏安法/059
  3.5.2 电化学阻抗法/059
  3.5.3 差分脉冲伏安法/060
  3.5.4 计时电流法/060
3.6 其他分析方法/061
本章小结/061
思考题/062
习题/062
参考文献/063

## 第二部分 储热/储冷功能材料

### 第四章 "热量的升降梯"——显热储热/储冷材料/067

4.1 显热储热/储冷原理/067
4.2 显热储热/储冷材料的分类与特性/068
  4.2.1 固态显热储热/储冷材料/068
  4.2.2 液态显热储热/储冷材料/069
  4.2.3 其他显热储热/储冷材料/070
4.3 显热储热/储冷材料的应用/070
  4.3.1 固态显热储热/储冷材料的应用/071
  4.3.2 液态显热储热/储冷材料的应用/073
  4.3.3 其他显热储热/储冷材料的应用/075
本章小结/076
思考题/077
习题/077
参考文献/077

### 第五章 "会变形的储能材料"——相变储热/储冷材料/080

5.1 相变储热/储冷原理/081
  5.1.1 相平衡特性/081
  5.1.2 相变储热/储冷过程/081
  5.1.3 相变材料关键物性参数/083
5.2 相变储热/储冷材料的分类与特性/084
  5.2.1 有机相变材料/084
  5.2.2 无机相变材料/087
  5.2.3 共晶相变材料/088
  5.2.4 复合相变材料/089
5.3 相变储热/储冷材料的应用/091
  5.3.1 光-热转化领域/092
  5.3.2 医疗健康领域/092
  5.3.3 催化反应领域/093
  5.3.4 红外隐身领域/094

    5.3.5 电子设备热管理领域/095

本章小结/096

思考题/096

习题/097

参考文献/097

**第六章** "循环可逆的储热材料"——热化学储热/储冷材料/100

6.1 热化学储热/储冷原理/100
    6.1.1 热化学吸附储热/储冷原理/101
    6.1.2 热化学反应储热/储冷原理/102

6.2 热化学储热/储冷材料的分类与

特性/105
    6.2.1 热化学吸附储热/储冷材料/105
    6.2.2 热化学反应储热/储冷材料/107

6.3 热化学储热/储冷材料的应用/111
    6.3.1 热化学吸附制冷技术/111
    6.3.2 太阳能高温热化学储能技术/112
    6.3.3 化学热泵/114
    6.3.4 热化学储热系统/114

本章小结/116

思考题/116

习题/116

参考文献/117

## 第三部分　电化学储能功能材料

**第七章** "摇椅式电池"——锂离子电池材料/121

7.1 锂离子电池储能原理/122
    7.1.1 锂离子电池的组成/122
    7.1.2 锂离子电池的工作原理/122

7.2 锂离子电池材料的分类与特性/123
    7.2.1 正极材料/123
    7.2.2 负极材料/128
    7.2.3 电解质材料/131
    7.2.4 隔膜材料/133

7.3 锂离子电池的应用/133
    7.3.1 便携式电子设备/133
    7.3.2 新能源交通/134
    7.3.3 大规模储能系统/135

本章小结/135

思考题/136

习题/136

参考文献/137

**第八章** "三明治电池"——钠离子电池材料/140

8.1 钠离子电池储能原理/140
    8.1.1 钠离子电池的组成/140
    8.1.2 钠离子电池的工作原理/141

8.2 钠离子电池材料的分类与特性/142
    8.2.1 正极材料/142
    8.2.2 负极材料/145
    8.2.3 电解质材料/148
    8.2.4 隔膜材料/151

8.3 钠离子电池的应用/152
    8.3.1 便携式电子设备/152
    8.3.2 新能源交通/153
    8.3.3 大规模储能系统/153

本章小结/154

思考题/154

习题/155

参考文献/155

第九章 "流动的储能电池"——液流电池材料/157

9.1 液流电池储能原理/158
    9.1.1 液流电池的组成/158
    9.1.2 液流电池的工作原理/159
9.2 液流电池材料的分类与特性/160
    9.2.1 电极材料/160
    9.2.2 电解液材料/161
    9.2.3 隔膜材料/165
    9.2.4 双极板材料/167
9.3 液流电池的应用/169
    9.3.1 大规模储能系统/170
    9.3.2 电力系统削峰填谷/171
    9.3.3 用户侧储能设备/172
    9.3.4 液流电池的新型应用/172
本章小结/173
思考题/174
习题/174

参考文献/175

第十章 "能量的弹簧"——超级电容器材料/177

10.1 超级电容器储能原理/177
    10.1.1 超级电容器的组成/177
    10.1.2 超级电容器的工作原理/178
10.2 超级电容器材料的分类与特性/179
    10.2.1 电极材料/179
    10.2.2 电解质材料/183
    10.2.3 隔膜材料/186
10.3 超级电容器的应用/186
    10.3.1 新能源交通/187
    10.3.2 智能电网/188
    10.3.3 先进电子设备/188
本章小结/189
思考题/190
习题/191
参考文献/191

# 第四部分 储氢功能材料

第十一章 "会呼吸的金属"——金属储氢材料/197

11.1 金属储氢材料储氢原理/198
    11.1.1 合金氢化物储氢原理/198
    11.1.2 金属配位氢化物储氢原理/200
11.2 金属储氢材料的分类与特性/201
    11.2.1 合金氢化物储氢材料/201
    11.2.2 金属配位氢化物储氢材料/203
11.3 金属储氢材料的应用/210
    11.3.1 二次电池/210
    11.3.2 氢气分离与净化/211
    11.3.3 能量转换与存储/211
本章小结/212

思考题/213
习题/213
参考文献/213

第十二章 "有容乃大的多孔骨架"——碳质储氢材料/215

12.1 碳质储氢材料储氢原理/215
    12.1.1 吸附质与吸附剂相互作用力/216
    12.1.2 吸附基本方程/217
    12.1.3 等温吸附方程/217
12.2 碳质储氢材料的分类与特性/218
    12.2.1 活性炭储氢材料/219
    12.2.2 碳纳米管储氢材料/221

12.2.3　石墨烯储氢材料/222

12.3　碳质储氢材料的应用/223

12.3.1　氢气存储与运输/223

12.3.2　燃料电池/224

本章小结/224

思考题/225

习题/225

参考文献/226

第十三章　"潜力无限的液体"——有机液体储氢材料/228

13.1　有机液体储氢材料储氢原理/228

13.2　有机液体储氢材料的分类与特性/230

13.2.1　苯与环己烷储氢体系/231

13.2.2　甲苯与甲基环己烷储氢体系/231

13.2.3　萘与十氢化萘储氢体系/233

13.2.4　新型有机液体储氢体系/233

13.3　有机液体储氢材料的应用/235

本章小结/236

思考题/236

习题/237

参考文献/237

# 第一部分
# 储能功能材料概论

　　能源和材料是社会发展的基础。随着社会经济的不断发展,传统化石能源储量有限、不可再生和碳排放量大等问题日益突显。太阳能、风能、水能和潮汐能等可再生能源作为清洁能源的一部分具有储量丰富、绿色低碳等特点,是未来能源发展的主要方向,是实现可持续发展和清洁能源转型的重要支撑。伴随着可再生能源的快速发展,储能技术作为解决能源存储和调度难题的关键技术,受到了广泛关注。储能技术可有效缓解可再生能源的间歇性与不稳定性带来的问题,实现电网的"削峰填谷",提高能源的利用效率,减少能源的浪费,还可以提供解决气候问题的方案,减少温室气体的排放,实现能源结构的绿色转型。

　　储能功能材料是具有能量存储特性的材料,不仅能存储能量,而且能实现能量转化,在需要时释放能量以供使用。储能功能材料作为储能技术的核心组成部分,是推动储能技术发展的重要驱动力,需要具有高能量密度、高循环稳定性、快速响应和长寿命等特性。通过合理的制备方法,可以提高储能功能材料的储能密度,降低材料的生产制造成本,拓宽储能材料的应用范围。根据存储能量形式的不同,可以将储能功能材料分为储热/储冷功能材料、电化学功能材料、储氢功能材料和新型储能材料等。通过固相法、液相法和气相法等制备方法可以有效制备所需的储能功能材料。储能功能材料的表征与分析,对储能功能材料的合成与应用具有指导作用。对材料进行成分、结构、形貌、热性能和电化学性能等的表征,可以确保材料合成的正确性,提高材料储能密度和循环性能等,确定材料的使用温度范围,等等。

　　本部分主要介绍储能技术和储能功能材料的分类、制备方法和表征与分析手段,其结构总图如图 1 所示,使读者对储能功能材料有一定的了解。

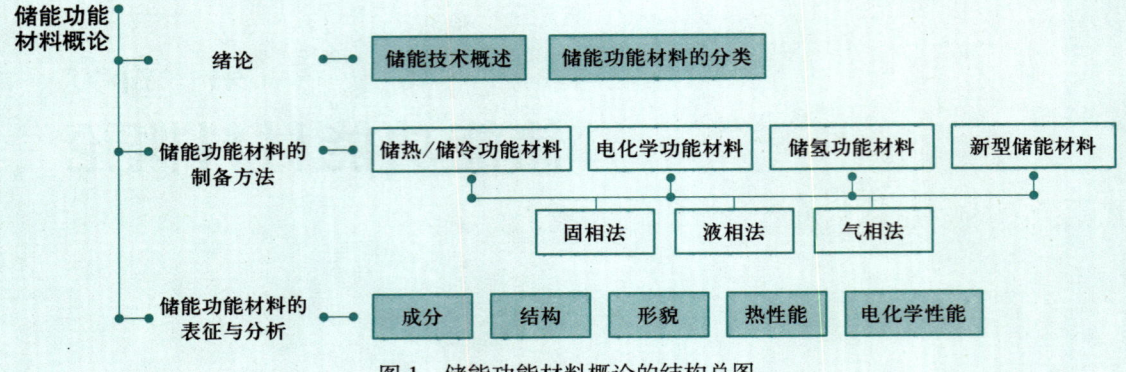

图 1　储能功能材料概论的结构总图

# 第一章
## "走进宏观储能世界、认识储能功能材料"——绪论

能源是社会稳定的基石,是国家发展的基础,是推动科技进步的动力,在工业生产、供电供暖和交通运输等方面发挥着重要的作用。目前,全球能源格局正逐步由化石能源向绿色清洁能源转型,我国的能源格局也正在发生翻天覆地的变化,太阳能等新能源得到了大力发展。

储能技术作为清洁能源发展的关键,成为能源领域的新亮点,将废热、弃风弃光等以电能、热能、化学能和机械能等形式存储起来,在能源消耗高峰供能,可以显著提高能源的利用效率,避免能源浪费,降低碳排放量,实现可持续发展。

《"十四五"新型储能发展实施方案》

本章主要介绍能源的分类、储能技术的意义、储能技术的分类以及储能功能材料的分类,从热能、电磁能、化学能和机械能等方面展开介绍,其结构总图如图 1-1 所示。

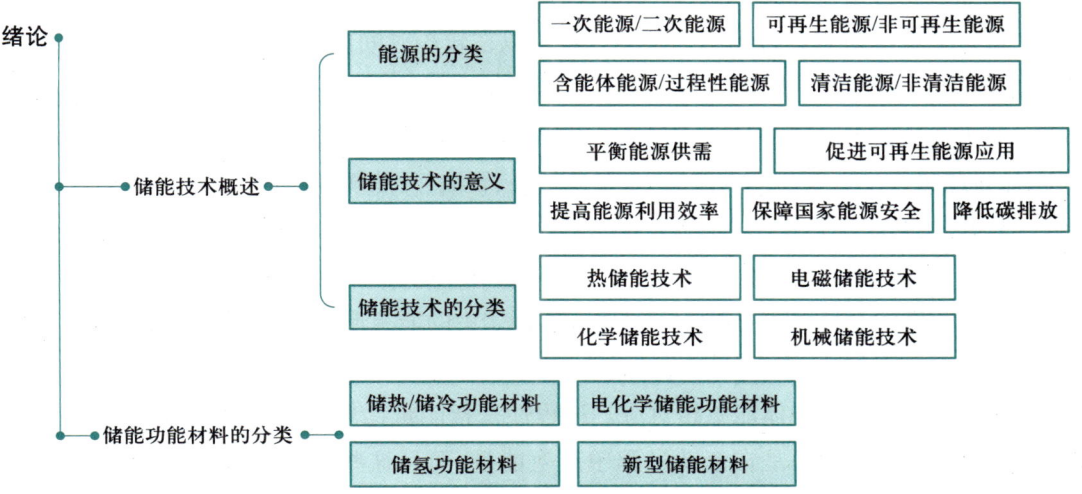

图 1-1　第一章的结构总图

# 1.1 储能技术概述

## 1.1.1 能源的分类

能量是物质做功能力的体现,形式众多,主要包括电磁能、机械能、化学能、太阳能、核能、热能等。不同形式的能量具有不同的能量品位,其相互之间的转换效率也存在差异。

能源是指可以直接或经转换提供人类所需的光、热、动力等形式能量的载能体资源。能源种类繁多,可按如下方式划分。

### 1. 按能量的原始来源分类

按能量的原始来源分类,能源分为一次能源和二次能源。

一次能源是自然界中未经任何加工和转换、自然存在的能源。主要包括:① 来自地球以外天体的能量,主要是太阳能,除直接辐射外,为风能、水能、生物质能和矿物能等的产生提供基础;② 地球本身蕴藏的能量,海洋和陆地内储存的燃料、地热能等;③ 地球与其他天体相互作用产生的能量,如潮汐能。

二次能源是一次能源加工转化而成的其他形态的能源,如电力、煤气、汽油、沼气、氢能等。

### 2. 按能量的再生性分类

按能量的再生性分类,能源分为可再生能源和非可再生能源。

可再生能源是可以得到不断补充或者可以在较短时间内再生成的能源,主要包括太阳能、风能、生物质能、波浪能、海洋温差能等。

非可再生能源是在自然界中经过亿万年形成,短期内无法恢复且随着大规模开发利用,储量越来越少直至枯竭的能源,主要包括煤、石油、天然气等。

### 3. 按能源的存储和输送性质分类

按能源的存储和输送性质分类,能源分为含能体能源和过程性能源。

含能体能源是能量直接存在于物质或实体之中的能源形式。这类能源具有能够被直接存储和运输的特点,常见的有化石燃料、核燃料、生物质能、地热水和地热蒸气等。

过程性能源与含能体能源相对应。过程性是指能量比较集中的物质运动过程,或称能量过程。过程性能源是在流动过程中产生能量,而且这些能量无法直接存储和运输。典型的过程性能源包括风能、水能、潮汐能、波浪能和地热能等。

### 4. 按能源对环境污染程度分类

按能源对环境污染程度分类,能源分为清洁能源和非清洁能源。

清洁能源是指在使用中对环境无污染或者污染较小的能源,包括太阳能、风能、海洋能等。

非清洁能源是指在使用中可能对环境造成较大污染的能源,包括煤炭等化石燃料和部分传统的化学能源。

清洁能源与非清洁能源的划分是相对的,不同能源的清洁程度会受技术水平、生产过程、使用方式等因素的影响。因此,在能源的选择和利用中,应该综合考虑其环境友好性、可持续性和经济性等因素,促进清洁能源的发展和应用,减少对非清洁能源的依赖,从而实现能源可持续发展和环境保护的双重目标。

### 1.1.2 储能的基本特性及评价指标

储能是通过特定介质或设备将能量存储起来,以便在需要时以相同或不同形式释放的过程。这一概念涵盖了多种形式的能量存储方式,其中包括一次能源和二次能源。在狭义上,储能是利用机械、化学、电磁等技术手段将能量存储起来的过程。

新型储能
发展情况

储能系统的基本特性可以通过以下指标进行描述:

存储容量是指储能系统可以容纳的有效能量,主要用于评估储能系统的能量存储能力。

实际使用能量是指储能系统在实际应用中能够释放的有效能量,用于描述储能系统的能量释放能力。

能量转换效率是指储能系统完成充放能循环后释放的有效能量与存储的有效能量之比。由于存储过程中会产生损耗,因此能量转换效率通常小于1。

能量密度是指单位质量或者单位体积的储能系统所能存储的有效能量。

功率密度是指储能系统单位质量或体积能够输出的最大功率。由于储能材料的特性限制,通常难以兼顾能量密度和功率密度。

自放电率是指储能系统在单位时间内自发放电的量。它主要用于评估储能系统对所存储能量的保持能力。

循环寿命是指储能系统在寿命周期内所能实现的最大循环次数。一次循环是指储能系统经历一个完整的能量存储和释放的过程。

除上述指标外,储能系统评价需要综合兼顾安全性准则、资源可持续利用准则、全生命周期环境友好准则以及技术经济合理性准则等。

### 1.1.3 储能技术的意义

在当今社会,随着能源结构的转型和能源需求的增长,传统能源供应模式已难以满足日益增长的能源需求和推动环境保护的要求。同时,储能技术在平衡能源供需、促进可再生能源应用、提高能源利用效率以及保障能源安全等方面具有重要作用,逐渐成为能源领域中的一项重要技术。大力发展储能技术的意义重大(图1-2)。

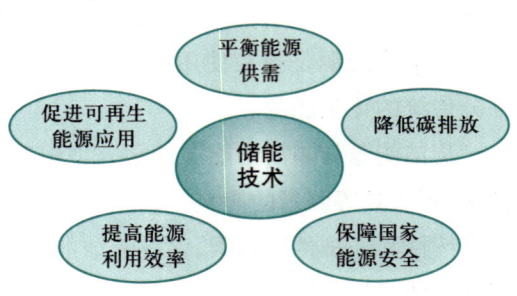

图1-2 储能技术的意义

### 1. 平衡能源供需

平衡能源供需的重要性在于确保电力系统的稳定运行。可再生能源的不稳定性和季节性给能源供需平衡带来了诸多挑战,例如,受气候、地理、时间等因素的影响,太阳能和风能等清洁能源发电会产生电力输出不稳定问题,给电力系统的安全运行带来很大隐患。利用储能技术,在能源供需出现不平衡时释放或存储能量,调节电力系统的运行状态,确保供电的稳定性和可靠性。

电力系统中常用的储能设备包括抽水蓄能电站和电池储能系统等。抽水蓄能电站利用电力将水抽到高处的水库存储,在需要时释放水的势能进行发电,可以在短时间内释放大量能量,应对电力系统的能源需求高峰。电池储能系统将电能存储在电池中,在需要时释放电能,具有响应速度快、灵活性高等优点,适用于调节电力系统的微观供需关系。

### 2. 促进可再生能源应用

可再生能源的广泛应用是实现能源可持续发展的重要途径。可再生能源资源丰富、环境友好、不受燃料限制等优点使其成为未来能源发展的主要方向。然而,可再生能源的间歇性和不可控性限制了其大规模应用,对能源系统的稳定性和可靠性提出了挑战。储能技术的出现和应用为解决由可再生能源的不稳定性带来的问题提供了一种有效途径。

储能技术的不断发展和成熟也为可再生能源的大规模应用提供了技术保障。随着储能技术的进步,储能成本不断降低,储能效率不断提高,储能设备的性能不断改善,使储能技术变得更加可靠和实用,促使更多的国家和地区加大对可再生能源的投资和开发力度。

### 3. 提高能源利用效率

提高能源利用效率是实现能源可持续发展的重要目标之一。传统的能源供应方式存在能源浪费的问题,如电力系统因无法存储大量电能而产生的线损现象。线损是电能在输送过程中线路电阻、电压不稳等因素导致的能量损失。

在电网中部署储能设备,可以在电网负荷较低时存储多余电能,而不是让其在输送过程中因为线损而浪费。在电网负荷增加时,释放存储的能量,满足电力系统的需求,实现能源资源的有效利用,减少能源的浪费,提高能源利用效率。

### 4. 保障国家能源安全

能源安全对于国家经济发展和国家安全至关重要。储能技术作为一种能够提高能源供应稳定性和可靠性的技术手段,具有重要的保障作用。

储能技术能够提高能源的供应稳定性。新型能源供应方式受到天气、地域等因素的影响,能源供应存在不稳定性。储能技术可以平衡能源供需,减轻新型能源利用中的波动性。

储能技术
保障国家
能源安全

储能技术能够提高能源的供应可靠性。在电力系统发生故障、断电等问题时,储能技术可以作为应急电源保障电力系统的正常运行,避免电力故障等问题对国家经济和社会造成严重影响。储能技术灵活的能源调节机制提高了能源供应的可靠性,有助于应对各种突发情况。

储能技术还可以提高国家能源储备的效率。传统的能源储备方式主要是以化石能源为主,例如石油和天然气等,存在着资源有限、受地缘政治和市场波动等因素影响的问题。储能技术可以有效地将电能存储起来,而电能是一种非常灵活的能源形式,能够根据需求随时释放。因此,通过在国家能源储备系统中部署储能设备,可以提高国家能源储备的效率,增强应对能源危机和紧急情况的能力。

### 5. 降低碳排放

随着全球气候变化问题日益严重,减少碳排放已成为全球各国的共同责任。传统的能源供应方式主要依赖于化石能源,而化石能源的燃烧会加剧温室气体的排放,从而加快全球气候变化的速度。储能技术能够促进可再生能源的应用,降低对化石能源的依赖,从而有效降低碳排放,减缓全球气候变化的速度。

储能技术在平衡能源供需、促进可再生能源应用、提高能源利用效率、保障国家能源安全和降低碳排放等方面具有重要的意义。随着科技的不断进步和市场需求的不断增长,储能技术在未来将会发挥越来越重要的作用,为能源的可持续发展和推动人类社会进步做出更大的贡献。

## 1.1.4 储能技术的分类

根据能量来源的不同可以把能源分为太阳能、风能、生物质能、核能、热能、机械能、化学能和电磁能八类,图1-3展示了各种能源的产生、存储和应用。根据储能对象的能量形式,可以将储能技术分为热储能技术、电磁储能技术、化学储能技术以及机械储能技术等。热储能是将能量以热的形式存储起来,例如将热能存储在热储罐中;电磁储能是将能量以电场或磁场的形式存储起来,例如将电能存储在电容器或电感器中;化学储能是将能量以化学键的形式存储起来,例如将化学能存储在电池或燃料中;机械储能是将能量以机械运动的形式存储起来,例如将动能存储在飞

①针对不同的储能形式,大家还可以想到哪些例子?

---

① 此图标表示此部分为互动思考环节,全书同。

轮或弹簧中。每种储能技术都具有其特点、应用场景和优缺点,共同构成了储能领域的重要组成部分,为能源的高效利用和可持续发展提供了多样化的选择。

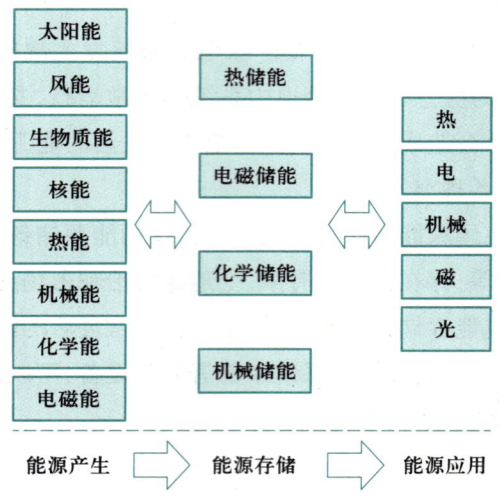

图 1-3 各种能源的产生、存储和应用

### 1. 热储能技术

能量以多种形式存在,如机械能、化学能、电磁能、光能、核能等,但在人类活动中,大部分能量转化和利用仍依赖热能,大多数热源具有间断性和不稳定性的特点,导致其应用存在时空不匹配的问题。热储能技术是将热能存储起来的技术,主要通过储热罐、储热石、蓄热材料等装置实现能量的存储和释放,旨在将热量在不同时间和空间存储和释放,以应对需求峰谷期间的能源需求变化。在低负荷时段,可以将多余的电能或其他形式的能量转化为热能,并存储在热储能装置中;而在高负荷时段,则可以从热储能装置中释放存储的热能,用于供热等领域。

**案例 1-1 热储能技术在能源革命中的重要作用**

热储能系统在冷、热、电综合能源利用方面效率高,在储热容量、规模化建设及运营成本、运行寿命、安全性、发电功率等方面的优势突出,特别是对消纳具有间断性和不稳定性的新能源(风电、光伏等)装机出力,在构建以新能源为主体的新型电力系统、保障电力系统安全稳定运行等方面发挥重要作用,是未来规模储能的中坚力量,具有广阔的发展前景。

以太阳能为代表的可再生能源的开发和利用得到了积极推动。研究人员针对太阳能利用过程中存在的储热速率、储热密度和储热品质难以兼顾的问题进行了大量研究。何雅玲院士团队揭示了储热材料微观结构、热量传输机制与储热性能的内在关联,提出了材料设计、过程强化及系统优化相匹配的性能强化方法,实现了热量高速率、高密度、高品质存储。

### 2. 电磁储能技术

电磁储能技术是将能量以电场或磁场的形式存储起来的技术,主要通过电感器、超导磁体等装置实现能量的存储和释放。在低负荷时段,多余的电能可以转化为电场或磁场能量,存储在电磁储能装置中;在高负荷时段,则可以从电磁储能装置中释放存储的电场或磁场能量,用于供电、调峰等领域。电磁储能技术具有响应速度快、存储能量密度高、储能效率高等优点,被广泛应用于电力系统调节、备用电源等领域。

超导储能技术是电磁储能技术的一种,其利用超导线圈将电能转换成电磁能进行存储,减少了机械旋转部件,并且不存在动密封的问题,采用的储能装置结构简单,易于控制。同时,超导储能具有较高的储能密度和较快的响应速度,使其在抑制新能源出力波动、提高系统稳定性、提升电能质量等方面具有优势,可与电网进行实时大容量的能量交换。虽然超导储能已有部分商业性产品,但是其昂贵的价格以及复杂的维护过程使其在电网中的应用较少,多数仍处于实验性阶段。

### 3. 化学储能技术

化学储能技术是将能量以化学能的形式存储起来的技术。在低负荷时段,多余的电能或其他形式的能量可以转化为化学能,存储在化学储能装置中;在高负荷时段则可以从化学储能装置中释放存储的化学能,用于电动车、微网系统、智能电网等领域。

不同类型的化学储能电池具有各自独特的技术特征和应用领域。目前,锂离子电池被广泛应用于电子电气、电动汽车、大规模储能以及航空航天领域。另外,钠离子电池和液流电池主要用于大规模储能项目。

1)锂离子电池

锂离子电池主要由正极、负极、隔膜、电解液和壳体等部分组成,依靠锂离子在正极和负极之间移动来实现充、放电。电池充电时,锂离子在电池的正极生成,穿过电解液后到达负极,嵌入到负极层状结构的微孔中。放电时,锂离子从负极的微孔结构中脱出,经电解液后重新回到正极。因此,这种电池被形象地称为"摇椅式"电池。

2)钠离子电池

钠离子电池实质上是浓度差电池,与锂离子电池相似,它通过钠离子在正、负电极之间的传输实现充、放电。充电时,钠离子聚集于电池的负极,此时负极处于富钠状态。放电时,钠离子离开负极,经电解液后到达电池正极,此时负极处于贫钠状态。

3)液流电池

液流电池储能系统主要由电堆、电解液、电解液储供体系、电池管理体系、充放体系、储能监控体系等部分组成。液流电池正极和负极电解液分别装在两个储罐中,利用送液泵实现电解液在电池中的循环,通过两侧电极上发生的氧化、还原反应实现电能的存储与释放。在外电路中,电池外接负载和电源实现循环充电与放电。与普通的二次电池(又称充电电池或蓄电池)不同,液流电池装置的功率和容量设计相互独立,易于模块化组合,适合于大规模蓄电。

> **案例1-2    利用化学储能技术的新能源汽车**
>
> 随着社会经济的不断发展,利用化学储能技术的新能源汽车得到了广泛的应用。相关数据表明,中国引领了汽车电动化变革:2015年,中国新能源汽车产销全球第一,这是中国首次在全球率先成功大规模导入高科技民用大宗消费品。中国新能源汽车在过去的20余年间经历了四次战略选择,真正完成了由小到大、由大到强的产业逆袭。研究人员深度参与我国新能源汽车战略规划、技术研发、示范考核、国际合作及产业推进工作,助力我国新能源汽车与新能源革命勇攀技术高峰。随着研究的不断深入,一系列新型化学储能技术不断涌现,如新型硫化物全固态电池技术,研究人员从材料、界面、复合电极等方面不断进行研究。

### 4. 机械储能技术

机械储能技术是将能量以机械运动的形式存储起来的技术,主要通过飞轮、液压蓄能器、压缩空气储能等装置实现。在低负荷时段,多余的电能或其他形式的能量可以转化为机械能,存储在机械储能装置中;在高负荷时段,可以从机械储能装置中释放储存的机械能,用于驱动机械设备、调峰削峰等操作。

#### 1)抽水蓄能

抽水蓄能
中长期发
展规划

抽水蓄能是电力系统一种较成熟的储能方式,其寿命可长达40~60年,循环次数可达10 000~30 000次,容量可达500~8 000 MW·h,主要用于电网的调峰调频。在负荷低谷和高峰期,抽水蓄能设备在电动机和发电机状态之间切换,将水抽至上游水库存储,并利用水流的冲击进行发电。尽管抽水蓄能技术有着广泛应用的潜力,但利用抽水蓄能技术建站,对选址的要求高、建设周期较长以及机组响应速度相对较慢。

#### 2)压缩空气储能

压缩空气
储能电站

压缩空气储能电站是利用电网低谷时段剩余电力压缩空气的发电储能设施。其工作原理是将压缩后的空气存储在高压密封设施中,在用电高峰期释放存储的空气,驱动燃气轮机发电。与抽水蓄能电站相比,压缩空气储能电站的建设投资和发电成本较低、寿命长、响应速度快。然而,该技术的能量密度相对较低,建设受地形限制,对地质结构要求较高,依赖大型储气洞穴。

#### 3)飞轮储能

飞轮储能系统包括高速飞轮、轴承支撑系统、电动机/发电机、功率变换器、电子控制系统以及真空泵、紧急备用轴承等设备。飞轮储能系统在低负荷时利用电能带动飞轮旋转,将多余电能转换成机械能进行存储,在高负荷时将飞轮的机械能释放,驱动发电机进行发电,填补供电缺口。飞轮储能系统具有功率密度大、能量密度高、效率高、循环使用寿命长、无污染、维护简单等优点。通过模块化组合,可以实现兆瓦级的能量存储,主要应用于不间断电源、应急电源、电网调峰和频率控制等领域。

**案例 1-3 国际首套 10 MW 先进压缩空气储能示范系统**

研究人员通过十余年的努力,突破了 1~10 MW 压缩空气储能的各项关键技术,于 2013 年在河北省廊坊市建成国际首套 1.5 MW 新型压缩空气储能示范系统,于 2016 年在贵州省毕节市建成国际首套也是当时唯一一套 10 MW 新型压缩空气储能示范系统,效率达 60.2%,是全球目前效率最高的压缩空气储能系统。(数据截至 2019 年 8 月)

热储能、电磁储能、化学储能和机械储能等技术在能源存储、转换和利用方面发挥着重要作用。储能技术的不断发展和创新为能源转型和可持续发展提供了更加多样化的解决方案,推动能源产业朝着清洁、高效、可持续的方向发展。

# 1.2 储能功能材料的分类

储能功能材料(简称储能材料)是储能技术发展的基础。根据存储能量形式的不同,储能功能材料可分为储热/储冷功能材料、电化学储能功能材料、储氢功能材料等。目前,还发现了许多新型的储能材料,如石墨烯、二维过渡金属氧化物、纳米材料等。储能功能材料可以根据热物性、化学性质、经济性和机械性能等参数进行评价。

(1)热物性:单位质量/体积能量密度、热导率和比热容等。

(2)化学性质:化学稳定性、毒性、安全性、腐蚀性和活性等。

(3)经济性:材料成本、材料存量和施工难度等。

(4)机械性能:机械稳定性、热膨胀性和抗冲击性等。

## 1.2.1 储热/储冷功能材料

储热/储冷功能材料是在温度变化过程中具有存储和释放能量特性的材料,在热能领域中具有重要的应用价值。这些材料通过物理或化学变化的吸、放热过程来存储和释放热能。储热/储冷功能材料的设计和应用对于提高能源利用效率、实现能源清洁转换具有重要意义。

**1. 显热储热/储冷材料[1]**

显热储热/储冷技术是利用材料自身的比热容进行热能的存储和释放的技术,主要通

---

[1] 本书中除特殊说明外,"材料"都指"功能材料"。

过导热、对流和热辐射使材料温度发生变化,但在温度变化区间不发生相态变化。比热容是单位质量物质的热容量,即单位质量物体改变单位温度时吸收或放出的热量。比热容是物质的一种固有属性,物质本身的特性、所参与的反应及所在的环境都对其有一定的影响。显热储热量取决于材料的质量、比热容及初态-末态的温度变化。

显热储热/储冷材料是能够在温度变化过程中通过吸、放热来存储和释放热能的材料。在实际应用中,由于材料状态不同,系统设计存在明显差异,据此可以将显热储热/储冷材料划分为液态显热储热/储冷材料和固态显热储热/储冷材料。液态显热储热/储冷材料主要有水、导热油、熔融盐和液态金属等,固态显热储热/储冷材料主要有混凝土、砖、铸铁和钢、岩石和沙土等。

### 2. 相变储热/储冷材料

相变储热/储冷材料是在相变过程中,具有吸收或释放热量特性的材料。这些材料能够利用物质相变(如固态到液态或液态到气态)时的潜热变化来实现热量的存储和释放,从而实现对温度的调控和能量的利用。相变储热/储冷材料的设计和应用对于提高能源利用效率、实现能源清洁转换以及改善环境舒适度具有重要意义。材料的相变温度通常与其化学成分和晶体结构密切相关,可以通过调整材料的成分和结构来实现特定温度下的相变。

如图 1-4 所示,根据材料的化学组成,相变材料可划分为有机相变材料、无机相变材料和共晶相变材料。有机相变材料包括石蜡、脂肪酸、烷烃、糖醇类聚合物及其混合物等。其中,石蜡具有易于成形、安全无腐蚀性且不易发生相分离等特性,得到了广泛应用,但高温下易分解。无机相变材料包括盐、盐水化合物、金属及其合金等,这些材料具有高潜热密度和高熔点等特性,经过多次热循环仍可保持稳定,具有相对较高的热导率,但存在腐蚀金属容器等问题。共晶相变材料包括有机-有机、有机-无机、无机-无机等两种或两种以上成分的混合物,具有确定的相变点,并在结晶过程中可形成二元或多元共晶体系。

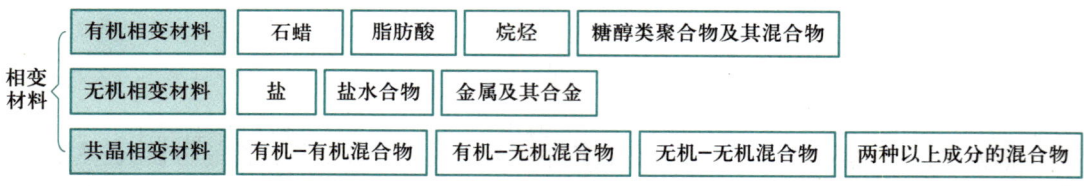

图 1-4    相变材料的分类

### 3. 化学能储热/储冷材料

化学能储热/储冷材料是能够在特定化学反应中存储和释放能量的材料,其能量存储形式与化学键的形成或断裂相关。常见的化学能储热/储冷材料包括化学吸附剂、化学助熔剂等。其优点包括:① 较高的热效率,在化学反应过程中能够快速释放或吸收大量的热量;② 良好的循环稳定性,能够多次循环使用而不损失性能;③ 可调控性,化学能储热/

储冷材料的热效应可以通过调节化学反应条件或材料组成进行调控,具有一定的灵活性和可调控性。

化学能储热/储冷材料受反应速率限制,部分化学能储热/储冷材料的反应速率较慢,影响储能和释能的效率;材料的稳定性受到化学反应条件的限制,可能存在一定的稳定性和安全性问题;部分化学能储热/储冷材料的制备成本较高,会增加系统的投资成本。

#### 4. 其他储热/储冷材料

随着储能技术的发展,新型的储热/储冷功能材料正在不断涌现,例如相变复合材料、微纳米结构材料等。通过优化结构设计和控制制备工艺,使这些新型材料具有更高的储热/储冷能力、更快的热响应速度和更长的使用寿命,为储热/储冷技术的发展和推广提供了可能性。

储热/储冷功能材料是实现热/冷能存储和利用的重要组成部分,其种类繁多、性能多样。选择材料时须综合考虑材料的储能性能、循环稳定性、成本效益等因素,并根据具体的应用需求进行优化设计和选择。

> **案例 1-4 高性能能量存储的环保型陶瓷基复合相变材料**
>
> 相变材料潜热储热技术具有储热密度大、运行温度恒定等优点,在太阳能热利用、电子设备热管理、建筑节能等领域得到了广泛应用。研究人员针对常规相变材料热导率低、易泄漏等问题,开发了一种丝瓜衍生多孔碳化硅(SiC)陶瓷基复合相变材料,用于热能及太阳能的快速、高效、紧凑存储。所制备的复合相变材料展现出优异的太阳光谱捕获能力,平均光谱吸收率高达 95.25%。孔隙率为 70% 时,复合相变材料的热导率高达 20.7 W/(m·K)。此外,丝瓜衍生多孔 SiC 骨架的大孔隙率和良好的连通性使多孔 SiC 陶瓷的负载率较高,保证了复合相变材料的高储热密度,储热密度高达 424 kJ/kg。

## 1.2.2 电化学储能功能材料

电化学储能功能材料是能够在电场或电解质中存储和释放能量的材料,在电化学储能领域中具有重要的应用价值。电化学储能功能材料通过在电极与电解质界面发生的电化学反应来实现能量的存储和释放,从而实现电能的存储、传输和利用。电化学储能功能材料的设计和应用对于提高能源存储效率、促进可再生能源的大规模应用具有重要意义。根据电化学储能系统的组成,电化学储能功能材料分为电极材料、电解质材料、隔膜材料等。

#### 1. 电极材料

电化学储能领域中,正、负极材料的选择影响着电池的能量密度、循环寿命、安全性和成本效益等,这些因素决定了电池的性能特征和应用范围。碳材料,如石墨、无定形碳、石墨烯、碳纳米管等,具有价格低廉、无毒性、高导电性、良好的化学稳定性和循环稳定性等优点,是一类应用广泛的电极材料,可应用于锂离子电池、钠离子电池、液流电池和超级电容器。其他电极材料还包括过渡金属氧化物、聚阴离子型化合物、导电聚合物以及金属及其合金等,不同的电化学储能装置根据各自的充、放电原理和工作特点,可以选用不同的电极材料。

### 2. 电解质材料

电解质是电化学储能装置的重要组成部分,起着离子传导、维持电荷平衡等重要作用。对于锂离子电池、钠离子电池和超级电容器而言,电解质可分为液态电解质、半固态凝胶电解质以及固态电解质。液态电解质通常具有良好的离子传导性,而固态电解质不易泄漏或挥发,具有较高的安全性,半固态电解质的性质介于两者之间。对于液流电池,正极和负极电解液分别装在两个储罐中,电池中正、负极电解液用离子交换膜分隔开,利用送液泵实现电解液在电池/管路系统中的循环。根据电解液中活性电对的选择,液流电池可以分为全钒液流电池、铁/铬液流电池以及多硫化钠/溴液流电池等。

### 3. 隔膜材料

隔膜的主要作用为隔离正极和负极,防止电解质中的离子直接穿过导致内部短路,同时允许离子在电场作用下通过隔膜进行迁移,实现电荷的存储和释放。隔膜材料需要具有较高的离子电导率、良好的机械性能、优异的化学稳定性以及热稳定性等特点。

新型的电化学储能功能材料在不断涌现,例如二维材料、纳米材料、有机/无机杂化材料等。这些材料通过优化结构设计和控制制备工艺,具有更大的比表面积、更快的离子传输速率和更长的循环寿命,为电化学储能技术的进一步发展和应用提供了新的可能性。

**案例 1-5    液流电池微观传质与界面动力学协同强化方法**

电极材料和结构对电池的性能有着重要的影响,通过在微观传质和界面动力学等方面对电极材料进行改进可以有效提升电池性能。研究人员通过一种无金属基底的原位生长方式设计了微观传质与界面动力学协同强化的液流电池高性能电极,该电极有效结合了三维垂直结构和原子掺杂的优势,极大地增强了电极/电解液界面的质量传输特性和反应动力学。该工作突破了以往电极设计的固有思路,发展针对液流电池微观传质与界面动力学协同强化的新方法,使液流电池能量效率和功率密度等关键指标显著提升。

## 1.2.3    储氢功能材料

储氢功能材料是能够在氢气吸附、脱附过程中存储和释放氢气的材料,在氢能技术领域中具有重要的应用价值。这些材料能够通过物理吸附、化学吸附等方式将氢气吸附于其表面或内部,实现氢能的高效存储、传输和利用。根据储氢材料的不同,可将其分为储氢合金材料、碳质储氢材料以及有机液体储氢材料等。储氢功能材料的设计和应用对于推动氢能经济发展、实现清洁能源替代以及解决能源安全问题具有重要意义。

### 1. 储氢合金材料

储氢合金材料是一类通过形成金属氢化物来存储氢气的材料。这类合金主要包括稀土合金、钛基合金、锆基合金、镁基合金和钒基合金等。储氢合金材料因其储氢容量大、吸放氢速率高和循环性能稳定性好，在储氢领域得到了广泛关注。其中，稀土合金因其优异的吸放氢特性，在高温或特殊条件下被广泛应用于储氢。钛基合金通常需要特定的温度和压力条件才能实现较好的吸氢和放氢性能，同时其储氢密度较低。镁基合金储氢密度高、资源丰富，但其吸、放氢温度较高，需要在高温条件下使用。储氢合金材料的主要挑战在于提高其储氢密度，优化吸、放氢条件以及降低成本，以满足大规模储氢应用的需求。

### 2. 碳质储氢材料

碳质储氢材料主要通过物理吸附的方式存储氢气，包括活性炭、碳纳米管、石墨烯等。活性炭具有高比表面积和丰富的孔隙结构，能够在低温下吸附大量氢气，但其储氢容量有限。碳纳米管因其独特的管状结构和优异的机械性能，具有良好的储氢潜力。单壁碳纳米管和多壁碳纳米管均可用于储氢，但其储氢容量与碳纳米管的结构和制备方法密切相关。通过掺杂或功能化石墨烯，可以显著提高其储氢性能。碳质储氢材料的优势在于其低密度和优异的机械性能，但其储氢容量和吸、放氢条件仍需要进一步优化。

### 3. 有机液体储氢材料

有机液体储氢材料通过化学键存储氢气，常见的有机液体储氢材料包括十氢化萘、环己烷等。有机液体在催化剂的作用下能够可逆地吸收和释放氢气，实现高效的储氢和放氢过程。例如，环己烷作为一种储氢介质，可以在高温下脱氢生成苯，并在催化氢化过程中重新吸氢生成环己烷，实现循环使用。有机液体储氢材料的优势在于其高储氢密度和便捷的储运特性，但其在催化剂选择、反应条件优化和系统集成等方面仍需要进一步研究和改进。

## 1.2.4 新型储能材料

新型储能材料是在能量存储和释放领域涌现出的具有创新性能、结构或特性的材料。这些材料通过设计、合成或改性，具有更高的能量密度、更快的充放电速率、更长的循环寿命等优点，为储能技术的进一步发展和应用提供了新的可能性。以下是对几种新型储能材料的概述。

### 1. 石墨烯及其衍生物

石墨烯是一种由碳原子组成的二维晶体材料，具有优异的导电性、机械强度和化学稳定性高等特点。其高比表面积和丰富的表面官能团使石墨烯及其衍生物成为储能领域的研究热点。石墨烯氧化物、石墨烯量子点、石墨烯复合材料等衍生物具有优异的电化学性能，可用于超级电容器、锂离子电池等领域，实现高能量密度和高充、放电速率。

### 2. 二维过渡金属氧化物

二维过渡金属氧化物具有单层或几层厚度的二维结构，具有高比表面积和丰富的活性位点，在储能领域具有广泛的应用前景。二维过渡金属氧化物在锂离子电池、超级电容器、钠离子电池等储能器件中表现出良好的电化学性能，具有高容量、长循环寿命等优点。

### 3. 金属有机骨架材料

金属有机骨架材料是由金属离子与有机配体通过配位键连接而成的多孔晶体材料，具有高度可调性和多样性，且具有高比表面积、丰富的孔隙结构和可调控的化学性质，适用于氢气吸附、储氢、气体分离等储能应用。金属有机骨架材料的设计和合成可通过选择不同的金属离子和有机配体，用于调控孔隙结构和表面化学性质，实现特定储能系统的优化设计。

### 4. 离子导电聚合物

离子导电聚合物是能够通过离子传导来存储和释放能量的聚合物材料。这种材料具有高离子传导率、良好的机械强度和化学稳定性，可用作锂离子电池、超级电容器等储能器件中的电解质材料。离子导电聚合物的设计和合成可通过调控聚合物的化学结构和组成，以实现更高的离子传导率和更长的循环寿命。

### 5. 纳米材料

纳米材料因具有尺寸效应和表面效应等特性，表现出与其宏观晶体形态不同的物理和化学性质。这些材料可用于设计和构建具有特定结构和性能的储能器件，如纳米粒子、纳米线、纳米孔等。纳米材料在锂离子电池、钠离子电池、超级电容器等储能领域中表现出良好的性能，具有高比表面积、短离子传输路径等优点。

新型储能材料的涌现为能源存储和转换提供了新的机遇和挑战。这些材料具有丰富的结构和性能特点，为实现高效、可持续的能源利用提供了新的思路和解决方案。随着科学技术的不断进步和创新，新型储能材料将在未来储能领域发挥越来越重要的作用。

**案例 1-6　$MgSO_4$-膨胀石墨复合材料增强热化学储能传热传质过程**

基于吸附原理的水合盐热化学储能具有热损失小、体积变化小和能量密度高等潜在优势。研究人员研制了一种新型热化学储能复合材料，该复合材料由 $MgSO_4$ 和膨胀石墨组成，通过将 $MgSO_4$ 浸渍到膨胀石墨中制备而成；通过扫描电子显微镜、差示扫描量热仪、热重分析、瞬态平面热源法等多种方法进行表征。结果表明，含 60% $MgSO_4$ 的 $MgSO_4$-膨胀石墨复合材料具有优异的传热传质性能。通过将 $MgSO_4$ 浸渍到膨胀石墨中，$MgSO_4$ 的水化时间缩短到其原始态的 1/4 左右，热导率提高了 84.8% 以上。

## ❋ 本章小结

能源是维持人类生存活动的能量来源,是社会稳定的基石,关系国家安全、经济发展、社会运行等方面。根据不同的标准可进行多种分类:根据能量的原始来源,能源可分为一次能源和二次能源;根据能量的再生性,能源可分为可再生能源和不可再生能源;根据能源的存储和输送性质,能源可分为含能体能源和过程性能源;根据能源对环境污染程度,能源可分为清洁能源和非清洁能源。

当今社会,能源供应已成为社会经济发展的基础。但是随着能源结构的转型以及需求的日益增长,传统能源供应模式已难以满足需求。储能技术已成为现代能源系统中的一项重要技术,在平衡能源供需、促进可再生能源应用、提高能源利用效率以及保障能源安全等方面具有重要作用。

储能功能材料作为储能技术的重要载体,在储能系统中发挥着不可忽视的作用。根据存储能量形式的不同,储能功能材料可分为储热/储冷功能材料、电化学储能功能材料、储氢功能材料等。未来,随着科学的进步,储能功能材料的性能将进一步提升,应用范围将更加广泛,为能源的高效存储和利用带来新的发展契机。

## ⚙ 思考题

1-1 能源的形式多种多样,请思考一次能源与可再生能源之间的关系。

1-2 随着技术的进步,非清洁能源是否可以转化为清洁能源?请举例说明。

1-3 存储容量、实际使用能量与能量转换效率之间有什么关系?

1-4 分布式能源是在能源系统中通过小型、分散的能源设备和系统产生或利用的电力、热力等能源。储能技术的发展将会对分布式能源带来怎样的影响?

1-5 在传统能源与新能源之间,储能技术在转型过程中扮演的角色有何异同?

1-6 智慧电网是利用先进的信息、通信、传感和控制技术,对传统电力系统进行智能化升级和优化,实现电力系统的高效、可靠、安全、环保和经济运行的新型电网系统。储能技术在智慧电网的建设中可以发挥什么作用?

1-7 储能技术在电动汽车领域的应用前景如何?

1-8 储能技术的发展和应用是否会改变能源市场格局?对能源价格和供需关系有何影响?

1-9 储能技术的高成本是其应用的一个重大挑战,如何降低储能系统的成本并提高其经济性？

1-10    未来能源系统中，储能技术与人工智能、大数据等新兴技术的结合将带来怎样的创新和发展方向？

## A⁺ 习题

1-1    能源的形式多种多样，请使用思维导图的形式对各种分类方式进行总结。

1-2    储能技术的发展对绿色清洁能源的应用具有重大意义，请详细描述其在清洁能源应用过程中的作用。

1-3    储能技术的分类形式与储能材料的分类形式有什么异同点？

1-4    详细描述显热储热材料与潜热储热材料在原理上的差异。

1-5    储热材料种类丰富，请选择你感兴趣的一种进行详细介绍。

1-6    超级电容器电极材料都有哪些？ 并分析其各自的优势。

1-7    电池电极材料的作用是什么？ 常见的电极材料都有哪些？

1-8    对储氢功能材料进行分类，并介绍各类储氢功能材料的工作原理。

1-9    新型储能材料都有哪些？ 分别可以应用在哪些储能领域？

1-10    与传统材料相比，金属有机骨架材料有哪些优势？

## 参考文献

[1] 陈海生，吴玉庭. 储能技术发展及路线图[M]. 北京：化学工业出版社，2020.
[2] 丁玉龙，来小康，陈海生. 储能技术及应用[M]. 北京：化学工业出版社，2018.
[3] 苏岳峰，黄擎，陈来. 储能科学与技术[M]. 北京：北京理工大学出版社，2023.
[4] ANEKEK M，WANG M. Energy storage technologies and real life applications-A state of the art review [J]. Applied Energy，2016，179：350-377.
[5] 黄志高. 储能原理与技术[M]. 北京：中国水利水电出版社，2018.
[6] YANG Y，BREMNER S，MENICTAS C，et al. Battery energy storage system size determination in renewable energy systems：A review[J]. Renewable and Sustainable Energy Reviews，2018，91：109-125.
[7] KOOHI-FAYEGH S，ROSEN M A. A review of energy storage types，applications and recent developments [J]. Journal of Energy Storage，2020，27：101047.
[8] 何雅玲. 热储能技术在能源革命中的重要作用[J]. 科技导报，2022，40(4)：1-2.
[9] 何雅玲，邱羽，陶子兵，等. 太阳能光热发电原理、技术及数值分析[M]. 北京：科学出版社，2023.
[10] 欧阳明高. 欧阳明高院士：汽车强国靠"四化"电动化、智能化、低碳化与全球化[J]. 高科技与产业化，2024，30(3)：12-15.
[11] 樊栓狮，梁德青，杨向阳，等. 储能材料与技术[M]. 北京：化学工业出版社，2004.
[12] 吴贤文，向延鸿. 储能材料：基础与应用[M]. 北京：化学工业出版社，2019.

［13］陈海生,李泓,徐玉杰,等. 2022 年中国储能技术研究进展［J］. 储能科学与技术,2023,12(5)：1516-1552.

［14］GÜR T M. Review of electrical energy storage technologies, materials and systems：challenges and prospects for large-scale grid storage［J］. Energy and Environmental Science,2018,11(10)：2696-2767.

［15］PARKER,SYBIL P. 能源百科全书［M］. 程蕊尔,译. 北京：科学出版社,1992.

［16］陈海生,李泓,马文涛,等. 2021 年中国储能技术研究进展［J］. 储能科学与技术,2022,11(3)：1052-1076.

［17］ALVA G, LIN Y, FANG G. An overview of thermal energy storage systems［J］. Energy, 2018, 144：341-378.

［18］ALVA G, LIU L, HUANG X, et al. Thermal energy storage materials and systems for solar energy applications［J］. Renewable and Sustainable Energy Reviews,2017,68：693-706.

［19］GHOLAMABBAS S. Energy storage on demand：thermal energy storage development,materials,design,and integration challenges［J］. Energy Storage Materials,2022,46：192-222.

［20］XU Q, LIU X, LUO Q, et al. Loofah-derived eco-friendly SiC ceramics for high-performance sunlight capture, thermal transport, and energy storage［J］. Energy Storage Materials,2022,45：786-795.

［21］GUO J,PAN L,SUN J, et al. Metal-free fabrication of Nitrogen-doped vertical graphene on graphite felt electrodes with enhanced reaction kinetics and mass transport for high-performance redox flow batteries ［J］. Advanced Energy Materials,2024,14(1)：2302521.

［22］梅生伟,李建林,朱建全,等. 储能技术［M］. 北京：机械工业出版社,2022.

［23］吴玉庭,张晓明,王慧富,等. 基于弃风弃光或低谷电加热的熔盐蓄热供热技术及其评价［J］. 中外能源,2017,22(2)：93-99.

［24］陆志刚,王科,刘怡,等. 深圳宝清锂电池储能电站关键技术及系统成套设计方法［J］. 电力系统自动化,2013,37(1)：65-69,127.

［25］张华民. 液流电池技术［M］. 北京：化学工业出版社,2015.

［26］刘志刚,刘德民,郝志杰,等. 800 m 以上水头三机式抽水蓄能机组研究［J］. 水电与抽水蓄能,2024,10(2)：59-67.

［27］刘笑驰,梅生伟,丁若晨,等. 压缩空气储能工程现状、发展趋势及应用展望［J］. 电力自动化设备,2023,43(10)：38-47.

［28］ZHOU Q,DU D,LU C,et al. A review of thermal energy storage in compressed air energy storage system ［J］. Energy,2019,188：115993.

［29］袁照威,杨易凡. 压缩空气储能技术研究现状及发展趋势［J］. 南方能源建设,2024,11(2)：146-153.

［30］刘钰. 用于显热储热的掺铝铁矿石材料的制备及热性能研究［D］. 北京：华北电力大学(北京),2020.

［31］张正国,方晓明,凌子夜,等. 储能材料及应用［M］. 北京：化学工业出版社,2022.

［32］李拴魁,林原,潘锋. 热能存储及转化技术进展与展望［J］. 储能科学与技术,2022,11(5)：1551-1562.

［33］LIU C,LI F,MA L P,et al. Advanced materials for energy storage［J］. Advanced Materials,2010,22(8)：E28-E62.

［34］FARID M M, KHUDHAIR A M, RAZACK S A K, et al. A review on phase change energy storage：materials and applications［J］. Energy Conversion and Management,2003,45(9)：1597-1615.

［35］DING Z,WU W,LEUNG M. Advanced/hybrid thermal energy storage technology：material, cycle, system and perspective［J］. Renewable and Sustainable Energy Reviews,2021,145：111088.

［36］WANG B, RUAN T, CHEN Y, et al. Graphene-based composites for electrochemical energy storage ［J］. Energy Storage Materials,2020,24(C)：22-51.

[37] YANG Z, ZHANG J, KINTNER-MEYER M C W, et al. Electrochemical energy storage for green grid [J]. Chemical Reviews, 2011, 111(5): 3577-3613.

[38] LI H, WANG Z, CHEN L, et al. Research on advanced materials for Li-ion batteries [J]. Advanced Materials, 2009, 21(45): 4593-4607.

[39] 魏颖. 超级电容器关键材料制备及应用[M]. 北京: 化学工业出版社, 2018.

[40] WEI T Y, LIM K L, TSENG Y S, et al. A review on the characterization of hydrogen in hydrogen storage materials[J]. Renewable and Sustainable Energy Reviews, 2017, 79: 1122-1133.

[41] KOJIMA Y. Hydrogen storage materials for hydrogen and energy carriers [J]. International Journal of Hydrogen Energy, 2019, 44(33): 18179-18192.

[42] SHANG Y, PISTIDDA C, GIZER G, et al. Mg-based materials for hydrogen storage [J]. Journal of Magnesium and Alloys, 2021, 9(6): 1837-1860.

[43] 康飞宇, 干林, 吕伟, 等. 储能用碳基纳米材料[M]. 北京: 科学出版社, 2020.

[44] ZHOU G, XU L, HU G, et al. Nanowires for electrochemical energy storage[J]. Chemical Reviews, 2019, 119(20): 11042-11109.

[45] MIAO Q, ZHANG Y, JIA X, et al. $MgSO_4$-expanded graphite composites for mass and heat transfer enhancement of thermochemical energy storage[J]. Solar Energy, 2021, 220: 432-439.

[46] ZHU J, ZHANG Z, ZHAO S, et al. Single-ion conducting polymer electrolytes for solid-state lithium-metal batteries: design, performance, and challenges[J]. Advanced Energy Materials, 2021, 11(14): 2003836.

[47] 刘荣峰, 张敏, 储毅, 等. 新型储能技术路线分析及展望[J]. 新能源科技, 2023, 4(3): 44-51.

其他参考文献

# 第二章
## "储能功能材料从哪来？"——储能功能材料的制备方法

　　根据材料储能原理的不同,储能功能材料可分为储热/储冷功能材料、电化学储能功能材料以及储氢功能材料等。储能技术在解决可再生能源应用中存在的间歇性和不稳定性等问题时具有一定优势,合理地应用储能技术可以实现能源的平稳输出和供需平衡。储能功能材料作为储能技术的核心组成部分,需要具备高能量密度、高循环稳定性、快速充放能、长寿命等特点。因此,在制备储能功能材料时需要考虑材料的结构、成分等因素,选择合适的制备方法,根据材料的特性进行优化设计。根据制备过程中反应所处介质环境的不同,储能材料的制备方法可分为固相法、液相法和气相法。

　　本章介绍储热/储冷功能材料、电化学储能功能材料、储氢功能材料和其他储能功能材料的制备方法,即固相法、液相法和气相法的原理及应用。本章的结构总图如图 2-1 所示。

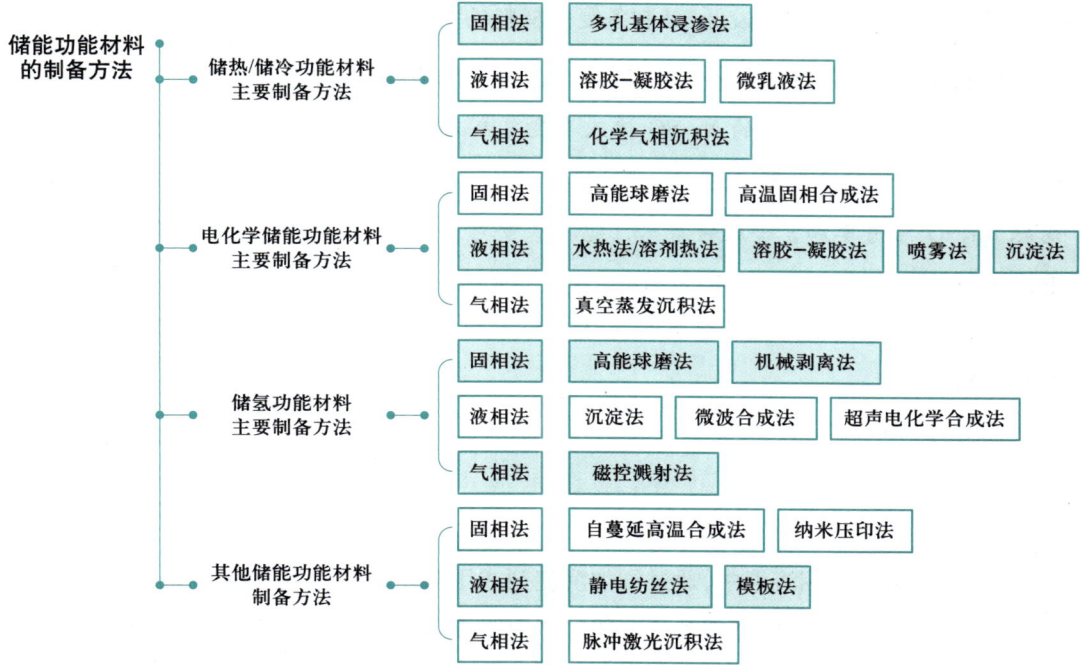

图 2-1　第二章的结构总图

# 2.1    储热/储冷功能材料主要制备方法

储热/储冷功能材料可以通过多种方法进行制备。本节结合相应案例,介绍固相法中的多孔基体浸渗法、液相法中的溶胶-凝胶法和微乳液法以及气相法中的化学气相沉积法在储热/储冷功能材料制备中的应用。

## 2.1.1    固相法

固相法是指有固态物质参加的制备方法,主要用于粉体材料的制备,通过机械手段对原材料进行混合和细化,然后在高温条件下烧结得到目标产物。在烧结过程中,会发生多种物理和化学变化,如脱水、热分解、相变、共熔、溶解、析晶和晶体长大等。固相法工艺简单,易操作,成本低,可用于大规模生产应用,在功能材料和储能材料的工业制备中应用广泛。

多孔基体浸渗法是将相变材料在高于其熔点的温度下,浸渗在多孔基体材料中制备复合材料的方法。这种方法在毛细作用力下将相变材料吸附到基体材料中,形成复合高温相变储热材料。该制备过程要求高温相变材料与基体材料之间有良好的润湿性。多孔基体浸渗法操作简单,成本较低,是制备复合材料的常用方法之一。

**案例 2-1    多孔基体浸渗法制备 $Na_2SO_4$ 相变储能材料**

研究人员通过将熔融的 $Na_2SO_4$ 渗入多孔莫来石基体中,成功制备了兼具新型结构和优异储热性能的多孔莫来石-$Na_2SO_4$ 复合材料。制备参数对多孔莫来石基体孔结构、熔融 $Na_2SO_4$ 渗透率和复合材料蓄热性能具有重要影响。实验结果表明,最佳渗透温度和渗透时间分别为 1 223.15 K 和 1 h。多孔莫来石基体中单向排列的开孔有利于渗透过程。熔融 $Na_2SO_4$ 较高的渗透率和莫来石粉末相对较大的比热容均有助于提高复合材料的储热密度。

## 2.1.2    液相法

液相法是指在均相溶液中,通过添加沉淀剂或用蒸发、升华、水解等操作,将溶质与溶剂分离,使溶质形成一定形状和大小的颗粒状前驱体,再通过热解或其他处理方法得到最终产物。与固相法相比,液相法可以实现分子、原子级别有效组分的均匀混合,且反应温度低,是目前制备多组分材料的主要方法之一。液相法具有设备简单、产品纯度高、均匀性好、组分易控制、成本低等优点，但工艺流程较长，环境污染严重，难以实现工业自动化。

### 1. 溶胶-凝胶法

溶胶-凝胶法的工艺过程：将含有高化学活性组分的化合物作为前驱体，在液相中经过水解、缩聚等化学反应，形成稳定的透明溶胶体系。然后通过凝胶化过程形成具有三维空间网络结构的凝胶。凝胶经过干燥、烧结等处理，制备出具有纳米结构的材料。

溶胶是指微粒尺寸介于 1~100 nm 的固体质点分散于介质中所形成的多相体系。当溶胶受到某种作用（如温度变化、搅拌、化学反应或电化学平衡等），导致体系的黏度增大到一定程度时，即可形成凝胶。凝胶是一种介于固态和液态之间的冻状物，具有胶粒聚集成的三维空间网状结构，是一种黏稠、半刚性的固相体系。图 2-2 为溶胶-凝胶法制备纳米粉体的基本工艺流程。

溶胶-凝胶法的影响因素

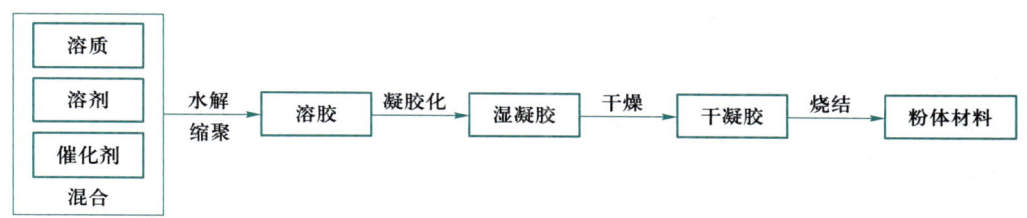

图 2-2　溶胶-凝胶法制备纳米粉体的基本工艺流程

### 案例 2-2　溶胶-凝胶法合成二氧化硅壳正十八烷相变微胶囊

研究人员使用硅酸钠作为二氧化硅前驱体，通过溶胶-凝胶法合成开发了一种针对正十八烷相变材料的新型二氧化硅封装技术。在 pH 为 2.95~3.05 的条件下，获得的正十八烷微胶囊具有良好的结晶度和相变性能，在扫描电镜下呈现完好的球形形貌和清晰的核壳微观结构，并实现了高包覆率。二氧化硅包覆层可以提高相变微胶囊的导热性和抗渗透性，并可以通过抑制内部正十八烷的热蒸发来提高微胶囊的热稳定性。由于硅酸钠易获得且成本低廉，因此具有无机壳层的相变微胶囊材料在工业生产中具有较高的可行性。

### 2. 微乳液法

微乳液是由连续相、分散相和两者之间的界面层通过各组分分子间的布朗运动自发构成的热力学稳定的透明或半透明的混合体系。在微乳液中，连续相和分散相互不相溶，连续相和分散相可以是油相/水相或水相/油相，而界面层则由一端亲水、一端亲油的表面活性剂组成，有时还需要表面活性剂共同作用。根据微乳液中各组分微观结构的不同，微乳液大致可以分为油包水、双连续和水包油三种类型，图 2-3a、b 分别为油包水体系和水包油体系示意图。

微乳液法制备材料的过程中,将两种反应物分别溶解在相同的微乳液中,在一定条件下混合,两种反应物发生反应并生成纳米微粒。随后,通过高速离心作用使纳米微粒与微乳液分离,并利用有机溶剂去除附着在纳米微粒表面的油和表面活性剂。最后,将样品在一定温度下进行干燥处理,即可得到纳米微粒的固体样品。

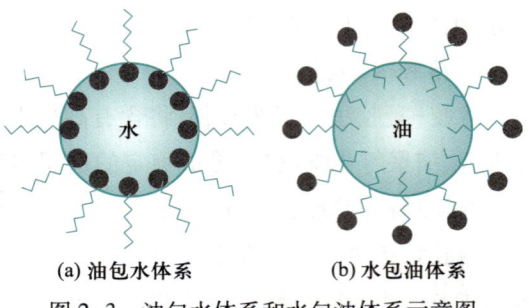

(a) 油包水体系          (b) 水包油体系

图 2-3    油包水体系和水包油体系示意图

**案例 2-3    微乳液法合成 Ag–SiO$_2$ 壳相变微胶囊**

研究人员利用微乳液法合成了一种具有热能存储和抗菌性能的微胶囊相变材料。通过超声处理,将 0.5 g 改性 SiO$_2$ 纳米粒子分散到 50 ml 去离子水中。配制含有甲基丙烯酸甲酯单体(1.5 g)、正十八烷(1.5 g)、季戊四醇四丙烯酸酯(0.3 g)和光引发剂 819 (0.075 g)的有机溶液,与二氧化硅悬浮液混合,以 15 000 r/min 的速度搅拌 5 min 获得油包水乳液,将获得的乳液在环境温度下直接暴露于紫外线(波长为 405 nm)5 min 以完成光固化聚合。将聚合产物过滤、洗涤、干燥后,得到 SiO$_2$ 相变微胶囊。最后将 Ag 离子还原并沉积到所制备的微胶囊表面,制成 Ag–SiO$_2$ 壳相变微胶囊。测试结果表明,微胶囊具有良好的潜热存储能力,增强了热可靠性和稳定性,同时具有优异的杀菌性能,尤其是对金黄色葡萄球菌。Ag–SiO$_2$ 壳相变微胶囊在热能存储、食品保鲜、伤口敷料等方面具有重要的应用潜力。

### 2.1.3    气相法

气相法是指直接利用气态物质或将物质变为气态,使之在气态下发生物理或化学变化,最终气体在固体表面冷却凝结,沉积形成物质的方法。气相法常用于制备纳米级别的颗粒或薄膜。气相法合成的纳米颗粒具有高纯度、细小粒度、良好分散性和易于控制成分等优点。

化学气相沉积(chemical vapor deposition,CVD)法是一种利用气态源物质在固体表面发生化学反应制备材料的方法。在 CVD 过程中,通过加热、等离子激励或光辐照等各种手段,使金属化合物的蒸气在反应室内经化学反应在气相或固相界面上形成固态沉积物。

如图 2-4 所示,通常 CVD 在衬底上沉积薄膜的过程可以分为七个阶段:① 源气体向沉积区输运;② 源气体向衬底表面扩散;③ 源气体分子被衬底表面吸附;④ 源气体分子在衬底表面发生化学反应,继而成核和生长;⑤ 副产物从衬底表面脱附;⑥ 副产物扩散回主气流;⑦ 副产物输运出沉积区。

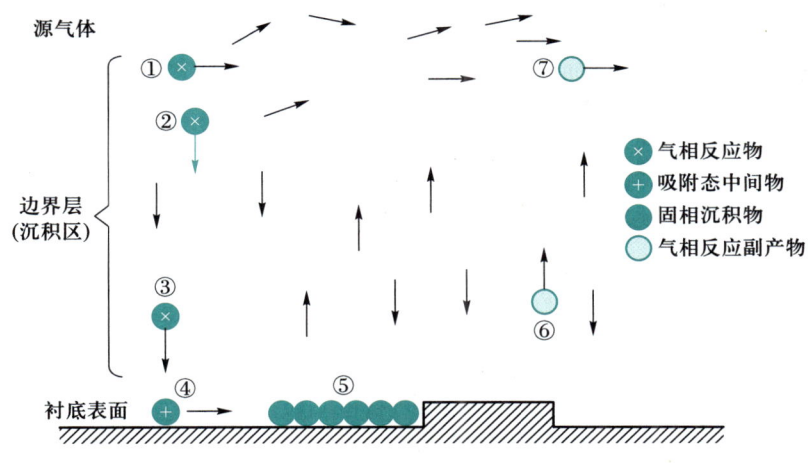

图 2-4　CVD 中源气体的输运和反应过程

### 案例 2-4　化学气相沉积法制备石墨烯

石墨烯是由碳原子构成的六边形排列的单层薄膜,具有优异的导电性和载流子输运能力,在储能器件、光电器件等领域具有重要的应用潜力。最早采用 CVD 法生长石墨烯时,通常以 Cu 箔或 Ni 箔为基底,基底可以起到催化作用,促进石墨烯的生长。典型的生长过程如下:① 将 Cu 箔装入熔融石英管,抽真空后用氢气回填,加热至 1 273.15 K,流速为 2 mL/min,$H_2$ 分压维持在 40 mTorr;② 稳定 Cu 箔的温度,在总压力为 500 mTorr 时,引入 $CH_4$,流速为 35 mL/min,生长石墨烯;③ 将 Cu 箔暴露在 $CH_4$ 气氛中,管式炉冷却至室温。在硝酸铁水溶液中蚀刻 Cu 箔,转移石墨烯薄膜。图 2-5 所示为制备过程中各实验参数(温度、压力、气体成分及其流速)随时间的变化情况。(注:1 mTorr 等于 0.133 Pa)

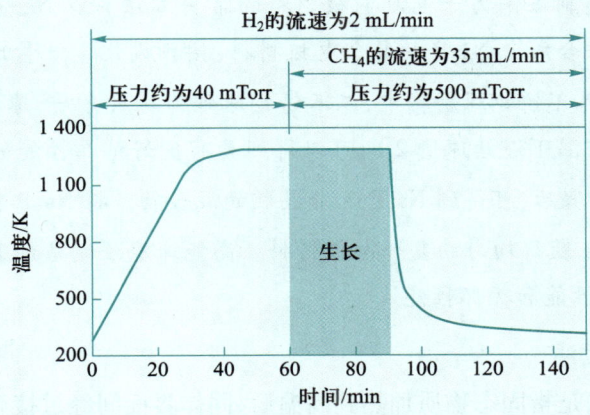

图 2-5　各实验参数(温度、压力、气体成分及其流速)
随时间的变化情况

其他储热/
储冷功能材
料制备方法

除本节介绍的制备方法外,还有很多方法可用于储热/储冷功能材料的制备,例如冷压烧结法、真空辅助浸渗法、原位聚合法和界面聚合法等。

## 2.2　电化学储能功能材料主要制备方法

电化学储能功能材料可以通过多种途径进行制备。本节结合相应案例,介绍固相法中的高能球磨法和高温固相合成法,液相法中的水热/溶剂热法、溶胶-凝胶法、喷雾法和沉淀法以及气相法中的真空蒸发沉积法在电化学储能功能材料制备中的应用。

### 2.2.1　固相法

高能球磨法
设备与影响
因素

#### 1. 高能球磨法

高能球磨法是一种典型的固相法,利用球磨机的转动或振动,使研磨球与罐壁、研磨球与研磨球之间发生强烈的撞击,对粉末进行研磨和搅拌,从而将材料细化为小尺度微粒的方法。

**案例 2-5　高能球磨法制备钠离子电池钠基正极材料**

钠离子电池由于具有与锂离子电池相媲美的电化学性能,成为当前研究的热点之一,而高能球磨法是制备钠离子电池电极材料的常用方法。以 Na 金属和红磷粉为原料,使用高能球磨法合成含 $Na_3P$ 的复合电极材料:按预设化学计量比称取相应质量的 Na 块和红磷粉,放入不锈钢球磨罐中,以不锈钢球作为球磨介质,球料质量比为 35,在氩气氛围下密封,室温下连续球磨 2 h,可以得到具有良好结晶性能的单相 $Na_3P$ 粉末。而当进行 27 h 的研磨后,可得到 $Na_3P$ 和非晶相的混合物。将 $Na_3P$ 粉末和适量炭黑进行混合,球磨 20 min 获得均匀的复合电极材料。高能球磨法制备的复合电极材料具有较好的综合电化学性能和循环性能。

#### 2. 高温固相合成法

高温固相合成法是指固态物质加热到高温后,固体界面间经过接触、反应、成核、晶体生长而合成目标产物的方法。在反应过程中,反应物需要不断穿过反应界面同时生成产物层,在这个过程中发生物质输运现象。

**案例 2-6 高温固相合成法制备磷酸铁锂材料**

在储能材料领域,磷酸铁锂是一种重要的正极材料,常用于锂离子电池等储能设备中,高温固相合成法制备磷酸铁锂的一般过程如图 2-6 所示。首先准备一定化学计量比的 $FeC_2O_4 \cdot 2H_2O$、$NH_4H_2PO_4$ 以及 LiF。将以上原料混合均匀,并在球磨机中研磨 3 h,形成反应物料混合物。将混合物置于体积比为 92:8 的 $Ar-H_2$ 气体环境中,进行两步煅烧过程:第一步煅烧温度为 673.15 K,时间为 8 h,此过程中主要发生原料的分解反应,并排出分解产生的气体;冷却至室温,再次进行研磨后,进行第二步煅烧,煅烧温度为 873.15 K,时间为 24 h。最后得到磷酸铁锂材料。

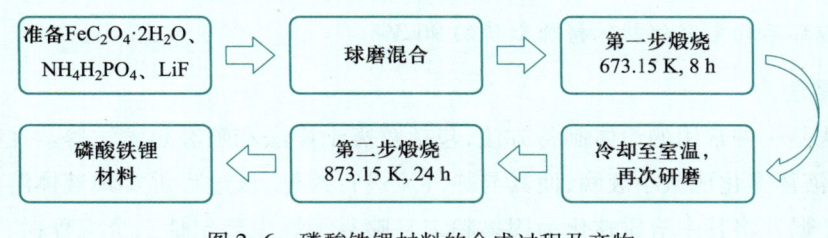

图 2-6 磷酸铁锂材料的合成过程及产物

## 2.2.2 液相法

### 1. 水热法/溶剂热法

水热法是指在特定的密闭反应容器(高压釜)中,采用水溶液或水蒸气等作为反应介质,通过加热反应容器,创造高温高压的反应环境,使难溶或不溶的物质溶解并重新结晶,从而实现无机化合物的合成和改性的湿化学方法。

水热反应釜的结构及操作步骤

溶剂热法是在相对较低的温度下,原始反应物在高压釜内有机溶剂或非水溶剂中进行反应。溶剂热法与水热法的主要区别在于溶剂热法所使用的溶剂不是水,而是有机溶剂。溶剂热法能够打破水热法的瓶颈,逐渐受到关注。

**案例 2-7 使用水热法合成纳米花状 $Li_4Ti_5O_{12}$**

将十六烷基胺溶解于无水乙醇中,然后加入四异丙氧基钛,并在室温下剧烈搅拌,得到白色 $TiO_2$,经过洗涤、干燥等处理,得到无定形 $TiO_2$ 亚微米球体。将一定化学计量比的 LiOH 和合成的 $TiO_2$ 亚微米球体混合在乙醇溶剂中,并在室温下搅拌,然后转移到高压釜中,在温度为 453.15 K 的气流电烘箱中反应 6 h。自然冷却,通过离心法收集沉淀物,并用乙醇洗涤,在 323.15 K 的温度下干燥。最后,将上一步得到的粉末在 873.15 K 的温度下煅烧 3 h,得到纳米花状 $Li_4Ti_5O_{12}$。

### 2. 溶胶-凝胶法

溶胶-凝胶法能够实现原子或分子级的均匀混合,可在较低的合成温度和较短的加热时间下得到有较好结晶度、颗粒分布均匀的材料,是一种很有前景的电极材料制备方法。

> **案例 2-8　溶胶-凝胶法制备超级电容器 $NiCo_2O_4$ 晶体电极材料**
>
> 研究人员以钴和镍的乙酸盐为原料,柠檬酸为螯合配体,通过溶胶-凝胶法系统地制备了珊瑚状多孔晶体、纳米颗粒和亚微米尺寸的 $NiCo_2O_4$ 颗粒。亚微米尺寸的 $NiCo_2O_4$ 颗粒表现出最佳的电容性能,具有高比电容和优异的循环稳定性。在 5.6 $mg/cm^2$ 的质量负载下,亚微米尺寸的 $NiCo_2O_4/Ni$ 电极的比电容值高达 217 F/g,并且在 600 次充、放电循环后比电容仍能保持原数值的 96.3%。

### 3. 喷雾法

喷雾法是一种常用的粉体制备方法,包括喷雾干燥法和喷雾热解法等。在喷雾干燥过程中,将液体雾化成微小液滴,使其与热气流进行接触,该过程可实现液体溶液或悬浮液的快速干燥并将其中溶质转化为固体粉末。喷雾干燥主要包括三个流程:物料液的雾化、雾滴的干燥以及干燥后产品的分离和收集。喷雾干燥设备通常由三个系统构成:加热系统、雾化与干燥系统以及分离与收集系统。

典型的喷雾干燥工艺流程如图 2-7 所示。物料液通过输送泵送至喷头进行雾化,与经过加热器加热的干燥介质一起进入干燥室,物料液与干燥介质相互接触后溶剂迅速蒸发,随气流进入旋风分离器,通过分离得到产物,废气通过风机排出。这一过程可以高效地将液态物料转变为粉末状的干燥产品。

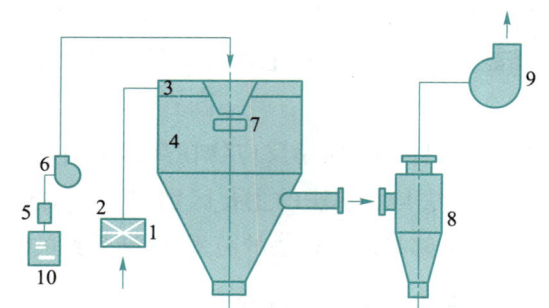

1—空气过滤器;2—加热器;3—热风分配器;4—干燥室;5—过滤器;
6—输送泵;7—喷头;8—旋风分离器;9—风机;10—料液槽

图 2-7　典型的喷雾干燥工艺流程

> **案例 2-9　喷雾干燥法制备 CuO-NiO@石墨烯纳米微球**
>
> 研究人员采用以中孔二氧化硅为固体模板的一步法合成了中孔混合 CuO-NiO 纳米颗粒。将 3 g 金属硝酸盐前体以 Cu 与 Ni 的摩尔比为 1∶2 研磨,添加 1 g 中孔二氧化硅模板及适量环己烷,在玛瑙研钵中进一步混合。将浆料分散在环己烷中,并在 358.15 K

的温度下回流 20 h,过滤并干燥后,在 673.15 K 的温度下煅烧 5 h。最后,在环境温度下,通过在 0.7 mol/L 的 NaOH 溶液中浸泡,以去除二氧化硅模板,获得 Cu/Ni 金属氧化物混合样品(Cu-Ni Oxide,简称 CNO)。还原石墨烯通过超声处理(150 W,20 min)分散到去离子水中,形成浓度为 1 mg/mL 的石墨烯悬浮液。然后,将 CNO 粉末以 CNO 与石墨烯的质量比为 15∶1 加入悬浮液中。将混合物超声处理 1 h,通过喷雾干燥器制备纳米复合微球。在容器中收集产物,随后在温度为 573.15 K 的氩气氛围中处理 2 h,以实现石墨烯的还原,最终得到纳米复合材料。这种纳米复合材料具有高可逆容量比,出色的库仑效率和长期稳定性(3 000 次循环后,容量保持率大于 55%)。

#### 4. 沉淀法

沉淀法是将不同化学组分的物质在溶液中混合,通过加入适当的沉淀剂制备前驱体沉淀物,将沉淀物经过干燥或煅烧后制备粉体材料,是一种常用的液相合成粉体的方法。从过饱和溶液中生成沉淀物通常经历晶核生成、晶体生长以及聚结和团聚 3 个步骤,如图 2-8 所示。

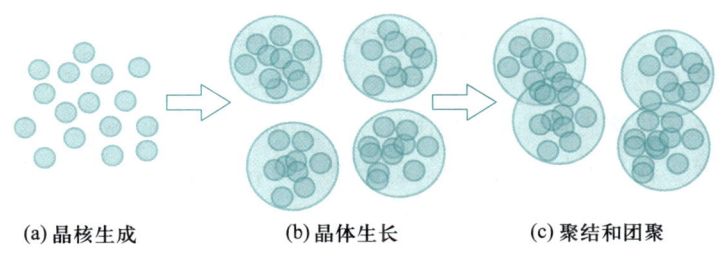

(a)晶核生成　　　　(b)晶体生长　　　　(c)聚结和团聚

图 2-8　过饱和溶液生成沉淀物的 3 个步骤

沉淀法包括均相沉淀法和共沉淀法等。

均相沉淀法是在待沉淀盐溶液与沉淀剂母体的均相溶液中,通过调节温度、改变时间、逐渐提高 pH 或逐渐生成沉淀剂等方式,使沉淀反应缓慢发生的方法。该方法能够有效地控制沉淀物的形成过程,确保沉淀物颗粒大小均匀,并减少杂质的生成,从而得到较为纯净的沉淀物。

共沉淀法是向多种阳离子混合的均相溶液中加入沉淀剂,得到多种成分均匀混合沉淀物的方法。共沉淀法是一种制备含有两种以上金属元素的复合氧化物材料的成熟技术,采用该方法制备的金属氧化物组分易于控制。常用的沉淀剂包括氢氧化物、碳酸盐和草酸盐等。

#### 案例 2-10　共沉淀法制备球形锂离子电池三元正极材料

共沉淀法制备球形 $(Ni_{1/3}Co_{1/3}Mn_{1/3})(OH)_2$ 颗粒,煅烧合成锂离子电池三元正极材料 $Li[Ni_xCo_yMn_z]O_2$。首先将 $NiSO_4$、$CoSO_4$ 和 $MnSO_4$ 的水溶液以 Ni∶Co∶Mn=1∶1∶1

的摩尔比加入槽式反应器中连续搅拌,在氮气氛围下进行反应。随后加入 NaOH 溶液和 $NH_4OH$ 作为螯合剂,共沉淀反应初始阶段形成不规则的二次颗粒。将二次颗粒在 333.15 K 的温度下剧烈搅拌 12 h,逐渐转变为球形$(Ni_{1/3}Co_{1/3}Mn_{1/3})(OH)_2$颗粒。然后对球形$(Ni_{1/3}Co_{1/3}Mn_{1/3})(OH)_2$颗粒进行过滤、洗涤和干燥。在 383.15 K 的温度下干燥去除水分后与 $LiOH \cdot H_2O$ 粉末充分混合。最后,在 753.15 K 的温度下持续加热 5 h,在 1 173.15~1 273.15 K 下持续煅烧 10 h,得到球形 $Li[Ni_{1/3}Co_{1/3}Mn_{1/3}O_2]$ 粉末。

### 2.2.3　气相法

真空蒸发沉积法是一种物理气相沉积方法,属于气相法。原材料在真空环境中被加热蒸发,汽化的原子或分子自由迁移到沉积表面并凝结,最后沉积于衬底表面。蒸发沉积包括三个物理过程:原材料受热蒸发汽化、气相原子或分子自由迁移至沉积表面和气相原子或分子在沉积表面的凝结与沉积。

**案例 2-11　真空蒸发电镀可用于锂金属电池的超薄锂箔**

与传统锂离子电池相比,锂金属电池使用 Li 作为阳极,具有较高的理论比容量、低密度以及低电化学势等优点。普通锂阳极厚度为100~400 μm,常用的商业锂箔厚度约为 100 μm,而锂金属电极的锂箔厚度只需为 10~20 μm,过厚的锂箔会造成锂资源的浪费。研究人员利用真空蒸发沉积技术,成功制备出附着力强、厚度小于 10 μm 的锂箔材料。制造出的电池具有高容量和出色的循环稳定性(容量保持化率为 90.56%),在 1C 的循环倍率下循环超过 240 个周期。通过操控真空蒸发沉积的温度,可以得到不同锂箔厚度,这种方法可用于锂箔的快速、连续和高精度大规模生产,同时提高了活性锂的利用率,降低了锂资源的浪费。

其他电化学
功能材料制
备方法

除本节介绍的制备方法外,还有很多方法可用于电化学储能中粉体材料的制备,例如离子交换法、熔盐浸渍法、模板法以及微波固相合成法等。静电纺丝法、丝网印刷法、熔融拉伸法和热致相分离法等可用于电化学储能中的薄膜材料的制备。

## 2.3　储氢功能材料主要制备方法

储氢功能材料可以通过多种途径进行制备。本节结合相应案例,介绍固相法中的高能球磨法和机械剥离法,液相法中的沉淀法、微波合成法和超声电化学合成法,以及气相法中的磁控溅射法在储氢功能材料制备中的应用。

## 2.3.1 固相法

### 1. 高能球磨法

高能球磨法是制备储氢功能材料的重要方法,所制得的储氢功能材料具有纳米化、合金化和非晶化等特性,有助于改善储氢材料的动力学和热力学性能。

#### 案例 2-12 氢气反应球磨制备镁碳储氢杂化材料

研究人员利用行星式球磨机制备了碳材料掺杂的 $MgH_2$ 储氢功能材料。在 30 bar 的氢气压力下,以 500 r/min 的转速对镁粉和各种类型的碳材料进行球磨。通过该方法,镁完全氢化生成 $MgH_2$,碳元素均匀分布在纳米级 $MgH_2$ 颗粒之间。实验结果表明,活性炭和热膨胀石墨添加剂质量分数为 1% 时,对氢化过程产生了加速作用。碳材料的引入减小了生成的 $MgH_2$ 颗粒的尺寸,提高了混合材料吸收、释放氢气的循环寿命和温度稳定性,可耐受高达 733.15 K 的高温循环。

### 2. 机械剥离法

机械剥离法是一种通过机械力将层状材料从其原始晶体中分离出单层或几层的方法。采用机械剥离法制备材料时,首先将待

是否还有类似简单的方法可用于储能功能材料的制备?

剥离的二维材料块体层状薄片置于透明胶带上。之后通过反复粘贴和剥离该块体材料,使其逐渐变为较薄的层状薄片。最终将胶带上的层状薄片转移到目标基底上静置,一段时间后缓慢剥离胶带,使所需的单层或多层二维层状材料留在目标基底上。

#### 案例 2-13 机械剥离法制备石墨烯材料

2004 年,研究人员通过机械剥离法首次成功制备了石墨烯,其工艺流程如图 2-9 所示。通过机械力的作用,可以有效地将二维材料从三维晶体中剥离出来,为石墨烯等二维材料的制备提供了重要的技术手段。

使用机械剥离法制备石墨烯时,常以 1 mm 厚的高定向热解石墨作为固相碳源,通过氧离子干法刻蚀的方式刻蚀出 20 μm~2 mm 见方、5 μm 深的石墨柱。然后将结构化表面挤压在涂有 1 μm 厚的光刻胶衬底上,加热后石墨柱上的部分石墨晶体残留在光刻胶上。接着用透明胶带反复剥离石墨薄片,随后用丙酮溶解光刻胶,使石墨烯片层脱落。将 $SiO_2/Si$ 基片置于溶液中浸渍数分钟,溶液中的石墨烯片层在范德瓦耳斯力的作用下吸附到硅片上,用水和丙醇清洗后,将基片置于丙醇中进行超声处理,得到厚度小于 10 nm 的石墨薄片。此工艺制备的石墨烯晶体结构较好,面积可达 100 $\mu m^2$,适用于微电子器件的制备。

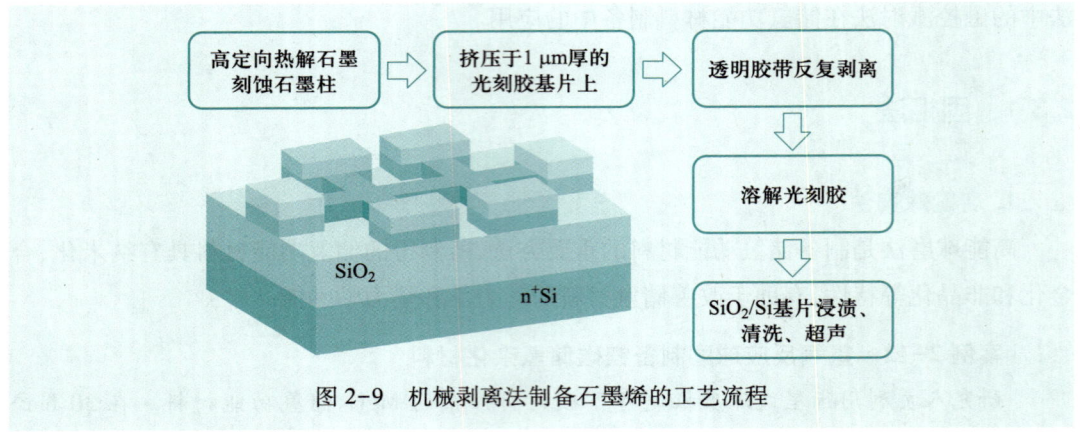

图 2-9    机械剥离法制备石墨烯的工艺流程

### 2.3.2    液相法

#### 1. 沉淀法

利用沉淀法制备储氢功能材料,首先将合金各组分的金属盐溶液与沉淀剂(如 $Na_2CO_3$)一起进行共沉淀;经灼烧形成氧化物后,再用金属钙或 $CaH_2$ 还原,制得储氢合金。使用共沉淀还原法合成 $LaNi_5$ 储氢合金的过程如下:

$$\text{沉淀} \qquad La^{3+} + 5\,Ni^{2+} + xH_2O + y\,CO_3^{2-} \longrightarrow LaNi_5(OH)_x(CO_3)_y + xH^+ \qquad (2\text{-}1)$$

$$\text{灼烧} \qquad 2LaNi_5(OH)_x(CO_3)_y \longrightarrow 2LaNi_5O_{x/2+y} + 2yCO_2 + xH_2O \qquad (2\text{-}2)$$

$$\text{还原} \quad 2LaNi_5O_{x/2+y} + (x/2+y)CaH_2 \longrightarrow 2LaNi_5 + (x/2+y)CaO + (x/2+y)H_2O \qquad (2\text{-}3)$$

水洗后即可得到 $LaNi_5$。采用类似的方法可合成 $LaNi_{5-x}Cu_x$、$LaNi_{5-x}Fe_x$、$TiNi$、$TiFe$ 等。采用沉淀法制备的储氢合金具有化学成分准确、纯度高、不经粉碎或略经粉碎即可达到亚微米甚至纳米级的极小粒径等优点。

#### 2. 微波合成法

微波合成法是一种利用微波辐射作为能量源,通过加热反应体系中的反应物或溶剂分子,促进化学反应进行的合成方法。微波是频率为 300 MHz ~ 300 GHz 的电磁波,是无线电波中一个有限频带的简称。微波波长为 1 mm ~ 1 m,主要包括厘米波和毫米波。当微波照射不同材料时,可能引起穿透、反射和吸收三种不同的相互作用。微波合成是利用材料对微波的吸收作用,将能量(主要是内能)传递给反应体系,从而引发反应并促进反应进行,如图 2-10 所示。

#### 3. 超声电化学合成法

超声电化学合成法是一种利用超声波与电化学技术结合的方法,用于合成材料或催化剂。超声波是指频率在 20 kHz 与数百 MHz 之间的机械波,由一系列疏密相间的纵波构成,波速一般为 1 500 m/s,波长为 0.1 ~ 10 cm。在液体中施加强超声场,超声强度达到一

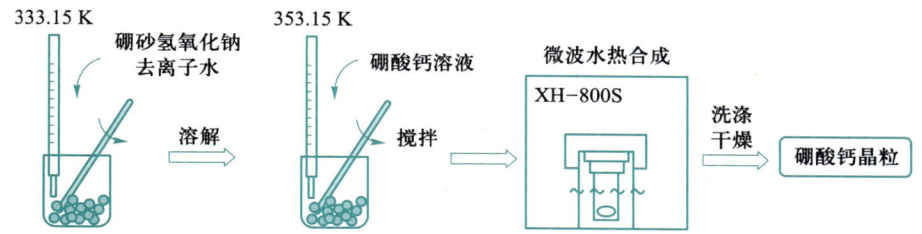

图 2-10 微波合成法制备晶粒的工艺流程

定值时能够使液体中产生气泡,在气泡振荡或崩裂过程中,产生高速的微射流和冲击波,促进反应进行。

超声电化学法可分为直接超声电化学法和间接超声电化学法两类。直接超声电化学法使用探针系统(图 2-11a),也称为变幅杆式超声电化学反应器。通过将超声换能器驱动的变幅杆浸入反应液体中,使声能直接进入反应体系,可以将大量能量直接输送到反应介质。间接超声电化学法利用超声溶液槽(图 2-11b)作为超声波的发射源。这种方法能量密度较低,主要用于清洗反应器皿和电极等,反应器皿通常浸于装有换能器的流体浴槽中,浴槽本身可作为反应器皿。

材料与微波相互作用机理及微波合成的特点

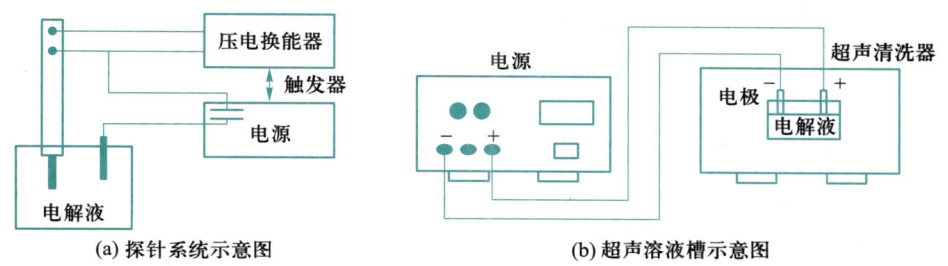

(a) 探针系统示意图　　　　(b) 超声溶液槽示意图

图 2-11 超声电化学法设备

**案例 2-14 超声和微波辅助制备 UiO-66 储氢材料**

UiO-66 具有由次级结构单元 $Zr_6O_4(OH)_4$ 与对苯二甲酸以 12 配位形式形成的三维框架结构,可用于氢气的存储。首先,甲酸钠作为脱质子剂被加入溶液中,经过 15 min 的超声处理后使大量 UiO-66 成核。当衬底浸入合成溶液时,在范德瓦耳斯力和毛细力的作用下,大量的 UiO-66 晶核沉积并附着在多孔衬底表面。最后进行微波反应,快速形成连续无缺陷的有机金属框架膜层。在超声和微波的辅助下成功制备了厚度为 210 nm 的超薄 UiO-66 多晶膜。

### 2.3.3　气相法

磁控溅射法通过在阴极靶表面引入磁场,利用磁场对带电粒子的约束提高等离子体密度,从而克服传统溅射法不适用于绝缘材料的缺点。在溅射过程中,电子在电场的作用下飞向基片,引起氩原子的电离,产生氩离子和新电子。在电场作用下,新电子飞向基片,氩离子飞向阴极靶材并轰击靶表面。在氩离子的轰击下,靶材表面产生复杂的物理、化学相互作用(图 2-12),中性的靶原子或靶分子从表面蒸发,形成超微粒子,并在附着面上沉积。

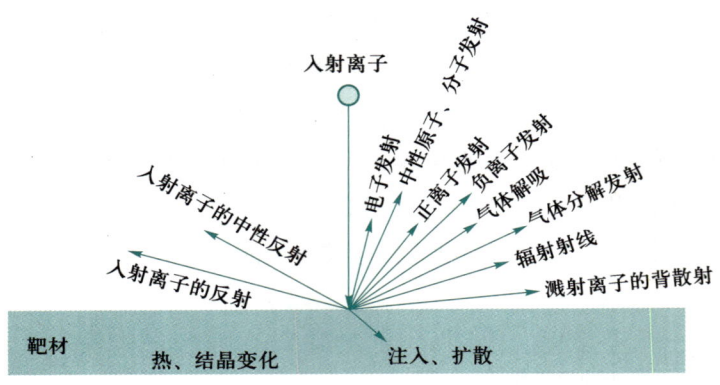

图 2-12　入射粒子与靶材中原子和电子相互作用

**案例 2-15　磁控溅射法制备 Mg/Ti/Ni 多层储氢薄膜材料**

研究人员采用直流磁控溅射法,在 100 V 的电压下在玻璃基板上进行直流沉积,制备了 Mg/Ti/Ni 多层薄膜,Mg、Ti 和 Ni 薄膜厚度分别为 100 nm、100 nm 和 50 nm。薄膜沉积后在真空($10^{-5}$ Torr)环境以 573 K 的恒温退火 1 h,保证薄膜的均匀沉积。直流磁控溅射法得到的多层 Mg/Ti/Ni 薄膜表面均匀,是实现固态储氢的良好材料。

其他储氢
功能材料
制备方法

除本节介绍的制备方法外,还有很多方法可用于储氢功能材料的制备。储氢功能材料的其他合成方法还包括合金熔炼法(如感应熔炼法、电弧熔炼法、气体雾化法和熔体淬冷法)、还原扩散法、纳米限域法等。

# 2.4 其他储能功能材料制备方法

## 2.4.1 固相法

### 1. 自蔓延高温合成法

自蔓延高温合成法，又称燃烧合成法，是指利用化学反应热的自加热和自传导作用合成材料的方法。反应物被引燃后会释放大量热量，自行引发反应，且反应会自发传播至未反应区域，直至反应完全进行，整个过程完全或部分不需要外部热量的输入。通过改变热释放速率和传输速率，实现对合成速率、温度、转化率的优化以及产物成分和结构的调控。自蔓延高温合成法的工艺流程包括前处理、燃烧合成和后处理。

自蔓延高温合成法的工艺流程

> **案例 2-16 自蔓延高温合成法制备 $Li_2FeSiO_4/C$ 材料**
>
> $Li_2FeSiO_4$ 能可逆地嵌脱 $Li^+$，具有较高的比容量，可作为锂离子电池正极材料。研究人员使用 $LiNO_3$ 和 $Fe(NO_3)_3 \cdot 9H_2O$ 作为氧化剂前体，$C_{12}H_{22}O_{11}$（蔗糖）为燃料，$SiO_2$ 纳米颗粒为 Si 源，合成 $Li_2FeSiO_4/C$ 材料。将一定化学计量比的 Li、Fe 和 Si 源溶解在少量蒸馏水中，加入蔗糖。将混合物置于电加热器上，在 393.15 K 的温度下加热 2 h，液体逐渐变为糖浆状，开始膨胀并转变成棕色泡沫。持续加热，泡沫状物质在无明火的情况下自燃，转化为蓬松的棕黑色粉末。收集粉末并研磨后，在 1 073.15 K 的温度下进行热处理，在流动相（CO 与 $CO_2$ 质量分数比为 50∶50）中保持 10 h，防止 $Fe^{2+}$ 离子氧化。经过后续处理，得到 $Li_2FeSiO_4/C$ 材料。

### 2. 纳米压印法

纳米压印法是通过将具有凸凹结构的模具压入可变形材料中，使材料表面留下与模具凸凹结构相反形状的制造方法。纳米压印法是一种具有高分辨率、高产量和低成本的新型纳米结构制造技术，广泛应用于太阳能电池、生物芯片和微型化学反应器等微纳器件制造领域。

纳米压印法的工作流程如图 2-13 所示。施加一定的压力在模板上，将具有凸凹结构的模板压入熔融的高分子材料薄膜（即压印胶）中，待高分子材料冷却、固化，纳米结构定型后，将模板移除，再通过化学溶剂或离子刻蚀等方法去除多余的材料。

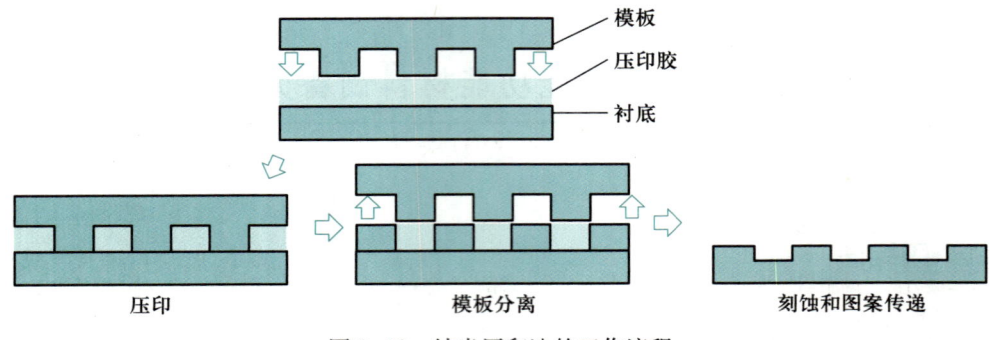

图 2-13　纳米压印法的工作流程

## 2.4.2　液相法

### 1. 静电纺丝法

静电纺丝法是一种将聚合物溶液或高分子溶液在静电力的拉伸作用下形成超细纤维的方法。在静电纺丝中,通过施加高压静电

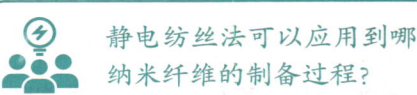

静电纺丝法可以应用到哪些纳米纤维的制备过程?

场,使液体表面带有电荷,这些电荷与电场力和表面张力相互作用,导致液滴的形变和拉伸,最终形成纳米尺度的纤维。静电纺丝法制备材料过程示意图如图 2-14 所示。静电纺丝法制备材料的过程可细化为流体带电、泰勒锥-射流形成、射流细化、射流不稳定运动和射流固化成纳米纤维等步骤。

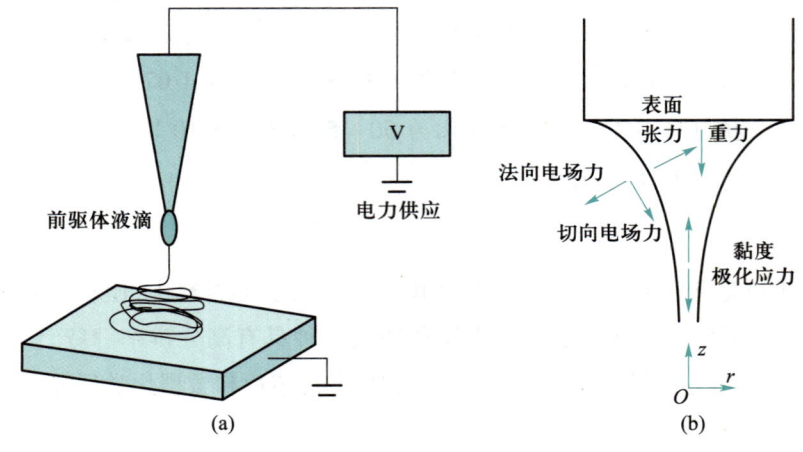

图 2-14　静电纺丝法制备材料过程示意图

**案例 2-17　采用静电纺丝法制备复合薄膜**

研究人员采用静电纺丝法制备了具有超疏水性能的混合基质聚偏氟乙烯-六氟丙烯纳米纤维膜。研究中使用不同浓度(质量分数为 1%~5%)的碳纳米管作为填充剂,

使膜具有疏水性能。制备的膜均具有多孔的结构,其孔径与商业聚偏二氧乙烯(PVDF)膜相当,但孔隙率较高(>85%)。加入碳的质量分数为5%纳米管后,膜的接触角增至158.5°,达到超疏水水平,且进液压力增加。碳的质量分数为5%纳米管的纳米纤维膜通量显著高于商业 PVDF 膜。

### 2. 模板法

模板法是通过物理或化学方法将材料沉积在具有一定结构的模板的孔洞或表面上,然后去除模板,从而得到与模板形貌和尺寸相同的纳米材料的制备方法。模板法作为制备纳米材料的重要方法之一,可以在模板中进行气相反应或液相反应,通常采用液相反应。模板法根据模板的特点和限制能力的不同,可以分为硬模板法和软模板法两种。

硬模板法利用现有的多孔材料作为模板,通过灌注、电沉积等方法实现孔结构的复制和保留。多孔材料起到结构导向的作用,反应发生在多孔材料的孔道和孔表面。常见的硬模板包括阳极氧化铝、多孔硅、分子筛、金属模板、聚苯乙烯微球、天然高分子材料、胶态晶体和碳纳米管等,其中阳极氧化铝模板和聚苯乙烯微球模板的材料结构如图2-15 所示。

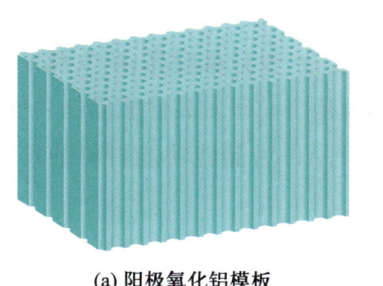 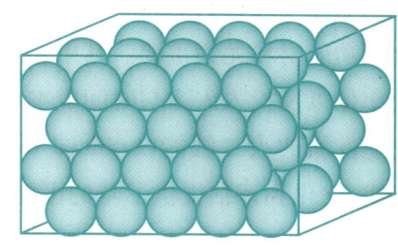

(a) 阳极氧化铝模板      (b) 聚苯乙烯微球模板

图 2-15 常见硬模板的材料结构

软模板法是利用表面活性剂分子聚集而成的模板剂,通过非共价键作用力结合电化学、沉淀法等技术,使反应物在具有纳米尺度的微孔或层隙间反应,从而形成不同结构的材料的方法。这种方法利用空间限制和模板剂的调节作用对合成材料的尺寸、形貌进行有效控制。

## 2.4.3 气相法

脉冲激光沉积法是一种用于制备薄膜的方法。脉冲激光沉积法的工作原理如下:一束激光通过聚焦透镜照射到靶上,使靶材烧蚀,烧蚀产物沿靶的法线方向喷射出来,形成羽辉,并在气氛中传输,最终到

激光脉冲沉积法的特点及薄膜生长模式

达衬底形成一层薄膜。典型的激光脉冲沉积装置示意图如图 2-16 所示。

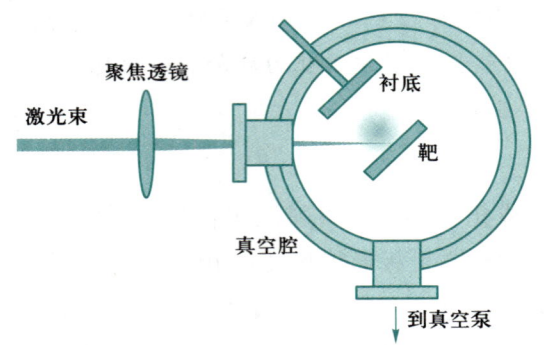

图 2-16　典型的激光脉冲沉积装置示意图

## 2.5　人工智能赋能储能功能材料的制备与研发

在本章前述内容中,详细介绍了储热/储冷功能材料、电化学储能功能材料、储氢功能材料以及其他储能功能材料的制备方法。随着当前对储能市场需求与日俱增,制备和研发合适的储能功能材料尤为重要。其中,材料成分复杂、设计难度高、研发周期长、大规模材料筛选效率低以及投入人力与时间成本高等问题是当前研发高性能储能功能材料面临的挑战。飞速发展的人工智能(artificial intelligence,AI)为储能功能材料的发现、高效筛选、设计、合成、优化和评估提供了新的可能。

AI 是计算机科学的一个重要分支,涵盖了多种方法,主要包括机器学习、深度学习、自然语言处理、计算机视觉、遗传算法、数据挖掘以及规则基础知识系统等。其中,机器学习、深度学习、数据挖掘等是材料研发常用的人工智能方法。人工智能在储能功能材料的制备与研发中可发挥以下作用。

人工智能驱动新材料发现和设计:采用机器学习、深度学习等人工智能方法,对大量的材料数据进行分析和挖掘,分析数据之间的内在关联和影响规律,建立材料性质预测模型,进而指导新材料的发现。

人工智能与高通量实验结合加快材料筛选:高通量实验是筛选海量材料的方法之一,可以快速筛选出性能符合要求的材料,解决传统人工筛选耗费大量人力、物力、财力以及效率低等问题。将人工智能技术与高通量实验结合,可以进一步帮助研究者从大量数据中快速发现有价值的信息,促进材料研发的速度和效率。

人工智能优化材料制备流程:通过算法可以找到最优的反应条件、合成路径或加工参数,以提高材料的合成效率和质量。

**案例2-18　人工智能指导储氢功能材料的筛选、设计与性能优化**

为了突破传统人工材料筛选效率低、容错率低以及优化效率低等的局限，研究人员利用隐式/显式机器学习方法，对单相C14型Laves合金体系的金属氢化物进行筛选、设计和性能优化。通过特征值重要性排序明确了金属氢化物储氢性能的主要影响因素，更有利于储氢容量的快速预测以及高容量材料的成分设计。将优化好的机器学习模型应用于PEMFC燃料供氢系统的合金成分设计中，成功实现了主动性能扫描/预测以及后续针对性参数的合金成分筛选。采用上述方法，研究人员定制了一种新型合金$Ti_{0.9}Zr_{0.12}Mn_{1.2}Cr_{0.55}(VFe)_{0.25}$，该合金在中等温度和压力水平下具有优异的综合性能和成本效益。

人工智能赋能储能功能材料制备与研发案例

**案例2-19　人工智能指导电化学储能功能材料开发**

锂金属电池（LMBs）因其超高的理论能量密度而被视为最有前景的储能系统之一。然而，锂阳极的高反应性导致电解质分解，限制了LMBs的实际应用。当进行锂金属阳极设计高度稳定的溶剂分子时，常规的试错方法效率较低。研究人员提出了一种数据驱动的方法来探究溶剂还原稳定性的起源，并加速高级电解质的分子设计。使用基于图论的算法构建潜在溶剂分子的大型数据库，然后通过第一性原理计算和机器学习方法进行全面研究。研究人员通过将数据驱动方法应用于离子-溶剂化学筛选环节，提高了材料筛选和设计效率，为加速下一代锂电池先进电解质分子的高效设计提供了新的可行方案。

# 本章小结

本章介绍了储热/储冷功能材料、电化学储能功能材料、储氢功能材料以及其他储能功能材料的制备方法。针对每种功能材料，分别从固相法、液相法和气相法中选取具有代表性的材料制备方法，并结合具体案例，分别介绍了不同制备方法的原理、流程及应用实例。

固相法是指有固态物质参与的制备方法，通过机械手段对原材料进行混合和细化，并在高温条件下烧结得到目标产物；液相法是指在均相溶液中，通过沉淀剂或用蒸发、升华、水解等操作，将溶质与溶剂分离，使溶质形成一定形状和大小的颗粒状前驱体，再通过热解或其他处理方法得到最终产物；气相法是指直接利用气态物质或将物质变为气态，使之在气态下发生物理或化学变化，最后在固体表面冷却凝结，沉积形成物质的过程。

针对储热/储冷功能材料的主要制备方法，本章介绍了固相法中的多孔基体浸渗法，液相法中的溶胶−凝胶法和微乳液法,以及气相法中的化学气相沉积法;针对电化学储能功能材料的主要制备方法,本章介绍了固相法中的高能球磨法和高温固相合成法,液相法中的水热法/溶剂热法、溶胶−凝胶法、喷雾法和沉淀法,以及气相法中的真空蒸发沉积法;针对储氢功能材料的主要制备方法,本章介绍了固相法中的高能球磨法和机械剥离法,液相法中的沉淀法、微波合成法和超声电化学合成法,以及气相法中的磁控溅射法;最后还介绍了其他储能功能材料的制备方法,如固相法中的自蔓延高温合成法和纳米压印法,液相法中的静电纺丝法和模板法,以及气相法中的脉冲激光沉积法。随着人工智能技术的兴起,储能功能材料的研发也迎来了新的发展机遇。

固相法、液相法和气相法在各种储能功能材料的制备中有着广泛的应用。本章介绍的制备方法可合成具有粉体、纤维、薄膜以及多孔材料等不同结构的功能材料,实现对储能材料结构、性能和形貌的调控,满足不同应用领域对功能材料的需求。通过了解储能功能材料不同制备方法的原理,可为后续内容的学习奠定理论基础。

## ⚙ 思考题

2-1  介绍一种你感兴趣的储能材料制备方法,并分析其优、缺点。

2-2  比较固相法和液相法在储能材料制备中的差异,分析各自的适用场景。

2-3  探讨溶胶−凝胶法在储能材料制备中的优势和局限性,以及如何通过控制制备条件来调控材料性能。

2-4  探讨微波合成法和超声电化学合成法在储能材料制备中的应用,以及微波和超声波对材料制备的具体作用机理。

2-5  请选定一种储能功能材料,对比两种不同制备方法的主要差异,并探讨其优、缺点。

2-6  探讨纳米压印技术在储能材料制备中的应用潜力以及与传统制备方法相比有何优势。

2-7  探讨基于机器学习和人工智能技术的智能制备方法在储能材料研究中的应用,分析其对材料设计和性能优化的影响。

## 🖊 习题

2-1  请详细描述高能球磨法合成材料的原理,并简述影响球磨强度的因素。

2-2  请描述高温固相合成法与自蔓延高温合成法的主要差异,并介绍材料制备过程中各参数对产物的影响。

2-3　纳米压印技术作为一种具有高分辨率的材料制备方法,与光刻技术有哪些异同点? 与光刻技术相比有哪些优势?

2-4　应用沉淀法合成材料的步骤都有哪些? 如何保证固相颗粒的均匀性?

2-5　在水热法/溶剂热法中,溶剂的作用有哪些? 使用有机溶剂的优势有哪些?

2-6　请详细描述溶胶-凝胶法的工艺流程,并简述应用该方法制备储能材料的影响因素。

2-7　模板法可分为硬模板法和软模板法两种,请详细描述两者之间的差异。

2-8　静电纺丝法广泛应用于制备纳米纤维,请详细描述其工作步骤。

2-9　请简单描述物理气相沉积和化学气相沉积的差异。

2-10　化学气相沉积法中,随温度变化存在质量输运控制、表面控制和热力学控制三个分区,请详细描述温度变化对薄膜制备的影响。

# 参考文献

[1] 苏岳峰,黄擎,陈来. 储能科学与技术[M]. 北京:北京理工大学出版社,2023.

[2] 吴贤文,向延鸿. 储能材料:基础与应用[M]. 北京:化学工业出版社,2019.

[3] 李爱东. 先进材料合成与制备技术[M]. 2版. 北京:科学出版社,2019.

[4] 钱斌,陶石. 新型储能技术及其应用[M]. 北京:科学出版社,2023.

[5] 强亮生,赵九蓬,杨玉林. 新型功能材料制备技术与分析表征方法[M]. 哈尔滨:哈尔滨工业大学出版社,2017.

[6] 陈永. 多孔材料制备与表征[M]. 合肥:中国科学技术大学出版社,2010.

[7] 李廷盛,尹其光. 超声化学[M]. 北京:科学出版社,1995.

[8] 刘伟,李振明,刘铭扬,等. 高温相变储热材料制备与应用研究进展[J]. 储能科学与技术,2023,12(2):398-430.

[9] HAWLADER M N A,UDDIN M S,KHIN M M. Microencapsulated PCM thermal-energy storage system[J]. Applied Energy,2003,74(1):195-202.

[10] WU M Q,WU S,CAI Y F,et al. Form-stable phase change composites:preparation,performance,and applications for thermal energy conversion,storage and management[J]. Energy Storage Materials,2021,42:380-417.

[11] WU S,YAN T,KUAI Z,et al. Preparation and thermal property analysis of a novel phase change heat storage material[J]. Renewable Energy,2020,150:1057-1065.

[12] CHANG Z,WANG K,WU X,et al. Review on the preparation and performance of paraffin-based phase change microcapsules for heat storage[J]. Journal of Energy Storage,2022,46:103840.

[13] 张琦,刘重阳,宋俊,等. 微胶囊相变储能材料的合成及其应用研究进展[J]. 储能科学与技术,2023,12(4):1110-1130.

[14] PANG S,ENGLERT J M,TSAO H N,et al. Extrinsic corrugation-assisted mechanical exfoliation of monolayer graphene[J]. Advanced Materials,2010,22(47):5374-5377,5327.

[15] LIU R,ZHANG F,SU W,et al. Impregnation of porous mullite with $Na_2SO_4$ phase change material for

thermal energy storage[J]. Solar Energy Materials and Solar Cells,2015,134:268-274.

[16] HE F, WANG X, WU D. New approach for sol-gel synthesis of microencapsulated *n*-octadecane phase change material with silica wall using sodium silicate precursor[J]. Energy,2014,67:223-233.

[17] KLIER J, TUCKER C J, KALANTAR T H, et al. Properties and applications of microemulsions[J]. Advanced Materials,2000,12(23):1751-1757.

[18] GANGULI A K, GANGULY A, VAIDYA S. Microemulsion-based synthesis of nanocrystalline materials [J]. Chemical Society Reviews,2010,39(2):474-485.

[19] PEREIRA A, LAPLANTE F, CHAKER M, et al. Functionally modified macroporous membrane prepared by using pulsed laser deposition[J]. Advanced Functional Materials,2007,17(3):443-450.

[20] WANG H, LI Y, ZHAO L, et al. A facile approach to synthesize microencapsulated phase change materials embedded with silver nanoparicle for both thermal energy storage and antimicrobial purpose[J]. Energy, 2018,158:1052-1059.

[21] FANG W J, HSU A L, SONG Y, et al. Asymmetric growth of bilayer graphene on copper enclosures using low-pressure chemical vapor deposition[J]. ACS Nano,2014,8(6):6491-6499.

[22] LOTOTSKYY M, SIBANYONI J M, DENYS R V, et al. Magnesium-carbon hydrogen storage hybrid materials produced by reactive ball milling in hydrogen[J]. Carbon,2013,57:146-160.

[23] LI X, CAI W, AN J, et al. Large-area synthesis of high-quality and uniform graphene films on copper foils [J]. Science,2009,324(5932):1312-1314.

[24] ZHANG B, DUGAS R, ROUSSE G, et al. Insertion compounds and composites made by ball milling for advanced sodium-ion batteries[J]. Nature Communications,2016,7(1):10308.

[25] WANG D, WU X, WANG Z, et al. Cracking causing cyclic instability of $LiFePO_4$ cathode material [J]. Journal of Power Sources,2005,140(1):125-128.

[26] CHOU S Y, KRAUSS P R, RENSTROM P J. Imprint lithography with 25-nanometer resolution[J]. Science,1996,272(5258):85-87.

[27] HUANG J, TANG T, HE Y. Coupling photothermal and Joule-heating conversion for self-heating membrane distillation enhancement[J]. Applied Thermal Engineering,2021,199:117557.

[28] PROBST C, MEICHNER C, KREGER K, et al. Athermal azobenzene-based nanoimprint lithography [J]. Advanced Materials,2016,28(13):2624-2628.

[29] WEN L, XU R, MI Y, et al. Multiple nanostructures based on anodized aluminium oxide templates [J]. Nature Nanotechnology,2017,12(3):244-250.

[30] OBRAZTSOV A N. Chemical vapour deposition: making graphene on a large scale[J]. Nature Nanotechnology,2009,4(4):212-213.

其他参考文献

# 第三章
## "如何了解储能功能材料"——储能功能材料的表征与分析

　　材料表征和分析在现代科学与工程中扮演着至关重要的角色。通过对材料进行全面、系统的表征和分析,深入了解材料的微观结构、物理性质以及化学性质,不仅为材料设计、开发和改进提供指导,还可为新材料的发现和应用奠定坚实的基础。此外,材料表征和分析还在质量控制、产品改进、环境保护等方面发挥着重要作用,为社会可持续发展提供了支撑。因此,加强对材料表征和分析的研究与应用,不仅是推动材料科学与工程领域发展的关键,也是实现科技创新、提高产业竞争力的重要途径。

　　本章主要介绍储能材料的表征与分析的方法和设备,分为成分分析、结构分析、形貌分析、热性能分析、电化学性能分析和其他分析方法六部分。通过本章介绍的表征与分析方法,帮助读者全面了解储能材料的组成、结构、形貌、热性能和电化学性能,为储能材料的设计、开发和应用提供重要的参考和指导。本章的结构总图如图3-1所示。

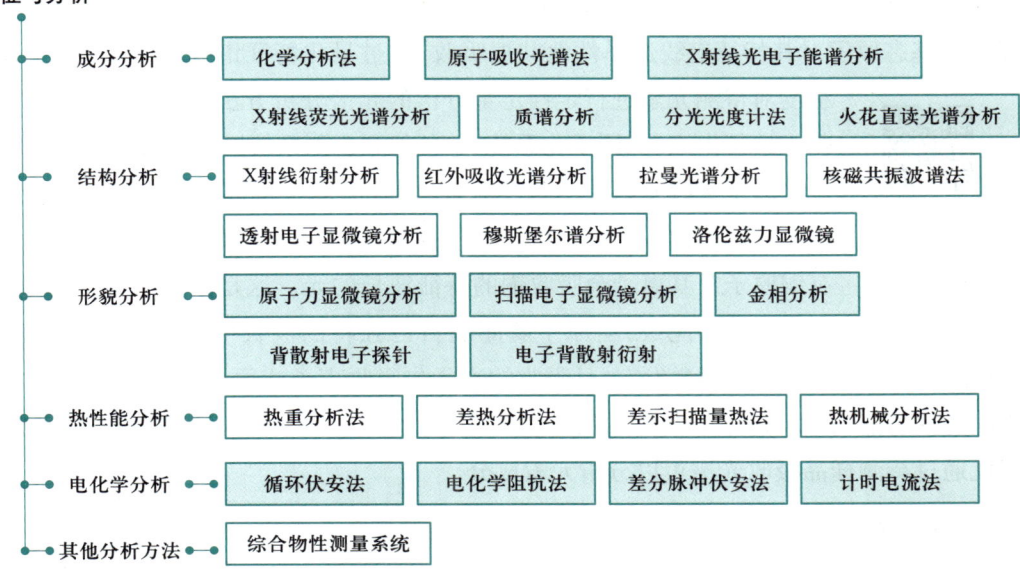

图3-1　第三章的结构总图

# 3.1　成　分　分　析

## 3.1.1　化学分析法

化学分析法是依赖特定的化学反应及其计量关系来对物质进行分析的方法。化学分析法历史悠久,是分析化学的基础,又称为经典分析法,主要包括重量分析法和滴定分析法。

> **案例 3-1　热化学储能材料光卤石废料的成分分析**
>
> 成功开发和实施热化学存储系统的关键是识别高能量密度和低成本的存储材料。光卤石废料是一种以双水合盐为基质的非金属开采工业废弃物,可以用于热化学存储。研究人员通过化学分析法确定了光卤石废料由质量分数为 73.54% 的 $KCl \cdot MgCl_2 \cdot 6H_2O$ 和杂质[如 $NaCl$(质量分数为 23.04%)、$KCl$(质量分数为 1.76%)和 $CaSO_4$(质量分数为 1.66%)]组成。

## 3.1.2　原子吸收光谱法

原子吸收光谱(atomic absorption spectroscopy,AAS)法是一种基于样品蒸气相中待测元素的基态原子对其特征谱线选择性地共振吸收,通过量化特征谱线因吸收而被减弱的程度对待测元素进行定性定量分析的光谱分析方法。一个典型的原子吸收光谱仪由光源、原子化系统、单色仪和检测系统四个主要部分组成。

原子吸收光谱法的基本原理:所有的原子或离子都能吸收特定波长的光。例如,当一个含有铜和镍的样品暴露在铜的特征波长的光下时,只有铜原子及其离子会吸收铜的特征波长的光。这是由于原子中的电子存在于不同的能级,当原子暴露在自己独特的波长下时,它可以吸收能量(光子),电子从基态移动到激发态,且吸收的光量与吸收离子或原子的浓度成正比,电子吸收的辐射能与这一过程中发生的跃迁直接相关。由于每个元素具有独特的电子结构,因此通过待测样品吸收光谱可以分析元素成分。

不同成分分析方法的组成图和原理图

> **案例 3-2　采用原子吸收光谱法分析太阳能储氢合金成分**
>
> 氢是清洁能源载体之一,对实现全球可持续能源经济转型具有重要意义。然而,缺

乏安全有效的储氢方法仍然是氢能广泛应用的主要瓶颈。其中,固态轻质金属氢化物(如氢化镁)因其具备高储氢密度和高安全性而备受关注。但氢化镁材料具有较高的热力学稳定性和活化能,因此需要大量能量输入来驱动储氢反应。研究人员通过原子重建设计了单相 $Mg_2Ni(Cu)$ 合金,实现 $MgH_2$ 的稳定太阳能储氢,并采用原子吸收光谱法测量样品中 Cu 和 Ni 的含量。

### 3.1.3 X射线光电子能谱分析

X射线光电子能谱分析(X-ray photoelectron spectroscopy, XPS)是一种利用 X 射线光子辐射待测物质表面,使其原子的内层电子被激发出来,通过对这些电子进行能量分析以获得物质信息的定量光谱技术。典型的 XPS 系统一般由超高真空系统、X 射线光源、分析器系统、数据系统以及其他附件组成。

X射线光电子能谱分析的基本原理即光电效应,当 X 射线光子与物质相互作用,光子能量超过待测材料中电子的结合能时,物质表面原子中的电子被激发出来形成光电

 爱因斯坦提出的光电效应定律具体是什么呢?

子。光电效应包括电离过程和弛豫过程。由于原子在不同的能量状态下有多个轨道,所以产生的响应是一系列具有不同结合能和动能的发射电子产生的 XPS 光谱,通过对光谱进行分析获得待测材料的组成。

电离过程:

$$E_k = h\nu - E_B \tag{3-1}$$

式中:$E_k$——动能,J;

$h$——普朗克常量,J·s;

$\nu$——入射光频率,Hz;

$E_B$——结合能,J。

弛豫过程可分为辐射弛豫和非辐射弛豫。

辐射弛豫(荧光过程):处于高能级上的电子向电离产生的内层电子空穴跃迁,将多余的能量以光子形式放出,即

$$A^{+*} \longrightarrow A^+ + h\nu' (特征射线) \tag{3-2}$$

式中:$A^{+*}$——激发态离子;

$A^+$——退激发后的离子;

$\nu'$——发射光频率,Hz。

非辐射弛豫(俄歇过程):

$$A^{+*} \longrightarrow A^{++} + e^- （Auger 效应） \qquad (3-3)$$

式中：$A^{++}$——退激发后的离子；

　　$e^-$——俄歇电子。

**案例 3-3　锂电池电解质的 X 射线光电子能谱分析**

金属有机框架是潜在的用于锂电池的固体电解质材料之一。研究人员提出了一种"刚性-柔性"混合分子设计方法，通过在静态刚性多孔框架中加入柔性阴离子链开发先进的金属有机固体电解质，并根据 X 射线光电子能谱分析结果揭示了电解质中柔性阴离子链部分和 Al-BTC（BTC 为 1, 3, 5-苯三羧酸）节点的化学环境。

### 3.1.4　X 射线荧光光谱分析

X 射线荧光光谱分析（X-ray fluorescence spectroscopy，XFS）是一种利用原级 X 射线光子或其他微观粒子激发待测物质中的原子，对其产生次级的特征 X 射线（X 射线荧光）进行物质成分分析和化学形态研究的方法。X 射线荧光光谱分析仪由以下几部分组成：X 射线发生器（X 射线管、高压电源及稳定稳流装置）、分光检测系统（分析晶体、准直器与检测器）和记数记录系统（脉冲辐射分析器、定标计、计时器、积分器、记录器）等。

X 射线荧光光谱分析的基本原理：当材料被高能短波长辐射（如 X 射线）激发时，各元素内层电子在足够的能量照射下脱离原子的束缚成为自由电子，原子的外部电子会填补缺失的内部电子。此时，由于电子在内部电子轨道的结合能比外部电子轨道低，原子将会释放能量，即特征 X 射线。其中，样品元素产生的特征 X 射线波长与其原子序数 $Z$ 一一对应，因此 X 射线荧光光谱可用于材料定性分析。X 射线荧光光谱定性分析基于莫塞莱定律：

$$\frac{1}{\lambda} = K(Z-\sigma)^2 \qquad (3-4)$$

式中：$\lambda$——波长，nm；

　　$Z$——原子序数；

　　$K$——里德伯常量，1/m；

　　$\sigma$——屏蔽常数，N/m。

产生的荧光 X 射线还可用于检测样品中的元素含量。X 射线荧光光谱测量元素的含量是通过将测得的荧光 X 射线强度转化为浓度实现的：

$$C_i = K_i I_i M_i S_i \qquad (3-5)$$

式中：$C$——待测元素的浓度，mg/L；

　　下标 i——待测元素；

$K$——仪器的校正因子,mg/L/cps;

$M$——根据不同样品的基体效应选取的修正因子;

$S$——样品的物理化学态,如试样的均匀性、厚度、表面结构及元素的化学态;

$I$——测得的待测元素 X 射线的荧光强度,cps(即每秒接收到的荧光光子数,counts per second 的缩写)。

**案例 3-4 纳米薄膜结构的 X 射线荧光光谱分析研究**

纳米结构薄膜广泛应用于锂离子电池、液流电池等储能装置。研究人员基于 X 射线荧光光谱法,阐明了薄膜的纳米结构动力学,并结合化学敏感光谱分析,重建可以产生在超薄膜中并嵌入纳米结构的元素特定形态。

### 3.1.5 质谱分析

质谱分析简称质谱(mass spectrometry,MS),是一种利用电场和磁场将运动的离子按照它们的质荷比进行分离后对样品离子的质量和强度的测量来进行定量分析的方法。质谱仪一般由以下几部分组成:进样系统、离子源、质量分析器、检测器、计算机控制系统和真空系统。

质谱分析的基本原理:通过将被测物质离子化,形成各种质荷比的离子(例如同位素离子、碎片离子、重排离子、亚稳离子、多电荷离子等),运动的离子在电场和磁场作用下发生偏转,使离子按质荷比大小有序地按时间或空间分离,通过测量各离子的强度,确定被测物质的相对分子质量和结构。

**案例 3-5 超级电容器碳电极材料的质谱分析研究**

在水基电解质中构成高电池电位超级电容器,是开发高能量密度安全储能装置的关键步骤。中性水电解质中活性炭电极微孔对氢的化学吸附,导致了电池电位的扩展。通过质谱分析研究发现,碳电极的结构特征、电学性质和功能基团对碳基超级电容器的电池电位和性能也有重要影响。

### 3.1.6 分光光度计法

分光光度计法是一种在特定波长处或一定波长范围内测量光的吸收度,对该物质进行定性或定量分析的光学分析方法。分光光度计主要由光源、单色器、样品室、检测器、信号处理器和显示与存储系统组成。

分光光度计法的基本原理:分光光度计采用一个可以产生多个波长的光源,通过分光装置产生特定波长的光源。光线透过测试的样品后,部分光线被吸收,通过计算样品的吸

光值,进而转化成样品的浓度。样品的吸光值与样品的浓度成正比,关系式如下所示:

$$A = -\lg(I/I_0) = -\lg T = kLC \qquad (3-6)$$

式中:$A$——吸光度;

$I_0$——入射的单色光强度,$W/m^2$;

$I$——透射的单色光强度,$W/m^2$;

$T$——物质的透射率;

$k$——摩尔吸收系数,$L/(mol \cdot cm)$;

$L$——被分析物质的光程,即比色皿的边长,cm;

$C$——物质的浓度,mol/L。

**案例 3-6    利用分光光度计法研究液流电池电解液材料的成分**

可再生能源的电力发展迫切需要高效的能量存储技术。为了实现住宅和办公室等场景的小规模储能,研究人员提出了将太阳能直接转化为存储在氧化还原液流电池中的电化学能量。通过分光光度计法分析完全充电和放电的电解质样品的成分组成,进而评估电池的充电状态。

### 3.1.7    火花直读光谱分析

火花直读光谱(spark direct reading spectrum,SDRS)分析是一种用于快速、准确地测定金属及其合金成分的分析技术。通过火花放电使样品表面物质激发,产生光谱辐射,再对光谱进行分析以确定元素组成。火花直读光谱仪主要由光源、分光系统、激发系统、真空系统、数据采集系统和数据分析系统组成。

火花直读光谱分析的基本原理:火花直读光谱仪利用电弧(或火花)的高温激发物质表面的原子和离子并发出特定波长。激发态的原子和离子返回基态时,发射出具有特征波长的光谱辐射。这些光谱辐射包含了物质中各元素的特征光谱线。不同波长的光谱线被光栅或棱镜分离后,通过检测系统将光信号转换为电信号,并进行放大和数字化处理,进而获得物质各元素的含量。

**案例 3-7    合金材料的火花直读光谱分析**

镍基合金由于具有强度高、抗氧化、耐腐蚀、良好的塑性和韧性以及冶金稳定性和可加工性等优异性能,在航空、航天、石油化工和能源等领域中应用前景广阔。在储能领域中,镍基合金可作为电池电极或者储氢合金材料。火花直读光谱分析能够获得镍基合金的杂质元素信息。

# 3.2 结 构 分 析

## 3.2.1 X射线衍射分析

X射线衍射(X-ray diffraction,XRD)分析是一种利用X射线与物质相互作用时的散射效应,获得物质内部原子空间分布状况的结构分析方法,是研究物质结构的重要手段之一。X射线衍射系统主要由X射线管、高压变压器以及电压和电流调节稳定系统组成。

X射线衍射分析的原理:将具有一定波长的X射线照射到晶体上时,由于晶体结构的周期性,X射线在晶体内遇到规则排列的原子或离子发生散射,散射的X射线在某些方向上相位得到加强,从而显示与晶体结构相对应的特有的衍射现象。通过分析衍射图样的强度和位置,可以确定晶体的晶格常数、晶体结构和晶体取向等信息。晶体衍射的主要依据是布拉格方程:

不同结构分析
方法的组成图
和原理图

$$2d\sin\theta_{hkl} = n\lambda, \quad n = 0, 1, 2, \cdots \quad (3-7)$$

式中:$n$——非负整数;

$d$——平行原子平面的间距,nm;

$\lambda$——入射光波长,nm;

$\theta_{hkl}$——方位角,(°)。

**案例3-8 天然石灰石和白云石的XRD分析**

基于$CaCO_3/CaO$高温可逆煅烧/碳酸化反应的钙循环过程在化石燃料发电厂的$CO_2$捕获和集中式太阳能发电厂的热化学储能方面的应用,近年来引起了研究人员的关注。天然石灰石和白云石具有原料来源广、成本低廉等优点而备受重视。研究人员采用XRD分析方法对天然石灰石和白云石在集中式太阳能发电厂热化学储能过程中的多循环煅烧/碳酸化进行了分析,揭示了钙循环过程中涉及不同阶段的时间演变关键特征,有助于提高循环效率。

## 3.2.2 红外吸收光谱分析

红外吸收光谱分析(infrared absorption spectroscopy,IR)是根据不同物质选择性吸收红外光区的电磁辐射来进行结构分析,进而对各种吸收红外光的化合物进行定量和定性分析的一种方法。红外光谱仪器主要包括色散型红外光谱仪和傅里叶变换红外光谱仪这两类。红外光谱仪器的结构与其他光谱仪器相似,通常由光源系统、分光系统、样品室、检测器、控制和数据处理系统以及记录显示系统组成。

红外吸收光谱分析的基本原理:当光波和物质相互作用时,会引起物质分子或原子基团的振动,从而产生对光的吸收。当物质受到频率连续变化的红外光照射,分子中某个基团的振动频率和外界红外光辐射频率一致时,该基团吸收一定频率的红外光,并由于其振动或转动引起偶极矩的净变化以及分子振动和转动能级从基态到激发态的跃迁,进而得到分子振动能级和转动能级变化产生的振动-转动光谱,即为红外光谱。根据分子对红外光吸收后得到谱带频率的位置、强度、形状以及吸收谱带和温度、聚集状态等的关系,即可确定分子的空间构形,得到化学键的力常数、键长和键角等参数。

**案例 3-9 储能相变材料的红外吸收光谱分析**

开发集太阳能热储和热管理于一体的功能性微波吸收纳米复合材料,可以促进相变材料的前沿应用。为了实现这一目标,研究人员在一维碳纳米管表面原位生长二维 $MoS_2$ 纳米片用于制备包封石蜡的核壳 $MoS_2@CNTs$。通过对该材料进行红外吸收光谱分析,发现材料表面均匀覆盖着致密的 $MoS_2$ 纳米片,$MoS_2$ 和碳纳米管的协同增强光热效应,从而实现高的太阳热能量转换和存储效率。

### 3.2.3 拉曼光谱分析

拉曼光谱分析是一种基于拉曼散射效应,通过对与入射光频率不同的散射光谱进行分析得到分子振动、转动方面的信息,从而获得物质化学结构、相态、形态、结晶度以及分子相互作用等信息的非破坏性分析技术。拉曼光谱仪的基本组成包括光源、样品室、单色器和检测记录系统四个部分。

拉曼光谱分析的基本原理:当光被分子散射时,光子的振荡电磁场引起分子电子云的偏振,使分子处于高能状态,光子的能量转移到分子上。这可以被认为是在光子和分子之间形成一种非常短暂的复合物,这种复合物通常被称为分子的虚态。这种虚态是不稳定的,光子几乎立即以散射光的形式重新被发射出来。

在绝大多数散射过程中,分子与光子相互作用后,散射光子的能量等于入射光子的能量,这一过程被称为弹性散射(散射粒子的能量守恒)或瑞利散射。拉曼散射是一个小概率事件,它是分子对光子的一种非弹性散射效应,散射光的频率和入射光的频率不相等。散射光与入射光的频率的差值称为拉曼位移。因此,拉曼光谱分析基于拉曼散射效应,通过测量拉曼位移来获取分子振动和转动信息。

拉曼散射分为斯托克斯-拉曼散射和反斯托克斯-拉曼散射。如果分子在散射过程中从光子获得能量(激发到更高的振动能级),则散射的光子失去能量,波长增加,这称为斯托克斯-拉曼散射。相反,如果分子因弛豫到较低的振动能级而失去能量,则散射光子获得相应的能量,波长减小,称为反斯托克斯-拉曼散射。通常情况下,分子大多处于基态,斯托克斯-拉曼散射比反斯托克斯-拉曼散射强得多,因此拉曼光谱分析主要采用斯托克斯散射研究拉曼位移。通过对拉曼位移的测定可以得到分子的振动光谱,进而获得物质的化学结构、相态、形态、结晶度等信息。

**案例3-10　电池电子材料的拉曼光谱分析**

拉曼光谱可以用于探测正在经历充、放电过程的电极材料的结构和相组成。研究人员利用拉曼光谱成功地研究了所制备的 $Ni(HCO_3)_2$ 纳米材料的电荷存储机制。拉曼光谱显示,$Ni(HCO_3)_2$ 与 $\gamma$-NiOOH 之间存在可逆的氧化还原反应,$Ni(HCO_3)_2$ 的高比容量可归因于 $Ni^{2+}$ 深度氧化为 $Ni^{3+}$ 及其可逆反应。然而,在长时间的氧化还原反应过程中,$Ni(HCO_3)_2$ 也发生了电化学诱导相变。

## 3.2.4　核磁共振波谱法

核磁共振波谱法(nuclear magnetic resonance spectroscopy,NMRS)是一种利用特定原子核的磁性特性对固体或液体样品中分子的成分、结构以及特性进行定性定量分析的方法。现代核磁共振谱仪一般是超导脉冲核磁共振谱仪,主要组成部分有磁场系统、射频发射系统和信号处理与控制系统。

核磁共振波谱法的基本原理:原子核由质子和中子组成,并带正电荷,具有一定质量,还具有自旋现象,因此存在固有磁矩。若添加外加磁场,当原子核自身磁矩和外加磁场方向不同时,原子核在外加磁场作用下绕外磁场方向转动,这一现象称为进动。进动频率为

$$v = \gamma B / (2\pi) \tag{3-8}$$

式中:$v$——进动频率,Hz;

　　　$\gamma$——磁旋比,rad/(s·T);

　　　$B$——外加磁场强度,T。

强恒定磁场中的原子核受到弱振荡磁场的扰动,会产生具有原子核磁场频率特性的电磁信号。当磁场振荡频率与原子核的固有频率相匹配时,就会发生共振现象。由于每个核磁共振活性核的共振频率取决于它的化学环境,因此可以通过核磁共振信号来分析测量不同物质。

**案例3-11　超级电容器电极材料的核磁共振波谱分析**

电化学双层电容器,也被称为超级电容器,通常采用纳米多孔碳电极。电荷存储在多孔碳结构中,孔径长期以来被视为决定存储能力的关键因素。研究人员评估了商用

纳米多孔炭,发现孔径和电容之间的相关性较低。其模拟和核磁共振光谱测量数据表明,无序的程度才是决定存储能力的关键因素,因为较小的石墨烯样结构域可以更有效地在纳米孔中存储离子。根据分析结果,研究人员可进一步提出材料的改性方法。

### 3.2.5 透射电子显微镜分析

透射电子显微镜(transmission electron microscope, TEM)分析是一种利用电子束穿透样品来获得其高分辨率图像和分析其内部结构的显微镜技术。透射电子显微镜主要由电子枪、电子透镜系统、样品台、成像和检测系统、真空系统和控制与显示系统等部分组成。

透射电子显微镜分析的基本原理:透射电子显微镜的原理与透射式光学显微镜类似,与之不同的是,透射电子显微镜采用了电子枪代替可见光源,用电磁透镜代替光学透镜,最后在涂有荧光粉的观察屏上成像。

**案例 3-12 钙钛矿太阳能电池的透射电子显微镜分析**

钙钛矿太阳能电池具有高功率转换效率以及较高的耐用性和可扩展性,但在室外条件下,紫外线会加速钙钛矿降解使钙钛矿太阳能电池耐用性变差。研究人员采用透射电子显微镜分析研究了这种紫外线降解机制,并针对性地设计了一种空穴转移材料,膦酸基团与氧化铟锡结合,芳香咔唑基团中的氮原子与钙钛矿中的铅结合,提高了钙钛矿的稳定性。

### 3.2.6 穆斯堡尔谱分析

穆斯堡尔谱分析是一种基于穆斯堡尔效应的光谱分析方法,用于研究固态物质中的核能级分裂及其与电子环境的相互作用。该技术通过观察 $\gamma$ 射线的共振吸收现象,可以提供关于材料的结构、磁性、化学键合、电子环境和动力学等信息。穆斯堡尔谱分析仪主要由放射源、振动子、探测器、计算机化的多道分析器等组成。

穆斯堡尔谱分析的基本原理:固体中的某些放射性原子核有一定的概率能够无反冲地发射 $\gamma$ 射线,$\gamma$ 光子携带了全部的核跃迁能量。而处于基态的固体中的同种核对前者发射的 $\gamma$ 射线也有一定的概率能够无反冲地共振吸收。这种原子核无反冲地发射或共振吸收 $\gamma$ 射线的现象被称为穆斯堡尔效应。穆斯堡尔效应涉及固体中核激发态和基态能级间的共振跃迁,核的能级结构反映了光谱形状及参量,而共振核的能级结构与核所处的化学环境息息相关。因此,穆斯堡尔谱可以灵敏地反映共振原子核周围化学环境的变化,从而可以获得共振原子的氧化态、自旋态、化学键的性质等有关固体微观结构的信息。

**案例 3-13　钠离子电池阴极材料的穆斯堡尔谱分析**

普鲁士蓝类似物因其宽敞的三维骨架、高理论比容量、简单的合成程序和高成本效益而受到极大关注,是钠离子电池中较有应用前景的阴极材料之一。但普鲁士蓝类似物离子扩散缓慢,高电流下实际比容量较小。研究人员采用镍取代和形成水配位铁的策略来降低晶场能,提高活性低自旋铁含量,从而形成电容性钠存储机制,使其在高电流密度下仍具有相当大的比容量,并进行穆斯堡尔谱分析。

### 3.2.7　洛伦兹力显微镜

洛伦兹力显微镜(Lorentz force microscopy,LFM)是一种利用洛伦兹力作用原理来研究和成像样品中磁性结构的显微镜。该显微镜通常用于观察和分析磁畴结构和磁畴壁动态,是磁性材料研究中的重要工具,主要由超高亮度场发射电子枪、洛伦兹透镜、电子全息丝、四分割 STEM 探头、四对称 EDS 能谱仪、多型原位样品杆以及丰富的电镜数据采集和分析软件等组成。

洛伦兹力显微镜的基本原理:利用电子束穿过样品,电子束穿越薄膜时受到样品内的磁场的洛伦兹力作用而发生偏转,在检偏器上电子束的偏转会产生聚焦和欠聚焦现象,表现为黑色和白色的区域,通过此方法来判断磁畴的像。

**案例 3-14　磁性材料的 LFM 研究**

磁性材料作为一种新型的储能材料,具有优异的磁性能和储能特性,可以实现较大比能量和高电容比,被广泛应用于储能和转换领域。通过洛伦兹力显微镜可以获得磁性材料的磁畴信息。

## 3.3　形貌分析

### 3.3.1　原子力显微镜分析

原子力显微镜(atomic force microscope,AFM)分析是一种通过测量物质表面原子与微型力敏元件之间的微弱原子间作用力,来扫描并实现高分辨率可视化原子和纳米尺度材料表面结构的分析方法。原子力显微镜一般由探针、激光检测系统、样品台、扫描控制系统和计算机工作站组成。

原子力显微镜的基本原理:将一个微小的探针安装在一个对微弱力极

不同形貌分析
方法的组成图
和原理图

其敏感的柔性微悬臂上,当探针尖端靠近样品表面时,会发生原子间极其微弱的相互作用力。悬臂会因探针和样品之间的相互作用力发生弯曲或者产生振动。将激光束照射在悬臂的背面,并将反射光束投射到一个位置敏感的光电检测器上。当悬臂弯曲时,通过反射光束的位置变化测量出力的变化,进而可以获得样品表面形貌的信息。

**案例 3-15 采用原子力显微镜分析钙钛矿型太阳能电池薄膜形貌**

近年来,混合有机-无机钙钛矿型太阳能电池作为最有应用前景的光伏技术之一,引起了人们的极大关注。研究人员通过原子力显微镜分析方法,研究了不同薄膜形貌的钙钛矿型太阳能电池的表面电位、光生电压和光电流网络的变化。

### 3.3.2 扫描电子显微镜分析

扫描电子显微镜(scanning electron microscope,SEM)分析是一种利用聚焦的高能电子束在固体样品表面产生的信号,揭示样品的信息,包括样品的外部形态、化学成分、晶体结构和组成样品的材料的取向的分析方法。扫描电子显微镜系统主要包括电子光学系统、真空系统、透镜系统、检测-放大系统、信号处理与扫描显示系统。

扫描电子显微镜分析的基本原理:SEM 中的加速电子具有较大的动能,在固体样品中减速时会产生能量耗散。耗散的能量转化为电子-样品相互作用所产生的各种信号,包括二次电子(产生 SEM 图像)、背散射电子、衍射背散射电子(用于确定物质的晶体结构和取向)、光子(用于元素分析和连续 X 射线的特征 X 射线)、可见光和热等。其中,二次电子用于显示样品的形态和形貌,背散射电子用于显示多相样品中成分的对比度。X 射线是由入射电子与样品中离散原子中的电子的非弹性碰撞产生的,当被激发的电子返回较低的能量状态时会产生固定波长的特征 X 射线,可用于进行元素分析。

**案例 3-16 太阳能相变储热水箱相变材料分析**

太阳能相变储热水箱是一种以太阳能为热源,采用相变储热材料的储热/放热系统。为了提高相变储热材料的导热性能,研究人员在相变材料中添加了碳纤维素来增强相变材料的导热性,并对该相变材料进行了 SEM 分析。SEM 分析结果表明,该相变材料中的化学键保持不变,证实了脂肪酸稳定的化学特性。

### 3.3.3 金相分析

金相分析是一种采用定量金相学原理,通过测量和计算二维金相试样磨面或薄膜的金相显微组织来确定合金组织三维空间形貌的金属材料分析方法。该方法主要用于研究金属材料的微观结构和组织特征并分析其组织构造、晶粒大小、相分布及其对材料性能的影响。

金相分析的基本原理：金相分析利用金相光学显微镜观察经过精细磨削、抛光后的金属样品表面或断面。通过照明样品并观察透过显微镜的光线，可以分析得到金属的微观结构，包括晶粒尺寸、晶界相、夹杂物、沉淀物及其他缺陷。这种分析通过比较标准图像或使用图像分析软件来定量测量和描述样品的组织特征，为材料的性能评估和问题解决提供关键数据支持。

**案例 3-17　微型超级电容器材料的金相分析过程**

缩小电极结构有利于微型储能器件的研发。非对称微型超级电容器由于其高电压窗口和高能量密度，在各种应用中发挥着重要作用。然而，非对称微型超级电容器的高效生产和小型化仍然具有挑战性。研究人员提出了一种使用时间和空间成形飞秒激光图案在 $1T\text{-}MoS_2$/MXene 薄膜上快速制备亚微米级对称和非对称微型超级电容器的方法，并采用金相分析方法分析了材料的微观结构。

## 3.3.4　背散射电子探针

背散射电子探针（backscattered electron detector，BSE detector）是扫描电子显微镜中的一种探测器，用于分析材料表面的组成和结构。背散射电子探针通常由一个或多个硅探测器组成，安装在 SEM 的样品室中，与样品表面之间形成一定角度。

背散射电子探针的工作原理：当高能电子束照射到样品表面时，一部分电子会与材料原子发生弹性散射，形成背散射电子。这些电子的能量和数量受到材料的原子序数和密度影响，背散射电子的强度和分布可以揭示样品的组成、结构和成分分布。

**案例 3-18　介电陶瓷材料形貌分析**

电能存储技术在先进的电子和电力系统中发挥着至关重要的作用。介电陶瓷被认为是储能应用中较有前途的材料之一，与电化学电池相比，其具有快速充放电能力，与介电聚合物相比，其温度稳定性高。然而，低击穿电场伴随的低能量密度导致了较低的体积效率。研究人员提出了一种通过控制晶粒取向来提高多晶陶瓷的击穿电场强度，从而提高介电陶瓷的储能密度的方法，并采用扫描电子显微镜、背散射电子探针等对该材料形貌进行了分析。

## 3.3.5　电子背散射衍射

电子背散射衍射（electron backscattering diffraction，EBSD）是一种利用扫描电子显微镜分析晶体结构的技术。电子背散射衍射系统主要由探测器、样品台、控制与数据处理系统以及标准晶体数据库组成。

　　电子背散射衍射的基本原理:当入射电子束进入样品后,会受到样品内原子的散射,其中有相当部分的电子因散射角大而逸出样品表面,这部分电子称为背散射电子。背散射电子在离开样品的过程中会与样品某晶面满足布拉格衍射条件的电子发生衍射,形成顶点为散射点、与该晶面族垂直的两个圆锥面,两个圆锥面与接收屏交截后形成一条亮带,即菊池带。电子背散射衍射图样包含四个与样品有关的信息:晶体对称性信息、晶体取向信息、晶体完整性信息以及晶格常数信息。

　　**案例 3-19　电池阳极材料合金钝化层电子背散射衍射分析**
　　锂-10%镁合金(Li-10Mg)可被用作固态电池的阳极材料,这种材料具有优异的电化学性能。研究表明,在制造过程中对金属锂进行热处理,可改善金属锂电极与固体电解质之间的界面接触,从而实现性能更高的全固态电池。为了了解合金钝化层的特性,研究人员利用原位扫描电子显微镜直接观察了合金钝化层在高温下的演变过程。研究发现,温度处在合金熔点以上时,表面钝化层的形态保持不变,而表面以下的大部分材料则在预期熔点熔化,原位电子背散射衍射分析的结果证实了这一点。

# 3.4　热性能分析

## 3.4.1　热重分析法

不同类型热性能分析方法的组成图和原理图

　　热重分析(thermogravimetric analysis,TGA)法是一种通过测量样品质量的变化来研究其热行为的测试方法。在这种技术中,物质被置于程序控制的温度环境中,物质的物理特性随温度的变化而变化,热重分析系统主要由温度控制系统、记录热天平、燃烧炉、支撑器材、记录仪器及通气设备等组成。

　　热重分析法的基本原理:热重分析仪中使用热天平作为测量仪器,当被测物体在受热过程中发生升华、汽化或失去结晶水等过程时,被测物体的质量会发生变化,天平发生位移。将位移量转化为电磁量,电量大小与被测物体质量的变化成正比。通过分析热重曲线,可获取被测物体质量随温度变化情况。

　　**案例 3-20　锂离子电池电极材料热重分析**
　　随着高能电极材料的应用,锂离子电池技术发展迅速,新型电动汽车不断推出。为了满足高续航需求,快速充电技术已经成为电动汽车行业的主要关注点之一,探索具有快速充、放电能力的大功率电极材料至关重要。研究人员开发了一种简单可控的低温碳涂层技术,并通过热重分析法分析了复合材料的碳含量,采用该技术能够提高纳米结构电极的充、放电速率。

## 3.4.2　差热分析法

差热分析(differential thermal analysis,DTA)法是一种热分析技术,也是一种研究聚合物材料热物性和化学性质的高灵敏度技术,"差"表示研究材料与惰性参考材料之间的差异。通过记录 DTA 曲线,可以得到不同材料吸收或释放热量时的温度。差热分析仪主要由加热系统、温度控制系统、差热系统和记录系统等组成。

差热分析法的基本原理:差热分析是在设定温度下,被测样(研究材料)与参考物(惰性材料)的温度差和温度的关系。通过将双端热电偶的一个端子插入惰性材料(在研究的温度区间内不会发生放热或吸热反应的材料)中,另一个端子则置于研究材料中,在恒定的加热速率下记录被测样中热反应的温差。这种温差的方向和幅度取决于热量变化的性质,峰值则通常是由于吸收水、晶格水的损失,分解反应及晶体结构的变化造成的。通过分析得到的曲线可以获得研究材料的热物性,曲线的表达式为

$$\Delta T = T_s - T_c = f(T \text{ 或 } t) \tag{3-9}$$

式中:$T_s$、$T_c$——分别代表试样及参考物的温度,K。

　　　　$T$——差热分析设备设定的程序温度,K。它是时间的函数,用于描述实验中温度变化的路径。

　　　　$t$——时间,s。

**案例 3-21　固态相变增强型热能存储材料热物性的测量**

研究人员制备出了一种固态相变增强型热能存储材料。这种材料可以用于蒸气涡轮发电机和太阳能热发电系统。研究人员利用 DTA 法测量了这种储热功能材料的热物性。

## 3.4.3　差示扫描量热法

差示扫描量热(differential scanning calorimetry,DSC)法用于测量样品在一定气氛及程序温度下,样品端与参考端热流或热功率差随温度及时间的变化关系,具有能定量测定多种热力学和动力学参数、宽温度范围、高分辨力、高灵敏度、样品用量少等优点。常用的差示扫描量热法有热通量差示扫描量热法和功率补偿差示扫描量热法。差示扫描量热仪主要由加热模块、制冷模块、炉体匀热控制模块和热流信号采集模块等组成。

差示扫描量热法的基本原理:保持样品温度以恒定速率变化,测量样品和参考物的热流差。在放热过程中,流向样品的热量低于流向参考物的热量,热流为正。在吸热过程中,情况相反,此时热流为负。在功率补偿差示扫描量热法中,将样品和参考物分开放置,样品和参考物的温度保持一致,样品和参考物的温度同时线性上升或下降。

**案例 3-22 复合相变储能材料相变物性参数测量**

随着经济社会的发展,储能材料的应用越来越广泛。但传统的固液相变材料热导率较低和性能不稳定,因此研究人员提出了一种新型防泄漏、形态稳定、导热性能增强的复合相变储能材料,并通过 DSC 法测量了这种相变材料的相变温度、相变焓等物性参数。通过测量发现,这种相变材料的性能对比传统固液相变材料有明显提升,在热管理、建筑节能和储热等领域有着十分广阔的应用前景。

### 3.4.4 热机械分析法

热机械分析(thermo-mechanical analyses, TMA)法是以一定的加热速率加热试样,使试样在恒定的较小负荷下随温度升高发生形变,测量试样温度-形变曲线的方法。根据测量时是否加载额外载荷,热机械分析可分为静态热机械分析和动态热机械分析两种。热机械分析装置主要由机架、压头、加荷装置、加热装置、制冷装置、形变测量装置、记录装置、温度程序控制装置等组成。

热机械分析法的基本原理:热机械分析在受控温度程序下测量样品的尺寸变化,同时可以测量样品在尺寸变化过程中产生的力与温度的函数关系。在测量过程中,将样品放置在样品平台上,周围放置加热样品的炉子,将探针放在样品上。加热样品时,样品受热膨胀使探针升高。探针的一端放在样品上,另一端由位置变送器测量,从而完成材料热膨胀形变的测定。

**案例 3-23 储能材料的形变量测量**

导电聚合物是用于可穿戴设备、储能、医疗保健等领域的先进材料。在此研究背景下,研究人员提出了一种制作高性能导电复合薄膜的新方法,并对薄膜进行了静态热机械分析,测量了样品在不同温度条件下的形变量,研究成果对指导薄膜材料在不同温度条件下的应用有着重要作用。

# 3.5　电化学分析

## 3.5.1　循环伏安法

循环伏安(cyclic voltammetry, CV)法是将循环变化的电压施加在工作电极和参考电极之间,记录工作电极上的电流与施加电压之间的关系,得到循环伏安曲线的方法。通过循环伏安图,可以得到不同电极材料的不同性质。循环伏安法是一种常用的电化学研究方法,可用于电极反应的性质、机理和电极过程动力学参数的研究。循环伏安法使用的设备主要由工作电极、参考电极和辅助电极组成。

不同类型电化学分析方法的组成图和原理图

循环伏安法的基本原理:循环伏安法基于线性扫描伏安法的原理,是一种在电位随时间线性扫描的同时测量电流的技术。利用循环伏安法进行电化学分析时,最重要的参数为扫描速率,定义为电压随时间变化的斜率,即测量过程中电压线性变化的斜率。通过在相同条件下重复几个扫描周期,可以获得氧化还原反应的电压、可逆性和可循环性等信息。此外,还可以通过改变扫描速率来研究电化学氧化还原反应的动力学。

**案例 3-24　循环伏安法分析新型 MXene 桥接石墨烯片电化学性能**

石墨烯和二维过渡金属碳化物和/或氮化物因具有优异的导电性和机械性能,是制造柔性储能器件的重要材料之一。然而,在室温下将这些材料的纳米片组装成面内各向同性、独立的薄片仍然具有挑战性。研究人员利用纳米承压水诱导的基面排列、共价和 π-π 板间桥接,在室温下制备了 MXene 桥接石墨烯片,并采用循环伏安法分析了该材料的电化学性能。

## 3.5.2　电化学阻抗法

电化学阻抗(electrochemical impedance spectroscopy, EIS)法交流阻抗是一种以小幅度电势波为扰动信号的电化学测试方法。电化学阻抗法采用的装置主要由实验系统、交流信号源、测量装置、数据采集与处理系统等组成。

电化学阻抗法的基本原理:在传统的电化学电池中,除了电解质的电阻之外,物质与电极之间的相互作用还包括物质的浓度、电荷的转移以及电池电解液与电极之间的质量转移。这些相互作用可以由电阻、电容器或恒相元件组成的等效电路表征。在形成等效电路后,向工作电极施加电势波,并记录由此产生的电流波,从而测量等效电路的阻抗。

> **案例3-25　全固态锂电池导电性能测试**
> 目前卤化物超离子导体具有较好的氧化稳定性和可变形性,在全固态锂电池中应用前景良好,但在常温下导电性较弱。研究人员提出了一种制备卤化物超离子导体的新型方法,并通过电化学阻抗法与其他测量方法测量了超离子导体在常温下的导电性,为推广这种材料在储能中的应用奠定了基础。

### 3.5.3　差分脉冲伏安法

差分脉冲伏安(differential pulse voltammetry,DPV)法是一种电化学测量手段,该方法通过施加一系列的电位脉冲来测量每个脉冲后的电流响应,从而得到电流-电位曲线。差分脉冲伏安法在测量不同电池电极材料的组成中得到了广泛的应用。同时,差分脉冲伏安法也可以和其他测试方法相结合,提高自身检测的灵敏度。

差分脉冲伏安法的基本原理:应用线性电势或者阶梯电势与固定幅值的脉冲信号相结合的方式作为激励信号,在添加脉冲信号开始之前和结束之后,对电流取样,两次取样的差值对电压作图可以得到峰状脉冲伏安曲线。对峰状脉冲伏安曲线进行分析,即可得到材料的不同电化学性能。

> **案例3-26　差分脉冲伏安法测试锂离子电池**
> 有机电极材料由于具有可持续生产、来源广泛、成本低和可调节等优点,可作为锂离子电池的替代材料,引起了研究者的广泛关注。研究人员开发了一种基于二氢吩嗪的多电子氧化还原中心,用于提高有机电池的能量和功率密度,并采用差分脉冲伏安法测试了该材料的电化学性能。

### 3.5.4　计时电流法

计时电流法是通过向电化学体系的工作电极施加单电位阶跃或双电位阶跃后,测量电流响应与时间的函数关系的方法。

计时电流法的基本原理:通过在电极之间施加激励信号作为阶跃电压,电极在激励信号的影响下会发生化学反应。当发生氧化反应时,电流流入工作电极;发生还原反应时,电流流出工作电极。通过测量响应电流与时间的函数关系,进而得到所需的电化学反应信息。

**案例 3-27　计时电流法测定锂离子电池响应电流**

在商业储能技术中,锂离子电池由于其高工作电压和能量密度在便携式消费电子产品市场上占据重要地位。然而,对于电动汽车等大规模的商业化应用,必须在不牺牲安全性的情况下进一步提高电池的能量和功率密度。目前,大多数与锂离子电池相关的安全问题源于在商业电解质中使用高挥发性和易燃的有机碳酸盐作为溶剂和化学不稳定的六氟磷酸锂作为盐。针对电池安全问题,研究人员设计合成了一种用于锂离子电池的新型含氟环磷酸盐溶剂,这种溶剂分子具有环状碳酸盐的融合化学结构,可以形成稳定的固体电解质界面和有机磷酸盐,捕获氢自由基并防止燃烧。实验中采用计时电流法测定了阳极电流。

## 3.6　其他分析方法

综合物性测量系统(physical property measurement system,PPMS)是一种对材料各种物理性质进行基础研究的系统。PPMS 的设计理念是在一个极低温和强磁场平台上,集成全自动的磁学、电学、热学和形貌,甚至铁电和介电等各种物理性能的测量手段。对于绝大多数常规实验项目,PPMS 具有全自动的测量软件和标准测量功能的硬件,可以测量电阻率、磁阻、微分电阻、霍尔系数、伏安特性、临界电流、交流磁化率、磁滞回线、比热容、热磁曲线、热电效应、泽贝克系数、热导率和形貌表征等物理性质。

综合物性测量系统的基本原理:将不同测量方式集成到一个稳定的工作平台上,对不同材料的性质进行测试。该系统可以满足不同应用场景的多种测量需求。

**案例 3-28　相变储热材料物理性能参数分析**

糖醇是一种有机固液相变材料,具有较高的潜热存储能力和较低的成本,一直被认为是中低温热能存储的理想候选材料之一。由于糖醇在储能中有着重要作用,研究人员使用 PPMS,测量了 D-甘露糖醇、肌醇、木糖醇、D-阿拉伯糖、L-阿拉伯糖和赤藓糖醇六种糖醇的热物性,同时根据热容量曲线拟合,得出了这些糖醇的标准摩尔热容量、熵和焓,以及固-液相转变区的熔化温度和转变焓。

## ❀ 本章小结

本章从成分分析、结构分析、形貌分析、热性能分析、电化学性能分析及其他分析方法六个方面介绍了用于储能功能材料的表征和分析方法。主要介绍了各种分析方法所用的设备组成及基本原理,并列举了相关储能功能应用实例。

在成分分析部分,主要介绍了化学分析法、原子吸收光谱法、X 射线光电子能谱分析、X 射线荧光光谱分析、质谱分析、分光光度计法、火花直读光谱分析等方法的所用设备组成和基本原理,这些方法主要用于确定材料的化学成分。

在结构分析部分,主要介绍了 X 射线衍射分析、红外吸收光谱分析、拉曼光谱分析、核磁共振波谱法、透射电子显微镜分析、穆斯堡尔谱分析和洛伦兹力显微镜等方法的设备组成和基本原理,这些方法主要用于揭示材料的晶体结构和分子结构。

在形貌分析部分,介绍了原子力显微镜分析、扫描电子显微镜分析、金相分析、背散射电子探针、电子背散射衍射等方法,这些方法用于观察材料的表面组成和形状分布。

在热性能分析部分,介绍了热重分析法、差热分析法、差示扫描量热法和热机械分析法四个方法,这些方法主要用于研究材料的热稳定性和热行为。

在电化学分析部分,介绍了循环伏安法、交流阻抗法、差分脉冲伏安法和计时电流法等方法,这些方法用于评价材料在电化学储能方面的性能。

在其他分析方法部分,介绍了综合物性测量系统,该方法将不同测量方式集成到一个稳定的工作平台上,可满足不同应用场景的多种测量需求。

## 🌼 思考题

3-1　试阐述根据 XPS 测试结果能得到的样品信息。

3-2　基于文中所述的 AFM 的工作原理,你认为 AFM 技术在哪些领域可能有重要的应用,并简要说明理由。

3-3　简述四种热性能分析方法的区别和联系。

3-4　阐述几种电化学性能分析方法的区别和联系,分析不同电化学分析方法主要用于检测哪些问题。

3-5　表征和分析是材料应用的关键步骤,除了文中介绍了常见的测试方法,尝试调研还有哪些新型方法已经被应用于材料测试方面。

3-6　请查找相关资料,分析总结各种表征和分析方法的优、缺点。

3-7　请查找相关资料,了解并总结教材中各种分析测试方法的发展方向。

## 📝 习题

3-1　请写出 XFS、SEM 的组成及各组成部分的作用。

3-2　根据文中所述,列举质谱仪的主要组成部分,并简要描述每个组成部分的功能。

3-3　试分析红外光谱和拉曼光谱的优、缺点及应用场景。

3-4　试阐述扫描电子显微镜和透射电子显微镜的优、缺点及应用场景。

3-5　假设你要进行一次差热分析实验,试样为一种未知物质,你会如何选择合适的参考物? 给出你的理由。

3-6　根据文中所述的基本原理,说明交流阻抗法测量的意义。

3-7　如何判断电极反应是否可逆?

3-8　请描述差示扫描量热法的基本原理。

# 参考文献

[1] 李志富,陈建平. 分析化学[M]. 武汉:华中科技大学出版社,2015.

[2] 吴贤文,向延鸿. 储能材料基础与应用[M]. 北京:化学工业出版社,2019.

[3] 范瑞清,杨玉林,刘志彬,等. 材料测试技术与分析方法[M]. 哈尔滨:哈尔滨工业大学出版社,2021.

[4] 韩平,王纪华,陆安祥,等. 便携式 X 射线荧光光谱分析仪测定土壤中重金属[J]. 光谱学与光谱分析,2012,32(3):826-829.

[5] 霍建伟. 全自动生化分析仪用分光光度计的研究[D]. 长春:中国科学院研究生院(长春光学精密机械与物理研究所),2002.

[6] 马永福,刘志兴. 直读光谱仪的使用与维护[J]. 世界仪表与自动化,2006(10):59-61.

[7] 金永君. 穆斯堡尔谱法及其应用[J]. 物理与工程,2004(5):49-51.

[8] 武开业. 扫描电子显微镜原理及特点[J]. 科技信息,2010(29):107.

[9] 崔凤奎,王晓强,张丰收. 定量金相分析算法及实现[J]. 材料科学与工艺,2000(3):109-112.

[10] 王建萍,王家平,许建广. 数字图像处理在定量金相分析中的应用[J]. 材料导报,2003(1):63-65,77.

[11] 陈祥,耿慧远,李言祥. 亚共晶 Al-Si 合金变质级别的定量金相分析[J]. 金属学报,2005(8):891-896.

[12] SUDHEER R,PRABHU K N. A computer aided cooling curve analysis method to study phase change materials for thermal energy storage applications[J]. Materials & Design,2016,95:198-203.

[13] DEVI N,SRIVASTAVA S,YOGI B,et al. A review on differential thermal analysis[J]. Journal of Chemical Research,2021,6:71-80.

[14] KERR P F,KULP J L. Multiple differential thermal analysis[J]. American Mineralogist:Journal of Earth and Planetary Materials,1948,33(7-8):387-419.

[15] MENCZEL J D,ANDRE R,KOHL W S,et al. The handbook of differential scanning calorimetry[M]. Oxford:Butterworth-Heinemann,2023:1-189.

[16] JANOVSZKY D,SVEDA M,SYCHEVA A,et al. Amorphous alloys and differential scanning calorimetry(DSC)[J]. Journal of Thermal Analysis and Calorimetry,2022,147(13):7141-7157.

[17] JAFFE M,MENCZEL J D. Thermal analysis of textiles and fibers[M].Duxford:Woodhead Publishing,2020:81-94.

[18] 唐婧. 基于碳纳米管复合修饰电极对酚类物质的检测研究[D]. 合肥:安徽大学,2017.

[19] KIM T,CHOI W,SHIN H C,et al. Applications of voltammetry in lithium ion battery research[J]. Journal

of Electrochemical Science and Technology,2020,11(1):14-25.

[20] 杨德才. 锂离子电池安全性:原理、设计与测试[M]. 成都:电子科技大学出版社,2012.

[21] MAGAR H S,HASSAN R Y A,MULCHANDANI A. Electrochemical impedance spectroscopy (EIS):Principles,construction,and biosensing applications[J]. Sensors,2021,21(19):6578.

[22] BARD A J,FAULKNER L R. Electrochemical methods:fundamentals and applications[M].2nd ed. Hamilton:John Wiley & Sons,2022.

[23] 陈旭海,陈敬华,潘海波,等. 改进计时电流法的数学模型和电路实现[J]. 物理化学学报,2010,26(11):2920-2926.

[24] 李林翰. 基于计时电流法的便携式高分辨率恒电位系统设计与应用[D]. 太原:山西大学,2023.

[25] MAMANI V,GUTIÉRREZ A,FERNÁNDEZ A I,et al. Industrial carnallite-waste for thermochemical energy storage application[J]. Applied Energy,2020,265:114738.

[26] ZHANG X,JU S,LI C,et al. Atomic reconstruction for realizing stable solar-driven reversible hydrogen storage of magnesium hydride[J]. Nature Communications,2024,15(1):2815.

[27] XU Y,GAO L,LIU Q,et al. Segmental molecular dynamics boosts Li-ion conduction in metal-organic solid electrolytes for Li-metal batteries[J]. Energy Storage Materials,2023,54:854-862.

[28] JIN H,LI P,CUI P,et al. Unprecedentedly high activity and selectivity for hydrogenation of nitroarenes with single atomic $Co_1-N_3P_1$ sites[J]. Nature Communications,2022,13(1):723.

[29] JIANG Z,STRZALKA J W,WALKO D A,et al. Reconstruction of evolving nanostructures in ultrathin films with X-ray waveguide fluorescence holography[J]. Nature Communications,2020,11(1):3197.

[30] SATHYAMOORTHI S,TUBTIMKUNA S,SAWANGPHRUK M. Influence of structures and functional groups of carbon on working potentials of supercapacitors in neutral aqueous electrolyte:In situ differential electrochemical mass spectrometry[J]. Journal of Energy Storage,2020,29:101379.

其他参考文献

# 第二部分
# 储热/储冷功能材料

热能是能源转换、传递以及存储环节中重要的能量载体,热能的利用对推动我国能源系统转型具有重要价值。工业生产中,大量的高品位工业废热未经回收,直接排放至环境,造成了严重的能源浪费;建筑制冷领域中,空调制冷系统占建筑物运行能源消耗的一半以上。此外,太阳能、风能、地热能等新能源在应用中存在间歇性和不稳定性等问题,成为制约能源高效利用的关键性难题。因此,亟须发展储热/储冷技术及储热/储冷材料,为提高能源利用效率、开发新能源提供可靠途径。

储热/储冷功能材料是储热/储冷系统中存储与释放能量的主要介质,是储热/储冷技术的关键核心载体。根据储热/储冷机理的不同,可将储热/储冷功能材料划分为显热储热/储冷材料、相变储热/储冷材料以及热化学储热/储冷材料三类。第二部分的结构总图如图2所示。

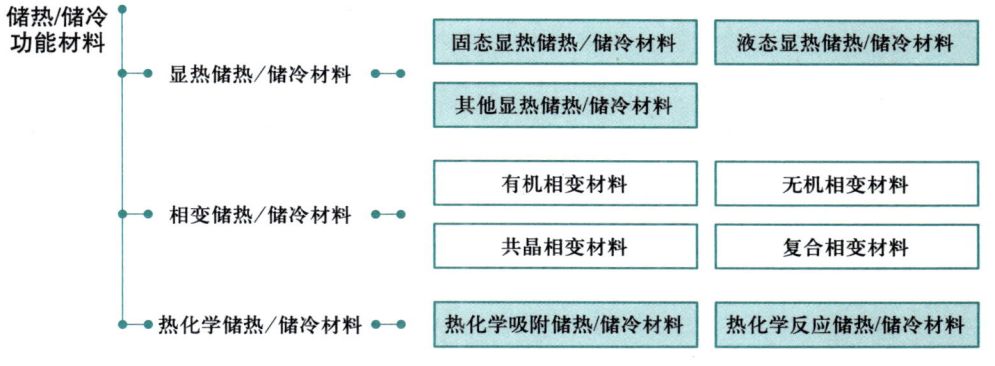

图2　储热/储冷功能材料的结构总图

显热储热/储冷技术利用介质的升/降温过程实现能量的存储与释放,结构及制备工艺流程简单,材料易于获取;相变储热/储冷技术是利用介质的相变过程将传热介质的热量以潜热形式进行存储,能量存储量大,可以在几乎恒定的温度下进行热能的回收;热化学储热/储冷技术利用材料的可逆化学反应来存储或释放能量,具有更高的储能密度和储能效率。

　　本部分根据储热/储冷机理将储热/储冷材料进行分类,分别介绍显热储热/储冷材料、相变储热/储冷材料、热化学储热/储冷材料。本部分逐一介绍不同储热/储冷技术的原理、材料分类以及应用等,为科学研究和实际生产应用中储热/储冷材料的制备、研发及优化提供参考。储热与储冷原理近似,皆根据实际情况释放热能或释放冷能。由于储热技术应用广泛,因此本部分内容以储热为主展开介绍。

# 第四章
# "热量的升降梯"——
# 显热储热/储冷材料

显热储热(sensible heat storage,SHS)技术利用储能介质的升/降温过程实现热能的存储与释放。显热储热技术因其相对简单的系统结构、工艺流程及储热材料易得等特点,在解决能量供需不平衡和节约一次能源消耗的问题上发挥着重要作用。随着材料学的快速发展,显热储热技术的性能不断提升,应用场景也在不断拓展。

本章首先介绍显热储热/储冷的原理及影响储热性能的热物性参数,根据储热材料的状态对显热储热/储冷材料进行分类,并介绍不同类型显热储热/储冷材料的特点,最后介绍目前显热储热/储冷材料的应用。通过本章的介绍,帮助读者较为系统地学习和掌握基本的显热储热/储冷原理、分类与特性以及应用。本章的结构总图如图4-1所示。

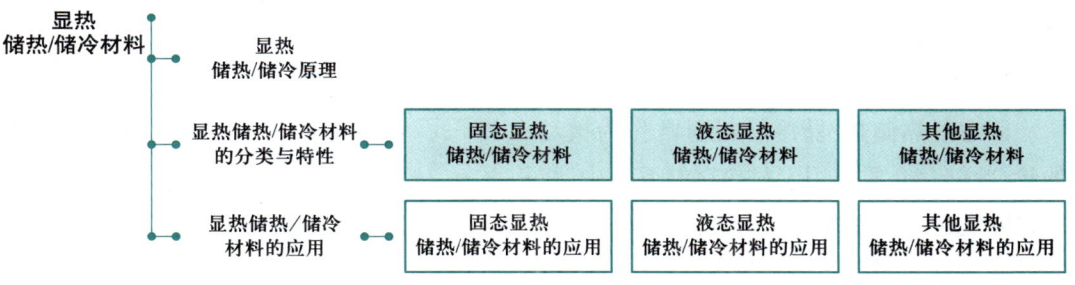

图4-1 第四章的结构总图

## 4.1 显热储热/储冷原理

显热储热/储冷技术基于材料的比热容,利用储热/储冷材料温度的变化来存储或释放热量。显热储热/储冷的总能量变化如下式:

$$Q = V_{sm} \int_{T_1}^{T_2} \rho_{sm} c_p \mathrm{d}T \tag{4-1}$$

式中:$T$——储热/储冷材料的温度,K;

$V_{sm}$——储热/储冷材料的体积，$m^3$；

$\rho_{sm}$——储热/储冷材料的密度，$kg/m^3$；

$c_p$——储热/储冷材料的比热容，$J/(kg \cdot K)$。

　　显热储热/储冷材料的热导率直接关系热量存储与释放的速率，影响着储能系统的效率和性能。高热导率可提高显热储热/储冷材料的储/放热速率，有助于提高储热/储冷材料温度的均匀性；低热导率的材料通常被称为保温材料、隔热材料或绝热材料，主要用于阻隔热量的传输。

## 4.2    显热储热/储冷材料的分类与特性

　　显热储能系统性能的优劣很大程度上取决于材料的选取及材料本身的物性。为达到高效、可靠、经济和环保的目的，显热储热/储冷材料需要具有储能密度较高、机械稳定性强、无毒、不易爆炸、腐蚀性低且成本低等特性。在储能系统设计及实际工程应用中还需要考虑显热储热/储冷材料的运输性。气体材料由于其较低的密度、比热容和热导率及较难进行长距离输运的特性，限制了其在显热储能领域中的应用。显热储热/储冷材料通常可分为固态显热储热/储冷材料、液态显热储热/储冷材料及其他显热储热/储冷材料。

### 4.2.1    固态显热储热/储冷材料

　　固态显热储热/储冷材料通常作为被动的热/冷储存介质应用于显热存储系统中，将材料固定于存储罐中与导热流体接触来吸收或释放热量。固态显热储热/储冷材料廉价易得，不产生蒸气，与液态显热储热/储冷材料相比，温度适用范围更广，化学性质更稳定。常见的固态显热储热/储冷材料包括岩石、混凝土、金属及石墨等。

如何从储能的角度分析房屋"冬暖夏凉"的原理？

显热储热材料最新进展

常见固态显热储热/储冷材料的热物性参数

　　（1）岩石。岩石是典型的固态显热储热/储冷材料，具有原料廉价易得、化学性质稳定、不易燃、比热容及热导率较高、热膨胀系数较低以及循环稳定性好等特点。

　　（2）混凝土。混凝土具有良好的机械性能、低成本、施工简单、无毒性和不易燃等特点，可被用作储热罐的热存储介质。通过在混凝土块中分布具有热流体的管道，可存储热量，但高温下连续的热循环可能导致混凝土开裂。

　　（3）金属。与非金属固态显热储热/储冷材料相比，金属显热储热/储冷材料具有更高的热导率和热稳定性。但由于成本的限制,金属通常只在需要热量快速充放的系统中使用。

（4）石墨。石墨作为固态显热储热/储冷材料使用时,具有储能密度大,热导率与热扩散率大,吸、放热速率快等特点。

## 4.2.2　液态显热储热/储冷材料

在液态储热系统中,液态显热储热/储冷材料充当了热流体和存储介质的双重角色,这类系统被称为主动热存储系统。工作温度

日常生活中还有哪些材料适合应用于显热储热/储冷呢?

范围是储热/储冷系统中选择适当液态显热储热/储冷材料的重要参数。水是低温领域中最常用的液态显热储热/储冷材料之一;基于锂、钠、钾等元素的熔融盐,导热油及液态金属等液态显热储热/储冷材料工作温度范围较大,可用于中高温领域。

（1）水。水具有比热容较高、无毒性、低成本和高可用性等特点,可用于热存储和冷存储。除纯水外,还可将水与其他材料( 如 NaCl)结合使用。但水蒸气压力较高,且具有一定腐蚀性。

常见液态显热储热/储冷材料的工作温度范围

（2）熔融盐。熔融盐是无机盐在高温下熔化形成的液态盐,常用的熔融盐主要包括氟化盐、氯化盐、硝酸盐和碳酸盐等。其中,氯化盐和碳酸盐的工作温度较高,氯化盐的工作温度范围较广。熔融盐在宽温度范围内呈液态、热稳定性高、溶解度高,并能够形成均匀混合物。与水相比,熔融盐蒸气压力较低,具有较高的热容量,目前被应用于集中式太阳能发电厂。但熔融盐在低温状态下黏度较高,会导致管道堵塞,且腐蚀性较强、易氧化和体积膨胀率较高。

除单一的无机盐类外,将各种熔融盐按照一定比例混合可以形成新型混合共晶熔融盐,从而获得不同熔点和使用温区的熔融盐工质。目前,应用较广泛的熔融盐主要有二元熔融盐 Solar Salt 和三元熔融盐 Hitec。其中,三元熔融盐的凝固点低,有利于减少系统停机后的保温能耗和重新启动时的加热能耗。

（3）导热油。导热油在热储能系统中可作为热流体和热存储介质。与水相比,导热油具有较低的蒸气压力,且能够在较高的工作温度下运行。与熔融盐不同,导热油在缺乏热源时不会出现管道堵塞的问题,且循环运行成本较低,但原料成本较高,难以大面积推广。

（4）液态金属。液态金属显热储热/储冷材料在高温下具有较低蒸气压力和较高的沸点,具有热导率高和工作温度范围广等优点,在显热储能系统中的应用前景广阔。但液态金属毒性高、腐蚀性强且成本较高。

### 4.2.3  其他显热储热/储冷材料

纳米颗粒悬浮液是把金属或者非金属纳米颗粒分散到水、醇、油等传统换热介质中，制备成均匀、稳定的高导热换热工质。

与传统纯液体储热材料和加入毫米级或微米级固体颗粒的储热液体工质相比，纳米颗粒悬浮液传热强化能力主要体现在以下几个方面：

（1）与纯液体相比，纳米颗粒悬浮液由于颗粒与颗粒、颗粒与液体以及颗粒与壁面之间的相互作用和碰撞，减小了传热热阻，增强了流动湍流强度；

（2）与纯液体相比，加入纳米颗粒后可以显著增大热导率；

（3）在颗粒体积含量相同的情况下，纳米颗粒的比表面积远远大于毫米级或微米级颗粒的表面积，因此纳米颗粒悬浮液通常具有更高的热导率；

（4）由于纳米颗粒的尺寸更接近于基液颗粒的大小，强烈的布朗运动有助于避免沉淀，提供了稳定的悬浮能力。

目前常用的纳米颗粒主要包括金属纳米颗粒（Cu、Ag、Al 和 Fe 等）、金属氧化物纳米颗粒（CuO、$TiO_2$ 和 $Al_2O_3$ 等）和非金属类纳米颗粒（SiC、石墨烯和碳纳米管等）。

根据基液的不同可将基于纳米颗粒悬浮液的显热储热材料分为水基纳米颗粒悬浮液、油基纳米颗粒悬浮液、熔融盐基纳米颗粒悬浮液及液态金属基纳米颗粒悬浮液。

水基纳米颗粒悬浮液：适用于低温显热储热环境，是应用最早、研究最多的纳米颗粒悬浮液之一。加入纳米颗粒后可以明显提高水的热导率，加快热交换。但由于水本身的热导率较低，并且纳米颗粒在水中所占比例不能过高，因此水基纳米颗粒悬浮液的导热和对流强化换热效果有限。

油基纳米颗粒悬浮液：加入纳米颗粒可以改善导热油的热性能，但纳米颗粒在导热油中可能出现团聚沉淀，造成系统堵塞。

熔融盐基纳米颗粒悬浮液：在液态熔融盐中加入纳米颗粒，不仅可以改善传热性能，而且可以提高熔融盐比热容和储热/储冷容量。熔融盐基纳米颗粒悬浮液主要应用于太阳能光伏电站系统中。

液态金属基纳米颗粒悬浮液：使用液态金属或低熔点合金作为基液的悬浮液，液态金属的表面张力相对于传统基液更大，可以减缓纳米颗粒的沉降，降低系统堵塞的可能。

## 4.3  显热储热/储冷材料的应用

在显热储能系统的存储过程中，存储介质在工作温度范围内不发生相变，存储的能量与材料的温度变化和比热容有关,具有设计和操作简单、成本低等特点。

## 4.3.1　固态显热储热/储冷材料的应用

常见的固态显热储热技术主要包括岩石储热技术、混凝土储热技术和金属储热技术等。

### 1. 岩石储热技术

岩石储热技术的成本较低,使用温度范围较宽。岩石储热技术通常被用于岩床或岩石仓中储热与空间加热,可回收长期或短期的太阳能,具有较好的循环性能。

**案例 4-1　太阳能驱动岩床供暖系统**

岩石可以存储短期和长期的太阳能,并将热量集成到热泵系统中,以提高系统的效率和热回收。用于空间供暖的太阳能驱动岩床供暖系统如图 4-2 所示,主要包括充能、存储和放能三个工作阶段。

在充能阶段,太阳能集热器中受热的空气或水被吹入或泵送入岩床中,使岩石颗粒的温度升高;在存储阶段,将内部能量增加的岩石颗粒保留在床中;在放能阶段,可将冷空气或水送入岩床中,使工作流体温度升高。高温工作流体可以用于供暖,也可用于预热能量系统(如兰金循环、布雷顿循环等)。

洞穴和废弃矿井都是岩床进行热存储的理想空间。某些情况下,岩床可以与水结合,以增加热存储容量和热传导性。在长期运行和高容量储热系统中,通常使用空气作为工作流体。

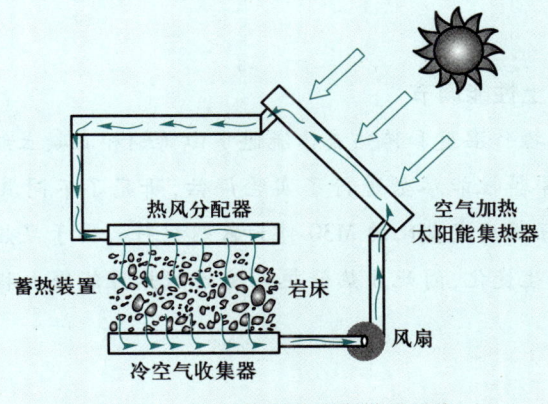

图 4-2　太阳能驱动岩床供暖系统

**案例 4-2　岩石储热系统材料循环特性**

研究人员从材料和系统层面研究了岩床热能存储系统的潜在退化情况,评估了

1 MW·h 的岩床实验工厂在948 K 下运行249 个周期(3 458 h)后的性能变化。通过光学和扫描电子显微镜、能量色散 X 射线光谱、膨胀计、密度计、振动样品磁强计、X 射线衍射和差示扫描量热法等测试与表征手段,比较了岩石在循环前、后的潜在化学、结构和热物理变化。研究表明,含有高热容无水矿物(如辉石、橄榄石)的岩石热储性能较好,长周期循环后未发现岩石储热材料的重大变化。该系统的气流通路如图4-3 所示。

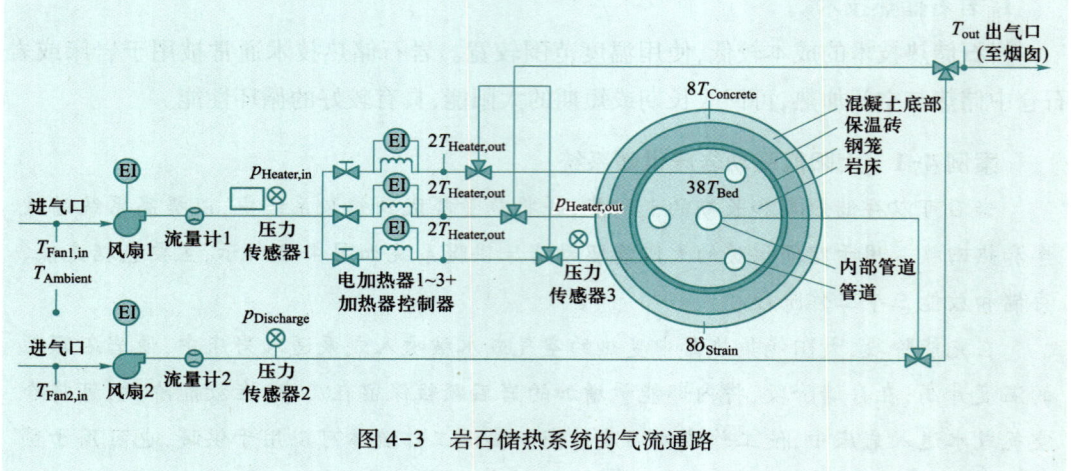

图4-3　岩石储热系统的气流通路

### 2. 混凝土储热技术

混凝土因为成本低且易获取,在建筑物中被广泛应用于储热/储冷。混凝土作为储热介质具有高比热容、良好的机械强度、较低的热膨胀系数以及对循环能量充放能的高机械阻力等特点。通过调整混凝土的混合方式、混合比例,可有效调节混凝土储热的成本以及耐久性问题。

### 案例4-3　混凝土性能调节

研究人员对不同操作温度和传热流体流速下由铸钢和混凝土组成的显热储热样品的储/放热时间和速率等性能参数进行了实验评估,研究了不同混凝土混合比例的影响,选择具有较高抗压强度成本比的 M30 作为蓄热材料。由于显热储热材料和传热流体的热物性随温度发生变化,因此显热储热系统的储热性能很大程度上取决于操作温度范围。

### 3. 金属储热技术

钢储热技术是利用结构钢进行储热的储能技术,是一种常用的金属储热技术。钢储热技术可将波动性的风电和光电存储为热能,用于工业高温蒸气储热和区域供热,还可用于钢渣的回收利用。

**案例4-4 低成本钢渣显热储热**

研究人员利用低成本的钢渣,采用高温预处理的方法制备了一种新型显热储热材料,并分析了不同预处理钢渣含量和不同烧结温度对材料组织和性能的影响。研究发现,在烧结过程中出现大量元素迁移和氧化物固溶现象,制备的样品具有优异的热循环稳定性和低廉的制备成本,在储热系统中具有很高的应用潜力。

## 4.3.2 液态显热储热/储冷材料的应用

液态显热储热系统具有技术成熟、使用寿命长、维护成本低等特点,本节列举了几种典型的液态显热储热系统,包括含水层储热系统、盐池储热系统和熔融盐储热系统,介绍液态显热储热材料在清洁供暖和太阳能存储等领域的应用前景。

### 1. 含水层储热系统

含水层以淡水水源为工作流体,可用于地下大容量储热。含水层的体积超过数百万立方米,除水外,还含有黏土、沙子或岩石等。含水层储热系统可每日、每周或季节性地存储冷量和热量。

**案例4-5 含水层储热系统**

含水层储热系统可用于长期存储热量。该系统通过地下水井从含水层中提取和注入地下水来实现热量的充放。用于冷却时,从含水层提取冷水并将其泵送到建筑物中,随后将加热后的回水注入含水层,产生用于供暖的加热地下水。在冬季,系统将反向流动,储热容量用于满足建筑物的供暖需求。含水层的供暖应用通常集成到热泵系统中,因此冷却和供暖需求都可以通过含水层储热系统季节性地存储。含水层储热系统示意图如图4-4所示。

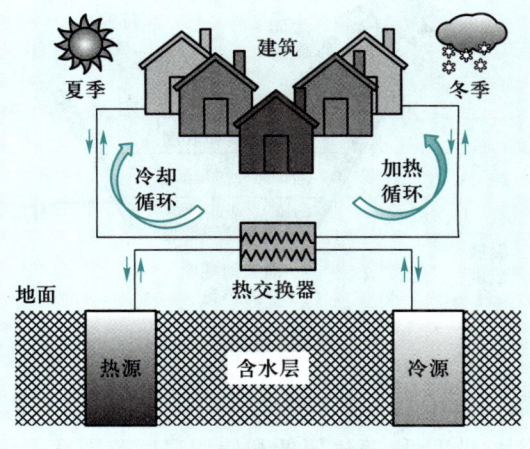

图4-4 含水层储热系统示意图

**案例 4-6    空调系统的含水层蓄热系统**

显热储热项
目发展现状

某空调系统包括一套集成的含水层储热供暖系统、空调和通风系统,建筑的峰值冷却负荷为 195 kW,峰值热负荷为 74 kW。该系统利用含水层中的地下水进行夏季制冷,同时将废热存储于含水层中。夏季含水层温度为 291.15 K 左右,通过含水层制冷可以明显减小能量消耗。冬季利用高温含水层进行制热。该系统于 2001 年开始使用,平均性能系数为 4.18,比传统系统高约 60%。

### 2. 盐池储热系统

盐池储热系统是通过装有盐水的太阳能池来存储太阳能的储热系统,可收集短期或长期的热量。

**案例 4-7    太阳能池储热系统**

在太阳能池中,阳光照射到水面,水体吸收太阳能后温度升高,升温的水由于密度差上升到达表面时,温度降低,池塘表面最终温度与大气温度近似。在太阳能池中,盐在池塘底部溶解,水体密度增加,因此在充能期间被加热的水总是停留在太阳能池的底部,可用能量通过热交换器排出。在现代太阳能池应用中,热交换器和太阳能收集器用于向水中充能,工作流体在热交换器和太阳能收集器之间循环。

在太阳能池储热系统中,使用纯净水可增加阳光的透过率,池塘的底部通常是黑色的,以增加对太阳光的吸收,太阳能池中存储的热量可用于空间加热、有机兰金循环发电等。太阳能池中有三个区域:表面区域、过渡区域和存储区域,如图 4-5 所示。在表面区域,水温几乎等于周围温度。过渡区域是含盐存储区域和表面区域之间的一层。过渡区域起到绝缘的作用,其厚度直接影响有效存储区域的体积。

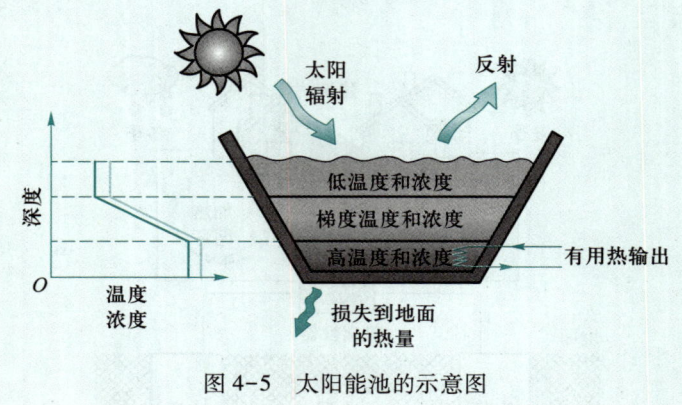

图 4-5    太阳能池的示意图

### 3. 熔融盐储热系统

熔融盐具有热容量大、黏度低、蒸气压低和使用温度范围宽等优势,是一种理想的中、高温传热蓄热介质。熔融盐显热储热技术通过熔融盐温度的升降来存储或释放热能,这种技术原理简单、技术成熟、蓄热方式灵活且成本低廉,已具备大规模商业应用的能力。

### 案例4-8 熔融盐储热系统

熔融盐显热储热系统通常由热盐罐、冷盐罐、泵和换热器组成。当系统进行储热时,冷盐罐中的低温熔融盐(约 565 K)被抽出,进入熔融盐换热器。同时,集热器中的高温流体进入熔融盐换热器,用于加热低温熔融盐,使其变为高温熔融盐并存储在热盐罐中;当系统需要放热时,热盐罐中的高温熔融盐被抽出,经过熔融盐换热器加热低温流体,使低温流体变为高温流体。高温流体进入用热设备,维持其正常运行。熔融盐炉热能储能系统示意图如图4-6所示。

新型熔融盐储热供热技术是一种基于熔融盐显热储热的电储热供热技术,该技术通过熔融盐储热供热系统,利用晚间低谷电加热熔融盐储能,加热后的高温熔融盐存储到储罐中,白天高温熔融盐进行放热,即通过循环泵将高温熔融盐抽出与换热器给水换热,实现供热需求。

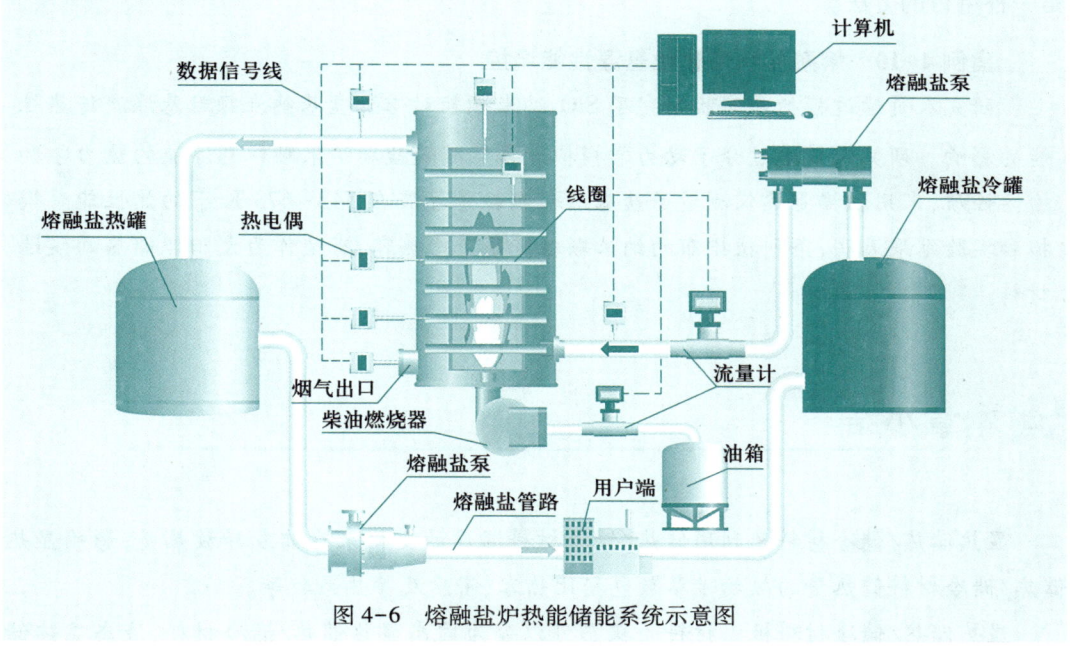

图4-6 熔融盐炉热能储能系统示意图

### 4.3.3 其他显热储热/储冷材料的应用

纳米颗粒悬浮液具有高导热性、高比热容和局域表面等离子体共振效应等特点。纳米颗粒的储热强化性能与许多因素有关,如温度、浓度、在基液中的分散性等。纳米颗粒悬浮液由于其热性能上的优势,具有广泛的应用前景。

#### 1. 水基纳米颗粒悬浮液储热

以水为基(水基纳米颗粒悬浮液),其中添加不同种类的纳米颗粒以调控其光吸收性能和热传导性能。

### 案例 4-9　二元纳米颗粒悬浮液的光吸收性能和热传导性能

直接容积式太阳能接收器可在更宽的波谱内实现太阳光的同步热吸收和高速热传输,提高能量利用效率。研究人员提出了一种二元纳米颗粒悬浮液,同时利用碳纳米管和二氧化硅/银纳米颗粒在不同的光谱吸收特性,实现更宽光谱范围内吸收太阳光的能力。碳纳米管红外吸收率较高,二氧化硅/银在可见光范围内吸收率较高,通过控制这两种组分的比例来调节二元纳米颗粒悬浮液的光谱吸收特性,促进了二元纳米颗粒悬浮液的导热性能的提升,提高了能量交换效率。

#### 2. 熔融盐基纳米颗粒悬浮液储热

在商业化运行的太阳能电站中,太阳盐、HitecXL 盐和 Hitec 盐等是主要的储热工质。通过在熔融盐中添加纳米颗粒制备低熔点、高比热容、高热导率且抗腐蚀的显热储热材料是一种可行的方法。

### 案例 4-10　熔融盐纳米颗粒悬浮性能调控

研究人员通过模拟和实验研究了 $SiO_2$ 纳米颗粒对熔融盐基纳米颗粒悬浮液传热性能的影响。研究人员通过分子动力学模拟计算了硝酸盐和纳米颗粒悬浮液的热力学和输运性质,采用扫描量热仪测量了盐基纳米颗粒悬浮液在 543~673 K 下的热性能。模拟和实验结果表明,条列状排布的纳米颗粒提高了比热容,有望作为太阳能储热的候选材料。

## 本章小结

显热储热/储冷材料是利用储热/储冷材料温度的变化来存储或释放热量,影响显热储热/储冷材料储热量的热物性参数包括比热容、密度及导热系数等。

显热储热/储冷材料根据材料的状态可以分为固态显热储热/储冷材料、液态显热储热/储冷材料和其他显热储热/储冷材料。固态显热储热/储冷材料包括岩石、混凝土和金属等;液态显热储热/储冷材料根据工作温度范围的不同可以选择水、导热油和熔融盐等,在储能系统中发挥着热流体和储热介质的双重作用;其他显热储热/储冷材料包括基于纳米颗粒悬浮液的储热材料等,通过添加纳米颗粒可以强化显热储热材料的热物性,提升传热性能。

在显热储能系统的储存过程中,储存介质在工作温度范围内不发生相变,具有设计和操作简单、成本低等特点,在清洁供暖、太阳能储存等领域具有广阔的应用前景。

## 思考题

4-1　请阅读相关资料，查找 2~3 个常见的显热储能系统，分析其特点。

4-2　显热储能材料的应用受限于温度的影响，请通过课后学习，列举出适用于不同温度范围的储能材料。

4-3　教材介绍了目前常用的多种显热储能材料，请查找相关文献，说明未来显热储能材料的发展趋势。

4-4　请查找相关资料，说明显热储热技术相较于其他储热技术的优势。

4-5　根据含水层储热系统的介绍，请调查现在应用较为成熟的含水层储热系统。

4-6　请阅读相关文献，调查基于纳米颗粒悬浮液的储热材料的发展趋势。

4-7　本章中介绍了将多种储热材料结合，充分利用其优势的方法，请查找相关资料，举出 2~3 个此类案例。

4-8　总结国内外储能设施所采用的特色技术。

## 习题

4-1　请阐述显热储热/储冷的概念并说明通常用来进行储热/储冷的材料的普遍特点。

4-2　储热/储冷材料按物态大致可以分为固态和液态两类，请描述这两类材料的优、缺点并举例说明。

4-3　请描述至少两种储热/储冷材料的制备方法。

4-4　如何评价显热储热/储冷系统的性能？

4-5　请简要介绍盐池储热系统的组成及其原理。

4-6　总结几种储热系统的构成和运作机理，说明其所使用的储热/储冷材料，分析其优势和缺点。

## 参考文献

[1] 何雅玲. 热储能技术在能源革命中的重要作用[J]. 科技导报,2022,40(4):1-2.

[2] 吴耀富. 抽水储能电站建设与运营模式分析[J]. 集成电路应用,2021,38(12):212-213.

[3] 梅生伟,李建林,朱建全,等. 储能技术[M]. 北京:机械工业出版社,2022.

[4] 王芳. 热储能技术在新型电力系统中的应用综述[J]. 东北电力技术,2024,45(3):13-15,22.

[5] 周宇涵. 熔盐蓄热供热技术研究与示范项目[J]. 区域供热,2021(3):129-133.

[6] HALLER M Y,CRUICKSHANK C A,STREICHER W,et al. Methods to determine stratification efficiency of thermal energy storage processes:review and theoretical comparison[J]. Solar Energy,2009,83(10): 1847-1860.

[7] DINCER I,EZAN M A. Heat storage:a unique solution for energy systems[M].Belin:Springer,2018.

[8] ÖZRAHAT E,ÜNALAN S. Thermal performance of a concrete column as a sensible thermal energy storage medium and a heater[J]. Renewable Energy,2017,111:561-579.

[9] LE ROUX D,OLIVÈS R,NEVEU P. Multi-objective optimisation of a thermocline thermal energy storage integrated in a concentrated solar power plant[J]. Energy,2024,300:131548.

[10] SHOBO A B,MAWIRE A. Experimental comparison of the dynamic operations of a sensible heat thermal energy storage and a latent heat thermal energy storage system[C]//Proceedings of 2017 International Conference on the Domestic Use of Energy (DUE),April 04-05,2017. IEEE,2017:240-247.

[11] CHOL S U S,EASTMAN J A. Enhancing thermal conductivity of fluids with nanoparticles[C]//ASME International Mechanical Engineering Congress & Exposition,November 12-17, 1995. New York: ASME,1995.

[12] NAGASE Y,MORI N,TOMOMATSU S,et al. Development of mechanical mixing system of sensible heat storage equipment for beam-down solar concentrator[C]//JSME. The Proceedings of the 21st National Symposium on Power and Energy systems. J-STAGE,2016.

[13] AZIZ N A,AMIN N A M,MAJID M S A,et al. Experimental investigation on AC unit integrated with sensible heat storage (SHS)[C]//Journal of Physics:Conference Series. IOP Publishing,2017,908 (1):012075.

[14] FERBER N L,MINH D P,FALCOZ Q,et al. Ceramics from municipal waste incinerator bottom ash and wasted clay for sensible heat storage at high temperature[J]. Waste and Biomass Valorization,2020,11 (5):3107-3120.

[15] GOYAL N,AGGARWAL A,KUMAR A. Financial feasibility of concentrated solar power with and without sensible heat storage in hot and dry Indian climate[J]. Journal of Energy Storage,2022,52:105002.

[16] SINGH I,SEHGAL S S,KHULLAR V. Nanofluid filled enclosures:potential photo-thermal energy conversion and sensible heat storage devices [J]. Thermal Science and Engineering Progress,2022, 33:101376.

[17] OLIVKAR P R,KATEKAR V P,DESHMUKH S S,et al. Effect of sensible heat storage materials on the thermal performance of solar air heaters:State-of-the-art review[J]. Renewable and Sustainable Energy Reviews,2022,157:112085.

[18] SEYITINI L,BELGASIM B,ENWEREMADU C C. Solid state sensible heat storage technology for industrial applications:A review[J]. Journal of Energy Storage,2023,62:106919.

[19] DUTTA P,DUTTA P P,KALITA P. Energy and exergy study of a novel multi-mode solar dryer without and with sensible heat storage for Garcinia pedunculata[J]. Energy Sources,Part A:Recovery,Utilization, and Environmental Effects,2023,45(3):9266-9282.

[20] SZEGO J,SCHMIDT F W. Transient behavior of a solid sensible heat thermal storage exchanger[J]. Journal of Heat Transfer,1978,100(1):148-154.

[21] ZUBAIR S M,AL-NAGLAH M A. Thermoeconomic optimization of a sensible-heat thermal-energy-storage system:a complete storage cycle[J]. Journal of Energy Resources Technology,1999,121(4):286.

[22] ERDEMIR D,OZBEKLER A,ALTUNTOP N. Experimental investigation on the effect of the ratio of tank volume to total capsulized paraffin volume on hot water output for a mantled hot water tank[J]. Solar

Energy,2022,239:294-306.

[23] ERDEMIR D, ALTUNTOP N. Experimental investigation of phase change material utilisation inside the horizontal mantled hot water tank[J]. International Journal of Exergy,2020,31(1):1-13.

[24] ERDEMIR D. Numerical investigation of thermal performance of geometrically modified spherical ice capsules during the discharging period[J]. International Journal of Energy Research,2019,43(9): 4554-4568.

[25] ALI A R I, SALAM B. A review on nanofluid: preparation, stability, thermophysical properties, heat transfer characteristics and application[J]. SN Applied Sciences,2020,2(10):280-289.

[26] CHIAVAZZO E, FASANO M, ASINARI P, et al. Scaling behaviour for the water transport in nanoconfined geometries[J]. Nature Communications,2014,5:3565.

[27] PAKSOY H O, GÜRBÜZ Z, TURGUT B, et al. Aquifer thermal storage (ATES) for air-conditioning of a supermarket in Turkey[J]. Renewable Energy,2024,29(12):1991-1996.

[28] KHALILIAN M. Energetic performance analysis of solar pond with and without shading effect[J]. Solar Energy,2017,157:860-868.

[29] DU M, TANG G H, WANG T M. Exergy analysis of a hybrid PV/T system based on plasmonic nanofluids and silica aerogel glazing[J]. Solar Energy,2019,183:501-511.

[30] DINKER A, AGARWAL M, AGARWAL G D. Heat storage materials, geometry and applications: A review [J]. Journal of the Energy Institute,2017,90(1):1-11.

[31] BAUER T, STEINMANN, W D, LAING D, et al. Thermal energy storage materials and systems [J]. Annual Review of Heat Transfer,2012,15:131-177

[32] IBRAHIM A, PENG H, RIAZ A, et al. Molten salts in the light of corrosion mitigation strategies and embedded with nanoparticles to enhance the thermophysical properties for CSP plants[J]. Solar Energy Materials and Solar Cells,2021,219:110768.

[33] KNOBLOCH K, ULRICH T, BAHL C, et al. Degradation of a rock bed thermal energy storage system [J]. Applied Thermal Engineering,2022,214:118823.

[34] RAO C R C, NIYAS H, MUTHUKUMAR P. Performance tests on lab-scale sensible heat storage prototypes[J]. Applied Thermal Engineering,2018,129:953-967.

[35] ZHANG J, GUO Z, ZHU Y, et al. Preparation and characterization of novel low-cost sensible heat storage materials with steel slag[J]. Journal of Energy Storage,2024,76:109643.

[36] XUE X, LIU X, ZHU Y, et al. Numerical modeling and parametric study of the heat storage process of the 1.05 MW molten salt furnace[J]. Energy,2023,282:128740.

[37] WANG Y, LU Y, WANG Y, et al. Investigation on thermal performance of quinary nitrate/nitrite mixed molten salts with low melting point for thermal energy storage[J]. Solar Energy Materials and Solar Cells, 2024,270:112803.

[38] ZENG J, XUAN Y. Enhanced solar thermal conversion and thermal conduction of $MWCNT-SiO_2/Ag$ binary nanofluids[J]. Applied Energy,2018,212:809-819.

[39] CHEN X, WU Y T, ZHANG L, et al. Experimental study on thermophysical properties of molten salt nanofluids prepared by high-temperature melting[J]. Solar Energy Materials and Solar Cells,2019,191: 209-217.

其他参考文献

# 第五章
## "会变形的储能材料"——
## 相变储热/储冷材料

相变储热,也称潜热储能(latent thermal energy storage, LTES),是以相变材料(phase change material, PCM)为介质,利用介质相变的吸放热特性,将传热介质中的热量以潜热形式存储的过程。根据相变过程中相态变化种类的不同,相变储热可分为固-固、固-液、固-气和液-气相变储热。其中,固-液相变具有储能密度高、工作性能稳定、能量转换效率高的特点,因此通常采用基于固-液相变过程的相变材料进行储热或储冷。相变储热具有储能密度高等优点,并且可以在几乎恒定的工作温度下实现热能的回收与利用。因此,采用相变材料实现潜热储热/储冷是一种节能环保且高效的储能方法。

本章首先从相变材料储热/储冷原理展开介绍,包括相平衡特性与相变储热/储冷过程,并介绍相变材料的关键物理性能参数;然后根据固-液相变材料化学成分的不同,对相变储热/储冷材料进行分类,并介绍不同类型相变储热/储冷材料的特点;最后介绍目前相变储热/储冷材料的具体应用。通过本章的介绍,读者可以系统地学习和掌握基本的相变材料的储能原理、分类、性质以及应用。第五章的结构总图如图 5-1 所示。

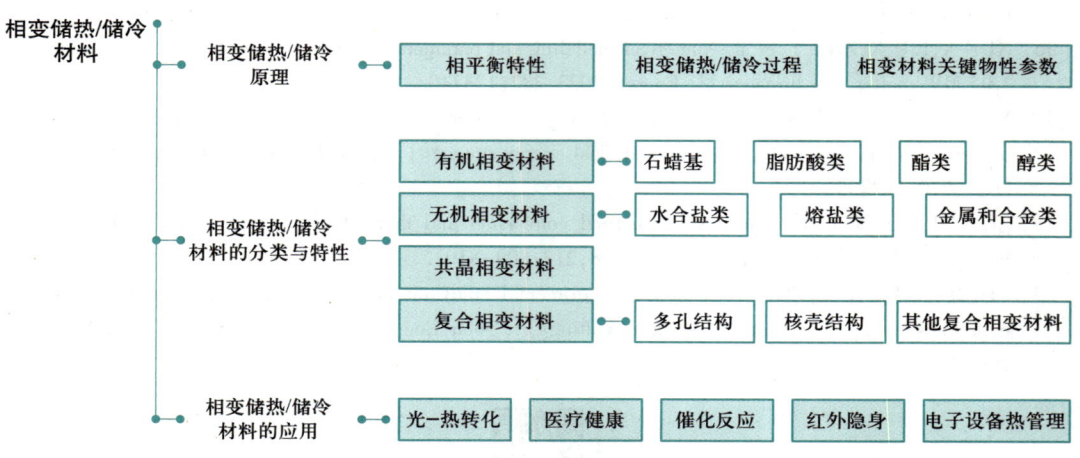

图 5-1　第五章的结构总图

# 5.1 相变储热/储冷原理

相变储热/储冷技术涉及相态的转变过程,需要考虑相平衡的作用,材料的相变温度、相变潜热、过冷度等参数会影响相变储热/储冷过程,并决定材料在实际应用中的性能表现。通过深入研究相变储热/储冷原理,可以为相变材料的设计、选择和应用提供重要的理论指导和技术支持。

## 5.1.1 相平衡特性

相变是物质在特定条件下由一种相态转变为另一种相态的物理过程。从微观角度来看,相变是由物质微观结构发生改变所引起的。在相变过程中,物质的分子或原子之间的相互作用力发生变化,导致它们之间的排列方式发生改变,进而引起物质宏观物理性能(简称物性)的变化。气、液、固三态之间的转变是常见的相变过程。

相平衡是在恒定的温度和压力下系统中不同相态之间达到的平衡状态。平衡状态下各相之间的化学势、温度和压力等宏观性质保持恒定,且不发生相间传递。系统中的微观状态在相平衡态满足吉布斯相律,实现相平衡状态需要满足以下两个条件:① 各相之间的化学势相等;② 系统的总自由能达到极小值。

水的三相图如图 5-2 所示,图中描述了水在不同温度和压力下的相变规律,包括固-液相变和液-气相变的转变条件。在三相图中,可以根据固-液相变曲线(冰点线)和液-气相变曲线(沸点线)分析得到水的相变特性。

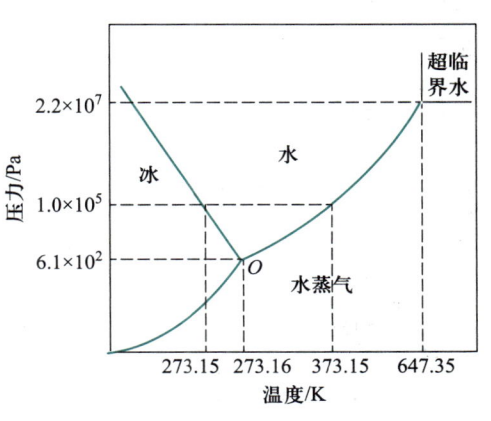

图 5-2 水的三相图

## 5.1.2 相变储热/储冷过程

在相变温度下,相变材料在固液两相的转变过程中会吸收或释放热量,这种转变以熔化和结晶(凝固)的形式呈现。

相变材料在熔化和结晶过程中发生的相

固-液相变材料可用于哪些领域?

相变过程
的解释

变过程如图 5-3 所示。相变材料中存储的热量可以表示为相变温度下的潜热和在热能存储过程中由于温度波动而存储的显热之和。因此,相变储热过程的热量变化可由下面的公式来表达:

$$Q = \int_{T_i}^{T_m} w c_p \mathrm{d}T + w\Delta H_m + \int_{T_m}^{T_f} w c_p \mathrm{d}T \tag{5-1}$$

$$Q = m\left[ c_{p,s}(T_m - T_i) + \Delta H_m + c_{p,1}(T_f - T_m) \right] \tag{5-2}$$

$$\Delta H_m = a_m \Delta h_m \tag{5-3}$$

式中:$Q$——相变储热过程热量,J;

$m$——相变材料质量,kg;

$T_i$——初始温度,K;

$T_m$——熔融温度,即相变温度,K;

$T_f$——最终温度,K;

$c_p$——比热容,J/(kg·K);

$c_{p,s}$——材料在 $T_i$ 和 $T_m$ 之间的平均比热容,J/(kg·K);

$c_{p,1}$——材料在 $T_m$ 和 $T_f$ 之间的平均比热容,J/(kg·K);

$w$——已熔融的相变材料的质量分数;

$a_m$——熔融分数;

$\Delta h_m$——每单位质量的熔化热,也称为相变潜热,J/kg;

$\Delta H_m$——已熔化相变材料的潜热,J/kg。

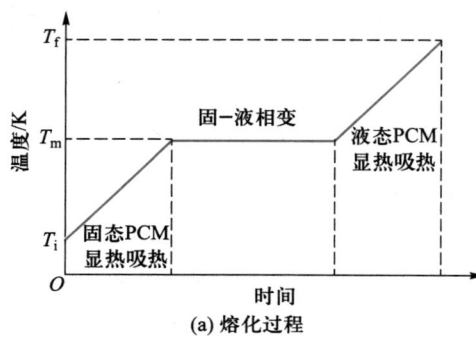

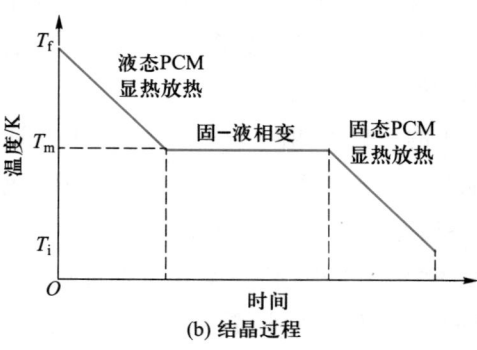

图 5-3　相变材料的相变过程

基于相变材料的储热系统通常比传统储热系统具有更优异的存储能力。如果将储热系统的运行温度限制在较小范围内,相变材料储热与传统系统储热之间的差异更加明显,如图 5-4 所示。

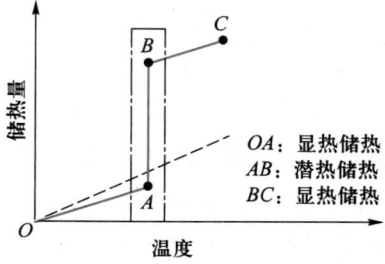

图 5-4　显热储热与潜热储热的区别

## 5.1.3 相变材料关键物性参数

选择合适的相变材料对于提升储热系统的性能和运行效率至关重要。相变温度 $T_m$、相变潜热 $\Delta H_m$ 与过冷度等是固-液相变材料的关键物性参数,可以作为衡量特定应用场景下储热系统中相变材料储热能力的重要指标。

### 1. 相变温度

相变温度是指一种物质在一定压力下发生不同相之间转变(如从固态到液态,或从液态到气态)的临界温度。

在相变温度下,物质的两个不同相态能够共存并且处于热力学平衡状态。例如,在标准大气压下冰融化成水的温度为 273.16 K,即水的固-液相变温度;水沸腾成水蒸气的温度为 373.15 K,即水的气-液相变温度。在针对不同应用场景选择合适的相变材料时,需要先考虑材料相变温度与相变系统工作温度范围的适配性,以提升工作效率。

### 2. 相变潜热

相变潜热是指物质在相变过程中吸收或释放的热量,该过程中物质的温度保持不变。

相变潜热表示物质在单位质量发生相变时所需的热量,可用以下公式表示:

$$\Delta H_m = Q/m \tag{5-4}$$

式中:$\Delta H_m$——相变潜热,kJ/kg;

$Q$——总的吸收或释放的热量,kJ;

$m$——物质的质量,kg。

根据物质发生的相变过程,相变潜热可以进一步分为熔化潜热(固态转变为液态时的潜热)、汽化潜热(液态转变为气态时的潜热)和凝固潜热(液态转变为固态时的潜热)等。例如,标准大气压下,水的熔化潜热为 334 kJ/kg,这表示 1 kg 的冰在 273.16 K 下融化成水需要吸收 334 kJ 的热量;水的汽化潜热为 2 260 kJ/kg,表示 1 kg 的水在 373.15 K 下汽化成水蒸气需要吸收 2 260 kJ 的热量。相变潜热的大小直接影响储热系统的设计和应用效果。相变材料存储热量的能力越强,储能系统的预期效率就越高。相变材料的高潜热特性可以减少所需材料的量,从而减轻系统的重量和体积,使结构更加紧凑。

### 3. 过冷度

过冷度是指物质在平衡状态下的相变温度与实际相变温度的差值。

相变材料固-液相变的过冷曲线如图 5-5 所示,相变材料从 $T_i$ 升温到最终温度 $T_f$,接着再从 $T_f$ 开始冷却。当温度上升到 $T_m$ 时,相变材料吸热熔化;再冷却过程中,由于存在过冷,材料只能在温度降至 $T_s$ 时才能凝固,$T_m$ 与 $T_s$ 之间的温度差称之为过冷度。

过冷度是选择相变材料时需要考虑的重要因素之一。相变材料的过冷现象是指在其相变温度以下,材料仍然保持原相态,而没有发生相变的现象。过冷会导致相变材料相变

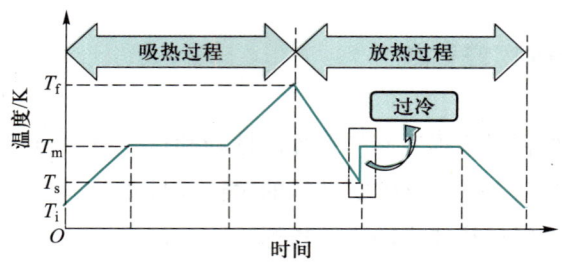

图 5-5　固-液相变的过冷曲线

过程延迟,使相变材料凝固或结晶温度更低,相变温度直接影响材料在热管理中的效果,如果相变材料发生过冷,将无法在预期的温度范围内提供所需的储热效果。相变材料的过冷度通常比较低,过冷度取决于相变材料的晶体成核和生长速率,例如,可以通过在相变材料中添加成核剂削弱或消除过冷现象。

除了上述关键参数外,相变材料特性的影响还需考虑比热容、热导率、密度和热膨胀系数等参数。比热容是衡量相变材料显热储热密度的指标;热导率可以表征储能体系热量存储与释放的速率;密度是相变材料的质量与体积的比值,是设计储能系统的空间和重量时需考虑的重要因素;热膨胀系数是相变材料在温度变化时体积的变化率。这些物性参数都会影响相变材料在储能过程中的稳定性和可靠性。

## 5.2　相变储热/储冷材料的分类与特性

相变储热技术相对于显热储热技术具有高储热密度的优势,相变储热材料在同等温升条件下的储热密度普遍高于显热储热材料。不同相变材料[①]的相变温度及体积储热密度的分布如图 5-6 所示。

固-液相变材料在热能存储和温度调节领域发挥着重要作用。根据化学成分不同,相变材料可分为有机相变材料、无机相变材料、共晶相变材料以及复合相变材料等,为不同应用场景提供了多样化的选择。

### 5.2.1　有机相变材料

有机相变材料是指用有机材料进行储能的相变材料。按照有机物种类的不同可分为石蜡基相变材料、脂肪酸类相变材料、酯类相变材料、醇类相变材料和二醇类相变材料等。

---

①　本节中的相变材料都指相变储热/储冷材料。

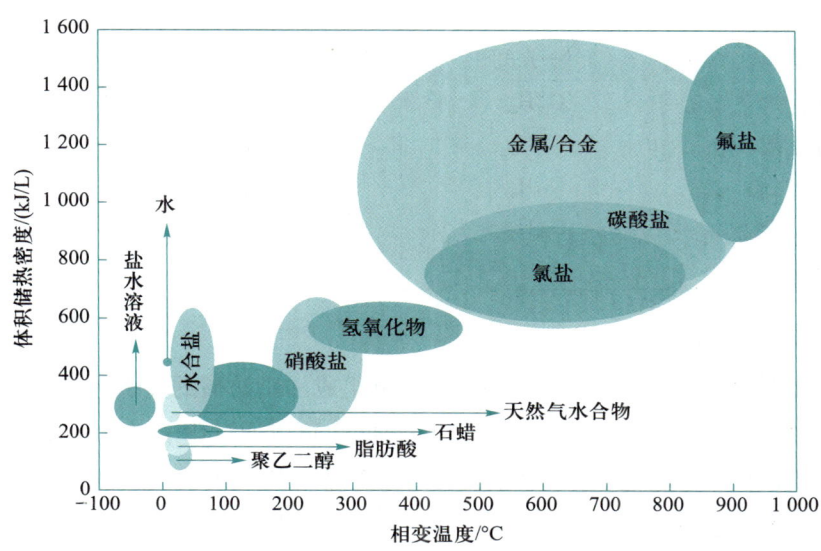

图 5-6　不同相变材料的相变温度及体积储热密度的分布

有机相变材料通常具有化学性质稳定、便于长期存储和使用等优点,并且无腐蚀性,适用于多种容器和设备;储热密度较高,能有效实现能量存储与释放;相变温度范围宽,适用于室温至 600 K 左右的复杂工作环境,且热物理特性稳定,长期使用性能优良。

大部分有机相变材料不存在过冷现象,有利于实现高效的储热。然而大多数有机相变材料价格高昂、热导率小且易燃,这些因素限制了其大规模商用。有机相变材料易泄漏,会影响储热系统的整体效率,因此需要成本较高的封装技术。

### 1. 石蜡基相变材料

石蜡是常见的有机相变材料之一。石蜡基相变材料大多是直链烷烃,其通式为 $CH_3—(CH_2)_{(n-2)}—CH_3$,其中 $n$ 是碳原子数,随着石蜡碳链长度的增加,熔化潜热和熔点也相应提高。石蜡具有较宽的相变温度范围,可用于不同的相变储热系统。其中,工业级石蜡由于多为烷烃的混合物(一般为炼油的副产品),相比于高度精制的纯石蜡成本较低,常作为相变材料用于潜热储热系统中。

石蜡的化学性质稳定,一般在 750 K 以下热稳定性良好,熔化时体积变化较小,在熔化状态下蒸气压较低,具有较长的相变周期。尽管石蜡具有一致熔融性、高熔化潜热、化学惰性、无相分离等优点,但热导率低、与塑料容器不相容且易燃,往往需要与其他材料结合使用。常见烷烃的物性参数见表 5-1。

更多烷烃的
物性参数

表 5-1    常见烷烃的物性参数

| 名称 | 分子式 | 熔点/K | 相变焓/(J/g) |
|---|---|---|---|
| 正十二烷 | $C_{12}H_{26}$ | 263.4 | 210 |
| 正十七烷 | $C_{17}H_{36}$ | 294.8 | 213 |
| 正二十二烷 | $C_{22}H_{46}$ | 317.1 | 249 |
| 正二十六烷 | $C_{26}H_{54}$ | 329.4 | 256 |
| 正三十烷 | $C_{30}H_{62}$ | 338.5 | 251 |

### 2. 脂肪酸类相变材料

脂肪酸的化学结构由羧基(—COOH)和碳链组成。脂肪酸的碳链包括直链、分支链、双键和环状结构。脂肪酸可以从生物油脂中提取,也可以通过化学合成的方式获得,具有成本低、过冷度低、化学稳定性好、不易发生相分离等优点,可作为纯石蜡的替代品。但脂肪酸通常具有刺激性气味、热导率低且相变时体积变化大等不足。

更多脂肪酸类相变材料的物性参数

脂肪酸熔点随着主链碳原子数的增加而升高。饱和脂肪酸的通式为 $CH_3—(CH_2)_{(n-2)}—COOH$,从辛酸($n=8$,熔点约为 289 K)到硬脂酸($n=18$,熔点约为 342 K)的饱和脂肪酸均可用于热量的存储。不饱和脂肪酸的相变温度较低,如油酸$[CH_3(CH_2)_7CH \!\!=\!\! CH(CH_2)_7COOH]$的相变温度仅为 287 K。

### 3. 酯类相变材料

更多酯类相变材料的物性参数

酯类的通式为 $R—COO—R_1$,其中 R 和 $R_1$ 为烷基,通常由羧酸和醇类在浓硫酸的催化下通过酯化反应合成,下式是酯化反应的通用方程式:

$$R—COOH + R_1—OH \xrightarrow{\triangle(浓硫酸)} R—COO—R_1 + H_2O \qquad (5-5)$$

酯类具有过冷度低、化学稳定性好、不发生相分离等优点,但价格昂贵、有刺激性气味、热导率低。

### 4. 醇类相变材料

更多醇类相变材料的物性参数

醇类一般含有一个或多个羟基(—OH),是由碳链上的氢原子被羟基取代而形成。根据羟基的数目和位置,醇类可以分为单元醇、二元醇、三元醇等不同类型。醇类可由烃氧化得到,也可由卤代烃还原获得。在有机相变材料中,糖醇具有相对较高的熔点和潜热,适合用作中温储热介质,可用于太阳能加热器或废热回收等领域。醇类作为低毒、低成本的多晶型相变材料,在储热系统中得到了广泛应用。

更多二醇类相变材料的物性参数

有机糖醇是多羟基结构的醇类物质。由于多羟基之间生成氢键,因而具有较高的相变潜热。醇类材料无毒且易于获取,在储热系统方面具有很大的应用潜力。

　　此外,二醇类相变材料是常见的醇类相变材料。二醇是指分子中含有两个醇类。在二醇类化合物中,聚乙二醇(polyethylene glycol,PEG)具有用作储热材料的潜力。PEG 是线性聚合物,通式为 H—$(O—CH_2—CH_2)_n$—H。PEG 相变温度接近室温,并随聚合物相对分子质量的增加而升高。相比于其他有机相变材料,PEG 的特点在于可溶于水,能更好地进行存储与运输,但是 PEG 具有较高的过冷度。

## 5.2.2　无机相变材料

　　相较于有机相变材料,无机相变材料具有更高的相变温度,适用于更广泛的储热和储冷环境。常见的无机相变材料包括水合盐

相变材料在不同环境分别有什么应用?

类相变材料、熔盐类相变材料及金属和合金类相变材料等。

　　无机相变材料特性:单位体积潜热高,在有限空间内具有高能量存储密度;相变温度范围广,适用于各种热管理过程;抗氧化性和耐腐蚀性强,可在恶劣环境中长期使用;生产成本相对较低,适合大规模应用。

　　无机相变材料的过冷度普遍较高且易发生相分离,进而影响储能系统的长期稳定性和效率;部分盐类材料腐蚀性强,对设备和环境有害。同时,一些无机材料生产过程可能产生有害物质排放,难以实现回收及处理。

### 1. 水合盐类相变材料

　　水合盐通常由化学式为 $AB \cdot nH_2O$ 的结晶固体组成,其中 AB 代表各种盐,如氯化盐、磷酸盐、亚硫酸盐、碳酸盐、亚硝酸盐或醋酸盐等。水合盐中存在的化学键通常包括离子键、极性分子键和氢键。在熔化过程中,水合盐失去部分或全部水分子,盐溶解在水分子中;凝固过程则相反。水合盐中水分子与盐分离或结合的过程,类似于热力学熔化或凝固过程。水合盐熔化时的化学反应如下式所示:

$$AB \cdot nH_2O \longrightarrow AB \cdot mH_2O + (n-m)H_2O + \Delta H_m \tag{5-6}$$

$$AB \cdot nH_2O \longrightarrow AB + nH_2O + \Delta H_m \tag{5-7}$$

　　水合盐具有熔化潜热较高、热导率高、熔融状态下体积变化较小,与塑料几乎不反应,使用成本低等特点,因此被广泛应用于热能存储系统。常见水合盐的熔点、相变焓及密度见表 5-2。

更多水合盐类相变材料的物性参数

表 5-2　常见水合盐类相变材料的物性参数

| 名称 | 熔点/K | 相变焓/(J/g) | 密度/(kg/m³) |
|---|---|---|---|
| $CaCl_2 \cdot 6H_2O$ | 302.7 | 1 908.0 | 1 562 |
| $CaBr_2 \cdot 6H_2O$ | 307.1 | 115.5 | 1 956 |

续表

| 名称 | 熔点/K | 相变焓/(J/g) | 密度/(kg/m³) |
|---|---|---|---|
| $MgCl_2 \cdot 6H_2O$ | 390.1 | 168.6 | 1 569 |
| $Mg(NO_3)_2 \cdot 6H_2O$ | 362.1 | 162.8 | 1 636 |
| $Ba(OH)_2 \cdot 8H_2O$ | 351.1 | 265.7 | 2 070 |
| $Na_2HPO_4 \cdot 12H_2O$ | 309.1 | 280.0 | 1 520 |
| $Mg(NO_3)_2 \cdot 6H_2O$ | 362.1 | 162.8 | 1 550 |

### 2. 熔盐类相变材料

更多熔盐类
相变材料的
物性参数

　　熔盐与水合盐的基本组分相近,只是结构中失去了结晶水,熔盐的熔点较高,适合用于高温储热。熔盐包括硝酸盐、氢氧化物、氯化物、碳酸盐、硫酸盐和氟化物等。其中,硝酸盐的熔点相对较低,是目前聚光太阳能发电装置常使用的储热材料。

　　熔盐相变材料的热导率通常较低,因此在使用熔盐作为潜热储存介质时,需要提高其热导率。

### 3. 金属和合金类相变材料

更多金属与合
金类相变材料
的物性参数

　　金属和合金类相变材料利用金属材料的熔化与凝固过程实现热量存储与释放,除部分液态金属外,金属和合金普遍具有较高熔点,适用于高温储热系统。金属和合金作为相变材料的优点是单位体积的蓄热量和热导率相对较高,作为高温相变储热材料具有巨大的潜力。但金属和合金经过重复的热循环后,由于氧化和偏析等过程的作用,其微观结构会发生变化,使相变温度和潜热等物性参数发生改变,因此往往需要使用惰性气体作为保护气。

## 5.2.3　共晶相变材料

　　共晶相变材料是指将多种不同的相变材料以某一特定比例均匀混合得到的材料。该材料能够在低于各单一相变材料熔点的温度下熔化。

更多共晶相
变材料的物
性参数

　　根据形成共晶的物质组成,可以将共晶相变材料分为有机-有机共晶相变材料、无机-无机共晶相变材料以及有机-无机共晶相变材料。其中:有机-有机共晶相变材料通常由不同长度碳链的石蜡、脂肪酸共熔得到;无机-无机共晶相变材料通常由不同的水合盐、无机盐共熔得到;有机-无机共晶相变材料则是将无机水合盐与一些含羧基、氨基等易与结晶水形成氢键基团的有机物共熔得到。

　　通过共晶反应可以降低材料的相变温度,也可通过改变材料的混合比例来改变熔点,扩大共晶材料的相变温度范围。一般情况下,共晶相变材料的相变焓较原材料有所下降,对于二元组分的共晶相变材料,其相变温度 $T_m$ 可通过下式进行计算:

$$T_m = \left( \frac{1}{T_{m,A}} - \frac{R\ln x_A}{\Delta H_A} \right)^{-1} \tag{5-8}$$

式中:$T_{m,A}$——组分的相变温度,K;

$\quad\quad R$——气体常数,其数值为 8.314 J/(mol·K);

$\quad\quad x_A$——组分 A 的摩尔分数;

$\quad\quad \Delta H_A$——组分 A 的相变焓,J/kg。

共晶相变材料的研发结合了有机相变材料和无机相变材料的优势,共晶相变材料具有固定熔点、无同质相变以及体积密度高等优势,但工作温度范围较窄、成本普遍较高,在一定程度上限制了其实际应用。

### 5.2.4 复合相变材料

复合相变材料是将相变材料与其他功能材料复合而成的材料,可分为多孔结构复合相变材料、核壳结构复合相变材料和其他复合相变材料。与纯相变材料相比,复合相变材料具有相变温度范围调控灵活、储能密度更高以及能量转换效率高等优势。

#### 1. 多孔结构复合相变材料

为减少相变材料泄漏并提高相变材料的导热性能,可将相变材料渗透到多孔腔中制备多孔结构复合相变材料。多孔结构复合相变材料由相变材料和多孔材料组成。相变材料在熔化或凝固的过程中存储或释放潜热,多孔材料的多孔结构可防止熔化相泄漏,保持系统稳定。多孔结构复合相变材料示意图如图 5-7 所示。

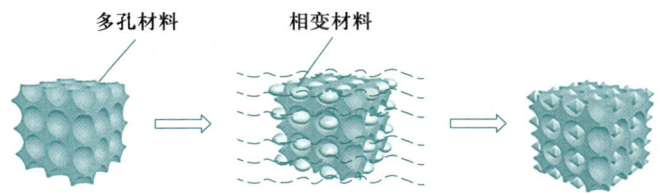

图 5-7 多孔结构复合相变材料示意图

目前常见的多孔材料主要包括生物多孔碳、石墨支架以及泡沫金属等。多孔材料具有密度低、表面积大、孔径分布均匀以及吸附性能优异等特点,可作为支撑材料,能够通过毛细管力、表面张力、氢键、范德瓦耳斯力等将相变材料固定在孔隙中防止相变材料的泄漏。

多孔碳材料一般由生物质碳化而成,具有成本低、无毒且吸附性强等特点。多孔碳材料通过与有机相变材料的强相互作用及自身介孔结构的毛细作用来减少相变材料的泄漏,两者组成的复合相变系统具有优异的光热吸收性能,光-热转化效率与其他碳材料相当,被视为存储应用太阳能热能的新兴材料。

　　石墨具有亲水且层间距小的性质,相变材料难以嵌入石墨层中,可通过化学或热处理合成膨胀石墨解决这一问题。由膨胀石墨支撑的复合相变材料在高负载量下具有低泄漏性。膨胀石墨不仅可作为支撑结构,还可以用作相变复合材料的添加剂,增强材料的导热性、阻燃性和光吸收性。

　　泡沫金属材料作为具有微孔结构的金属材料,内部结构类似泡沫,具有密度小、强度高和吸附性好等特点。泡沫金属具有分级多孔结构,大孔充当存储相变材料的空腔,中孔提供传输通道,微孔提供毛细力,协同固定相变材料,从而避免相变材料的泄漏。图5-8为不同孔隙尺寸的泡沫铜。

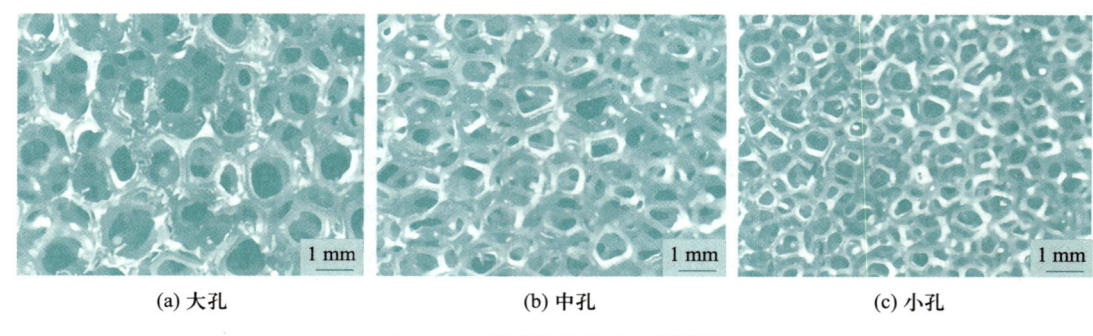

(a) 大孔　　　　　　　　　(b) 中孔　　　　　　　　　(c) 小孔

图 5-8　不同孔隙尺寸的泡沫铜

　　此外,其他多孔材料还包括聚氨酯泡沫、硅胶支架以及黏土材料等。其中黏土材料是天然的多孔结构,对有机相变材料具有优异的吸附能力。黏土基多孔结构复合相变材料包括硅藻土、高岭土、蛭石、珍珠岩、蛋白石、膨润土和高岭石等。

### 2. 核壳结构复合相变材料

　　核壳结构复合相变材料是通过将相变材料分散为微小的颗粒或液滴,在外层包裹一层壳材或膜并将其封装得到的。根据尺寸大小可分为相变宏观胶囊(1 mm~1 cm)、相变微胶囊(1 μm~1 mm)和相变纳米胶囊(小于1 μm)。相变微胶囊是常见的核壳结构复合相变材料,可有效解决相变材料泄漏和热导率低的问题。相对于多孔结构复合相变材料,相变微胶囊体积较小,比表面积更大,易分散到水等流体介质中进行换热。图5-9所示为相变微胶囊的结构示意图。

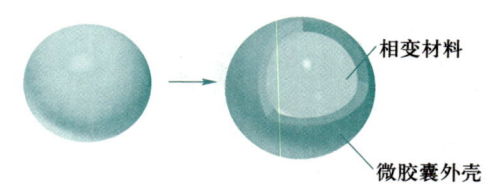

相变材料

微胶囊外壳

图 5-9　相变微胶囊的结构示意图

　　根据材料不同,微胶囊外壳主要分为有机外壳、无机外壳和有机-无机杂化外壳三种。

其中,有机外壳的材料有三聚氰胺甲醛树脂、聚脲和丙烯酸树脂等。有机外壳的材料结构可以调节,在循环相变过程中对体积变化具有优异的耐受性,但化学稳定性和热稳定性较差。相比之下,无机外壳的材料具有更高的热稳定性、较高的机械强度以及更高的热导率,常用材料有 $CaCO_3$、$SiO_2$、$ZnO$ 等。通常采用包覆率 $R$、包覆效率 $E$ 和储热能力 $C$ 评估相变微胶囊中核材所占的百分比,计算公式如下:

$$R = \frac{\Delta H_{m,MEPCM}}{\Delta H_{m,PCM}} \times 100\% \tag{5-9}$$

$$E = \frac{\Delta H_{m,MEPCM} + \Delta H_{c,MEPCM}}{\Delta H_{m,PCM} + \Delta H_{c,PCM}} \times 100\% \tag{5-10}$$

$$C = \frac{E}{R} \times 100\% \tag{5-11}$$

式中:$\Delta H_{m,PCM}$——纯相变材料的熔化潜热,J/kg;

$\Delta H_{c,PCM}$——纯相变材料的凝固潜热,J/kg;

$\Delta H_{m,MEPCM}$——相变微胶囊的熔化潜热,J/kg;

$\Delta H_{c,MEPCM}$——相变微胶囊的凝固潜热,J/kg。

对相变材料进行高温循环,可测量多个加热-冷却循环后样品的泄漏率 $L$,计算公式如下:

$$L = \frac{m_0 - m_t}{m_0} \times 100\% \tag{5-12}$$

式中:$m_0$——样品在初始加热时的质量,kg;

$m_t$——样品经任意加热时间后的质量,kg。

### 3. 其他复合相变材料

除了上述常见的复合相变材料外,还有纤维结构的复合相变材料和层状结构的复合相变材料。纤维结构的复合相变材料是通过将相变材料分散在聚合物基体的纤维中而得到的。纤维结构的复合相变材料具有可靠的温度调节性能,熔化状态下也能保持纤维的完整性。层状结构的复合相变材料是通过将相变材料和基体材料交替层叠形成的。层状结构的复合相变材料可以有效地控制相变材料的形态和分布,进而提高相变材料的热导率和机械强度。

## 5.3  相变储热/储冷材料的应用

相变储热/储冷材料的储热密度比显热储热/储冷材料的更高,同时还具有工作性能稳定、能量转换效率优异且节能环保、低毒轻便等优势,已成为热能管理和储能系统中的关键材料。随着材料和技术水平的不断进步,对材料的性能要求越来越多。复合相变材料不仅具备传统相变材料的热能存储特性,通过引入各种纳米材料和功能材料,还能够进一步拓展了其物理化学性能和应用领域。在实际应用中,复合相变材料展示了优异的能量转化能力,包括光–热、电–热、磁–热和声–热等转化能力,从而能够适应不同的应用环境和需求。合适高效的相变材料已经广泛应用于光–热转化、医疗健康、催化反应、红外隐身及电子设备热管理等多个领域。

相变材料在
先进领域的
应用

### 5.3.1　光–热转化领域

相变材料可通过潜热形式转换和存储太阳能,在光–热转化领域具有一定的应用潜力。近年来,光热支撑材料已被用于基于相变材料的光–热转化,包括碳材料、金属材料、半导体材料和其他材料。碳材料通常表现出优异的光吸收能力、高热导率、稳定、低毒等优点,具有广阔的应用前景。金属材料因其表面等离子共振或局域表面等离子体共振效应的优异光吸收性和高导热性而被广泛用作相变材料光热转换的光吸收剂。半导体材料具有非辐射弛豫效应,在光–热转化相变材料中显示出巨大的潜力。同时,生物碳基复合相变材料来源广泛、成本低廉、绿色环保,逐渐受到了广泛关注。

> **案例 5-1　一种用于太阳能光–热转化与存储的非贵金属等离子体装饰的蜂窝结构相变材料**
>
> 受蜜蜂存储蜂蜜的启发,研究人员提出了基于 TiN 纳米颗粒装饰的多孔 AlN 骨架–PCMs 蜂窝结构复合材料,该材料具有优异的太阳能光–热转化和热能存储能力。在 AlN 体积分数为 20% 时,复合材料的热导率可达 21.58 W/(m·K),该材料充放热时间仅占纯相变材料的一半左右,且历经 500 次熔化/凝固循环,依旧能保持良好的形状稳定性和热可靠性。其中,高热导率的机理在于单晶 AlN 晶须的晶体缺陷少、声子散射较低,并且形成了垂直排列的三维热传导通道。由于 TiN 纳米颗粒具有等离子体效应,全光谱太阳吸收率高达 95%。与具有高热导率的三维骨架相结合,太阳能储热效率在不使用额外的选择性涂层的情况下可达到 92.9%,表现出了快速和高效的太阳能储热性能。这项工作为实现快速、高效、稳定、紧凑的太阳能捕获和热能存储提供了新的途径。

### 5.3.2　医疗健康领域

部分相变材料具有生物相容性、可降解性和低毒性的特点,可应用于药物输送等医疗领域。结合相变材料制成的靶向药物,通过温度、磁场、超声波等外部刺激进行递送,可实现精确的剂量控制及高空间、时间分辨率,并在降低脱靶毒性的同时提高疗效。

**案例 5-2　一种基于硅基纳米胶囊和相变材料的可控药物释放诊疗系统**

研究人员采用 Au-聚苯乙烯 Janus 胶体粒子通过模板选择沉积法制备了纳米胶囊,胶囊壁上有一个精准设计的孔。通过该孔可以将月桂酸和硬脂酸的相变混合物连同治疗剂和近红外染料快速封装在具有生物相容性的硅基纳米相变胶囊中,通过控制温度释放治疗药物。在近红外激光照射(或通过直接加热)后,脂肪酸将被熔化以触发药物的释放,如图 5-10 所示。释放药物的量可以通过改变孔的大小和/或激光照射的持续时间来控制。将脂肪酸封装在这种纳米胶囊中可以保护它们不与生物系统发生直接的相互作用,提高它们在生理环境中的结构稳定性。同时,孔允许脂肪酸的快速加载和控制释放。而硅基胶囊中的二氧化硅被认为是一种生物相容性材料,可以随着时间的推移从体内清除。这种方法显著提高了胶囊对药物的封装能力,同时表现出优异的稳定性,从而在纳米医学中提供了有前途的应用。

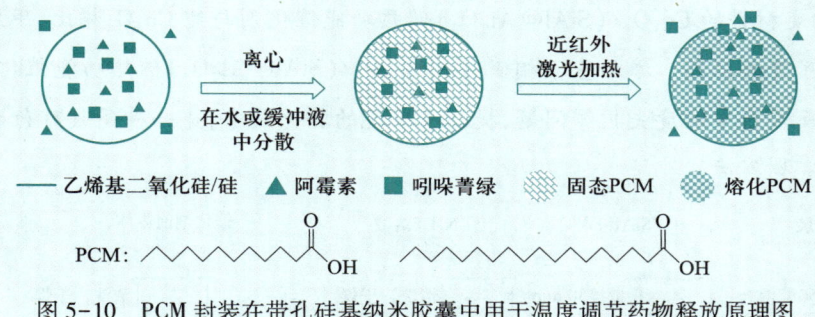

图 5-10　PCM 封装在带孔硅基纳米胶囊中用于温度调节药物释放原理图

## 5.3.3　催化反应领域

相变材料在催化反应领域的应用日益受到关注,其独特的相变特性为提升催化反应的效率和稳定性提供了新的解决方案。利用相变材料在相变过程中的热存储和释放特性,与催化剂结合所制备出的复合相变材料不仅可以有效调控反应系统的温度,还能够促进反应速率,提升催化反应的整体性能。

**案例 5-3　一种具有光催化功能的正二十烷 $TiO_2$/石墨烯复合相变微胶囊**

为提高微胶囊相变材料的太阳能利用效率及光催化效率,研究人员设计了一种新型复合体系,通过界面缩聚设计了正二十烷/$TiO_2$/石墨烯复合相变微胶囊,表现出良好的温度调节性能。复合系统呈现出球形核壳的结构形态,其中石墨烯纳米片通过氢键附着在微胶囊表面。在相同辐照时间下,含石墨烯相变微胶囊对亚甲基蓝溶液的降解率比不含石墨烯的相变微胶囊高 5 倍,这归因于石墨烯作为电子传输通道,可以减少光生空穴和电子的复合。引入石墨烯纳米片不仅能有效提高复合材料体系的结构稳定性和耐久性，而且能促进 $TiO_2$ 的电子转移和电荷分离，增强光催化过程，促进底物发生氧化还原反应并分解。该相变微胶囊与石墨烯纳米片的结合不仅可以促进自然光光降解水中的有机污染物，还可以通过水的光分解获得氢气和氧气，同时相变过程增强了太阳能热能的收集和再利用。

**案例 5-4　一种用于甲烷催化燃烧的 $Co_3O_4/(SiAl@Al_2O_3)$ 储热功能催化剂**

如图 5-11 所示，研究人员将 $Co_3O_4$ 催化剂与 $SiAl@Al_2O_3$ 相变材料复合，制成了 $Co_3O_4/(SiAl@Al_2O_3)$ 储热功能催化剂，并应用于贫甲烷催化燃烧。测试结果表明，采用诱导氧化法制备的 $SiAl@Al_2O_3$ 相变材料的熔融温度约为 840 K，潜热高达 410 J/g，在甲烷燃烧过程中能够实现有效的热控制，通过改善催化剂床层的热失控问题，减少热损失，对保证催化活性起着至关重要的作用。同时，耦合质量分数为 10%~50% 的 $SiAl@Al_2O_3$ 相变材料的 $Co_3O_4/(SiAl@Al_2O_3)$ 储热功能催化剂与纯 $Co_3O_4$ 相比，甲烷的转化效率得到了显著提高。添加基于相变材料 $Co_3O_4/(SiAl@Al_2O_3)$ 储热功能催化剂，改善了固定床反应器中温度失控等问题，提高了甲烷的转化效率，是一种高效可行的甲烷催化燃烧热管理方法。

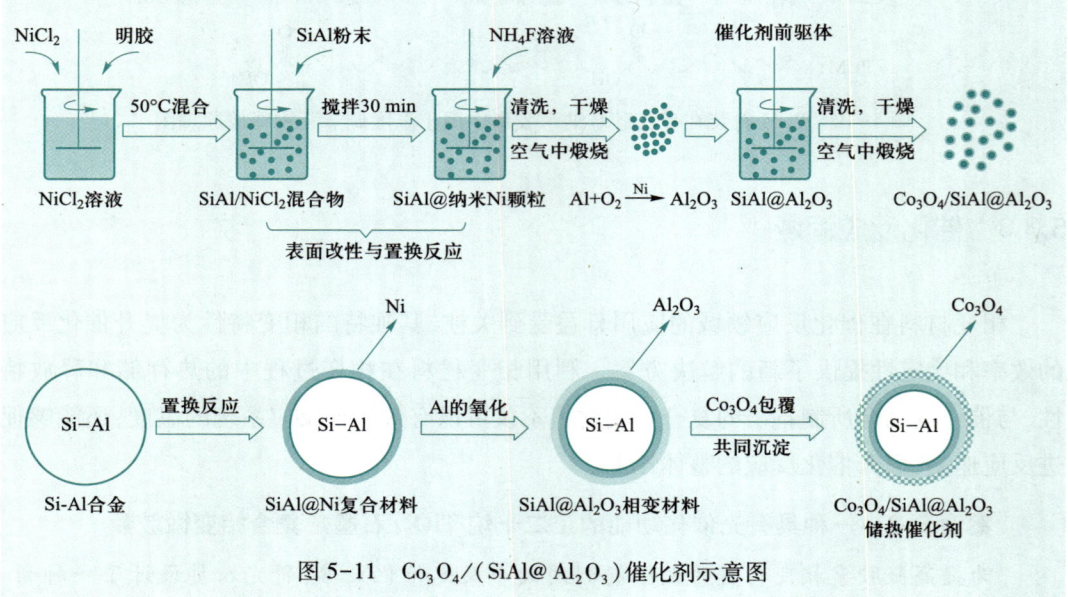

图 5-11　$Co_3O_4/(SiAl@Al_2O_3)$ 催化剂示意图

## 5.3.4　红外隐身领域

将相变材料应用于红外隐身技术的研究近年来受到广泛关注。相变材料通常具有较高的相变焓,在相变过程中能够有效存储和释放大量热能,从而动态调节目标物体的表面温度。同时,相变材料具有良好的红外发射率,能够在红外成像中与背景融合,结合复合材料较低的红外透过率,可有效屏蔽红外辐射实现有效隐身。随着近年来材料的升级和技术的不断进步,基于相变材料的红外隐身技术的性能和应用范围也得到了有效的提升和拓展。

**案例 5-5 一种具有红外隐身功能的纳米纤维气凝胶/相变材料复合结构**

图 5-12 所示为一种气凝胶/相变材料复合结构的红外隐身示意和性能表征。通过溶胶-凝胶工艺和冷冻干燥技术制备出高孔隙率和高比表面积的凯夫拉-纳米纤维气凝胶(KNA)膜,与聚乙二醇相变材料结合制备得到 KNA/PCM 复合膜。表征结果显示,该复合膜具有优异的储能性能,红外发射率达到 0.94,与大多数背景相当。此外,KNA/PCM 膜还具有超低的平均透过率,宽波段为 $3 \sim 15 \ \mu m$。通过进行户外环境的太阳辐照变化测试,覆盖 KNA/PCM 薄膜的目标物体可以将其热外观完美融入背景,表现出了高性能的红外隐身效果。KNA/PCM 复合结构优异的隔热和红外隐身性能在未来的军事和工业领域具有巨大的应用潜力,这种新型组合结构为红外隐身技术提供了新的思路和解决方案。

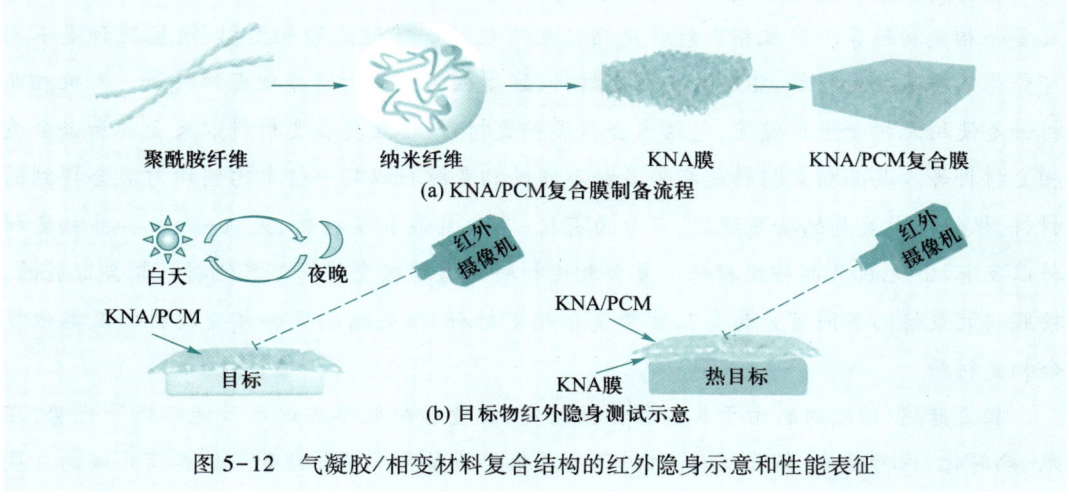

(a) KNA/PCM复合膜制备流程

(b) 目标物红外隐身测试示意

图 5-12 气凝胶/相变材料复合结构的红外隐身示意和性能表征

## 5.3.5 电子设备热管理领域

基于相变材料的电子设备热管理系统具有紧凑、轻便和高效率等特点。为拓展电子器件相变热管理的应用,应综合衡量热导率、电绝缘性、热膨胀系数和长期稳定性等因素,导热填料的尺寸、形状和填充取向也会影响热管理系统的性能。对填料进行适当的化学表面改性、填料以及构建互连结构可以降低填料与相变材料之间的界面热阻,是未来的发展方向之一。

**案例 5-6　一种具有高导电性和无液体相变复合材料的电池热管理系统**

　　研究者将聚乙二醇相变材料渗透到聚氨酯中形成复合材料，然后通过压力诱导组装与网状石墨纳米片结合以制备高导电结构，形成热管理系统。当电池暴露在低温环境下时，锂电池在启动阶段通过相变材料的电-热转化产生的焦耳热进行预热，而相变材料在凝固过程中释放的潜热为锂电池提供了较长的预热时间。相反，在高温环境下，锂电池释放的热量以潜热的形式被相变材料吸收，以维持最佳的工作温度。

## 本章小结

　　相变储热/储冷是利用相变材料在相态转变的过程中能够吸收或释放大量热能的特性进行能量转化，这种相态转变通常是以熔化和结晶的形式呈现。决定固-液相变材料储能能力的重要物性参数包括相变温度、相变潜热和过冷度等，这些物性参数都会影响相变材料在温度循环过程中的稳定性和可靠性。

　　相变材料根据其化学成分不同可分为有机相变材料、无机相变材料、共晶相变材料以及复合相变材料等。有机相变材料是指使用有机物进行储能的相变材料，按照种类不同可分为石蜡基相变材料、脂肪酸类相变材料、酯类相变材料和醇类相变材料等。无机相变材料是使用无机物进行储能，包括水合盐类相变材料、熔盐类相变材料以及金属和合金类相变材料等。共晶相变材料是指将多种不同的相变材料以某一特定比例均匀混合得到的材料，根据形成共晶的物质组成，可分为有机-有机共晶相变材料、无机-无机共晶相变材料以及有机-无机共晶相变材料。复合相变材料是通过相变材料与其他材料复合形成的，按照封装策略的不同可分为多孔结构复合相变材料、核壳结构复合相变材料以及其他复合相变材料。

　　相变储热/储冷材料由于其工作特性稳定、能量转换效率高以及节能环保等优势，在光-热转化、医疗健康、催化反应、红外隐身及电子设备系统热管理等领域具有广阔的发展前景。通过不断优化相变材料的组分和制备方法，提升其储热性能，可以为相变储能的大规模应用提供技术支撑。

## 思考题

5-1　请阐述储热/储冷技术如何与可再生能源技术结合。

5-2　请列举一些可用于储冷过程的材料。

5-3 实际生活中有哪些场景利用到固-液相变过程？请举 1~2 个例子。

5-4 查找相关资料,思考如何解决相变材料的过冷问题。

5-5 烷烃作为石蜡基相变材料的主要组成部分,请简述随着烷烃碳链长度的增加,石蜡基相变材料相关性质的变化及其原因。

5-6 结合相关资料阐述高温相变材料在实际应用中的储热过程。

5-7 金属和合金类相变材料的相变温度很高,请查阅相关资料并思考在实际生产应用中如何防止金属和合金类相变材料的氧化。

5-8 基于多孔结构复合相变材料和核壳结构复合相变材料的优、缺点是什么？

5-9 复合相变材料除了可以进行光-热转化、电-热转化以及磁-热转化,还能将哪些形式的能量转化为热能？请举例说明。

5-10 查找相关资料,了解相变材料的先进应用方式。

## ✒️ 习题

5-1 简述潜热储热材料相对于显热储热材料的优点。

5-2 固态二十二烷的比热容约为 $1.8×10^3$ J/(kg·K),液态二十二烷的比热容为 2.3 J/(kg·K),熔化潜热为 249 J/kg,求将 1 kg 的二十二烷从 293 K 升温到 333 K 所需的热量。

5-3 影响相变材料应用的关键因素是什么？分别有什么样的影响？

5-4 什么是相变材料的相分离？如何解决这个问题？

5-5 对比分析有机相变材料和无机相变材料的优势与劣势。

5-6 复合相变材料相较于纯相变材料在哪些性质上有了提升与改进？

5-7 研究人员制备了一种以碳酸钙为壳、石蜡为核的相变微胶囊,其相变潜热为 112 J/g,凝固潜热为 109.6 J/g,纯石蜡烷的熔化潜热和凝固潜热分别为 242 J/g,求该微胶囊的包覆率 $R$、包覆效率 $E$ 与储热能力 $C$。

5-8 通过对上述的相变微胶囊进行防泄漏性能测试,100 g 的相变微胶囊经 5 次热循环后,剩余的质量分别为 99.6 g、99.2 g、98.6 g、98.0 g、97.3 g,求不同循环次数的泄漏率并绘制曲线。

5-9 选取一个应用领域设计复合相变材料,并对其原理与功能进行阐述。

## 📅 参考文献

[1] AYDIN D, CASEY S P, RIFFAT S. The latest advancements on thermochemical heat storage systems

[J]. Renewable and Sustainable Energy Reviews,2015,41:356-367.

[2] MA T,YANG H X,ZHANG Y P,et al. Using phase change materials in photovoltaic systems for thermal regulation and electrical efficiency improvement:A review and outlook[J]. Renewable and Sustainable Energy Reviews,2015,43:1273-1284.

[3] DHAIDAN N S,KHODADADI J M. Melting and convection of phase change materials in different shape containers:A review[J]. Renewable and Sustainable Energy Reviews,2015,43:449-477.

[4] FANG G Y,TANG F,CAO L. Preparation,thermal properties and applications of shape-stabilized thermal energy storage materials[J]. Renewable and Sustainable Energy Reviews,2014,40:237-259.

[5] SEDDEGH S,WANG X L,HENDERSON A D,et al. Solar domestic hot water systems using latent heat energy storage medium:A review[J]. Renewable and Sustainable Energy Reviews,2015,49:517-533.

[6] TATSIDJODOUNG P,LE PIERRÈS N,LUO L. A review of potential materials for thermal energy storage in building applications[J]. Renewable and Sustainable Energy Reviews,2013,18:327-349.

[7] 魏泽英,姚惠琴. 物理化学[M]. 武汉:华中科技大学出版社,2021.

[8] VYAZOVKIN S,KOGA N,SCHICK C. Handbook of Thermal Analysis and Calorimetry:Recent advances, techniques and applications[M]. Elsevier,2018.

[9] KALAISELVAM S,PARAMESHWARAN R. Thermal energy storage technologies for sustainability:systems design,assessment and applications[M]. Elsevier,2014.

[10] SHARMA A,TYAGI V,CHEN C R,et al. Review on thermal energy storage with phase change materials and applications[J]. Renewable and Sustainable Energy Reviews,2009,13(2):318-345.

[11] 张正国,方晓明,凌子夜. 储热材料及应用[M]. 北京:化学工业出版社,2022.

[12] 冯利利,李星国,王崇云. 定形相变储热材料[M]. 北京:机械工业出版社,2019.

[13] ALI H M. Advanced materials-based thermally enhanced phase change materials[M]. Elsevier,2024.

[14] ALI H M. Phase change materials for heat transfer[M]. Elsevier,2023.

[15] 程珙. 寒地锂离子电池相变储热热管理研究[D]. 哈尔滨:哈尔滨工业大学,2022.

[16] WENG K Y,XU X Y,CHEN Y Y,et al. Development and applications of multifunctional microencapsulated PCMs:A comprehensive review[J]. Nano Energy,2024,122:109308.

[17] ALVA G,LIN Y X,FANG G Y. An overview of thermal energy storage systems[J]. Energy,2018,144:341-378.

[18] WANG G,TANG Z D,GAO Y,et al. Phase change thermal storage materials for interdisciplinary applications[J]. Chemical Reviews,2023,123(11):6953-7024.

[19] CHEN X,GAO H Y,TANG Z D,et al. Optimization strategies of composite phase change materials for thermal energy storage,transfer,conversion and utilization[J]. Energy & Environmental Science,2020,13(12):4498-4535.

[20] ZHANG S,FENG D L,SHI L,et al. A review of phase change heat transfer in shape-stabilized phase change materials (ss-PCMs) based on porous supports for thermal energy storage[J]. Renewable and Sustainable Energy Reviews,2021,135:110127.

[21] CHEN S,LIU H,WANG X D. Pomegranate-like phase-change microcapsules based on multichambered TiO₂ shell engulfing multiple n-docosane cores for enhancing heat transfer and leakage prevention[J]. Journal of Energy Storage,2022,51:104406.

[22] UMAIR M M,ZHANG Y,IQBAL K,et al. Novel strategies and supporting materials applied to shape-stabilize organic phase change materials for thermal energy storage-A review[J]. Applied Energy,2019,235:846-873.

[23] LI Y Q,SAMAD Y A,POLYCHRONOPOUTOU K,et al. From biomass to high performance solar-thermal and electric-thermal energy conversion and storage materials[J]. Journal of Materials Chemistry A,2014,2(21):7759-7765.

［24］ ARAMESH M,SHABANI B. Metal foam-phase change material composites for thermal energy storage：A review of performance parameters［J］. Renewable and Sustainable Energy Reviews,2022,155：111919.

［25］ REHMAN T,ALI H M,JANJUA M M,et al. A critical review on heat transfer augmentation of phase change materials embedded with porous materials/foams［J］. International Journal of Heat and Mass Transfer,2019,135：649－673.

［26］ QURESHI Z A,ALI H M,KHUSHNOOD S. Recent advances on thermal conductivity enhancement of phase change materials for energy storage system：A review［J］. International Journal of Heat and Mass Transfer,2018,127：838－856.

［27］ LI A,WANG J J,DONG C,et al. Core-sheath structural carbon materials for integrated enhancement of thermal conductivity and capacity［J］. Applied Energy,2018,217：369－376.

［28］ AFTAB W,MAHMOOD A,GUO W H,et al. Polyurethane-based flexible and conductive phase change composites for energy conversion and storage［J］. Energy Storage Materials,2019,20：401－409.

［29］ ZHAO A Q,AN J L,YANG J L,et al. Microencapsulated phase change materials with composite titania-polyurea（$TiO_2$-PUA）shell［J］. Applied Energy,2018,215：468－478.

［30］ HUANG X,ZHU C Q,LIN Y X,et al. Thermal properties and applications of microencapsulated PCM for thermal energy storage：A review［J］. Applied Thermal Engineering,2019,147：841－855.

其他参考文献

# 第六章
# "循环可逆的储热材料"——
# 热化学储热/储冷材料

　　热化学储热/储冷技术利用储热/储冷材料的可逆化学反应来存储或释放能量。其储能过程主要分为充能阶段、存储阶段和释能阶段。由于具有储能密度高、储能效率好及环境友好等优势,热化学储热/储冷技术逐渐成为大型新能源系统的重要储能技术之一。

　　本章首先介绍热化学吸附储热/储冷和热化学反应储热/储冷的储能原理,之后根据材料的特点对热化学储热/储冷材料进行分类,并分别对各类热化学储热/储冷材料进行介绍,帮助读者较为系统地学习基本的热化学储热/储冷材料储热/储冷的原理、分类以及应用。本章的结构总图如图 6-1 所示。

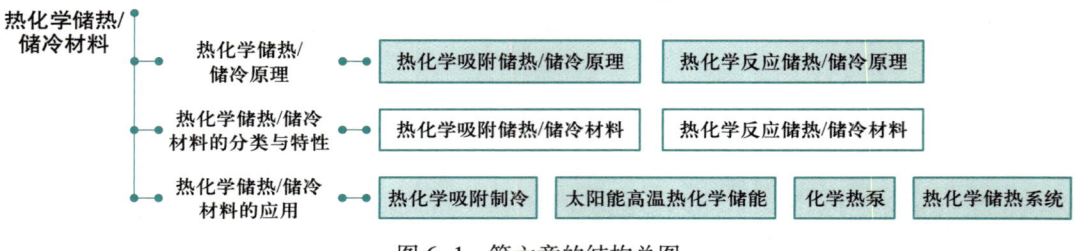

图 6-1　第六章的结构总图

## 6.1　热化学储热/储冷原理

　　热化学储热/储冷技术利用储热/储冷材料的可逆化学反应来存储或释放能量,其原理见下式:

$$A + \Delta H \rightleftharpoons B + C \qquad\qquad (6-1)$$

式中:A——热化学储热/储冷材料;

　B 和 C——产物;

　　$\Delta H$——反应焓,J/mol。

　　热化学储热/储冷材料 A 吸收能量(如工业余热、太阳能等)转化成产物 B 和产物 C,

吸收热量 $\Delta H$ 并将热量独立存储。当需要释放能量时,将分开存储的产物 B 和产物 C 充分接触,使其发生逆向反应重新生成热化学

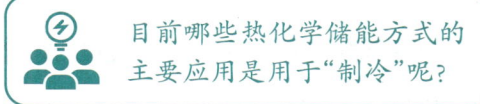

储热/储冷材料 A,并以热能的形式释放其所存储的能量。将热化学储热/储冷材料 A、产物 B 和产物 C 构成闭式循环,并妥善存储可实现长时间的能量存储,该过程具有储能密度高和储能效率高的特点。典型热化学储能系统示意图如图 6-2 所示。

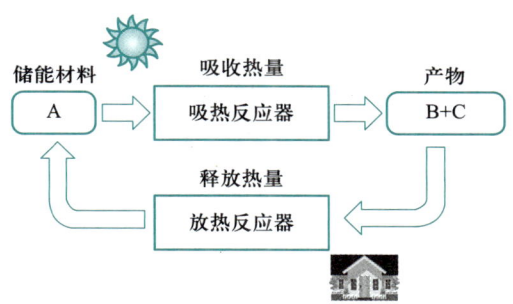

图 6-2　典型热化学储能系统示意图

## 6.1.1　热化学吸附储热/储冷原理

热化学吸附储热/储冷基本原理是吸附质分子与吸附剂分子之间发生电子的转移、交换或共有,形成吸附化学键并释放能量。

以水合盐热化学吸附储热/储冷材料体系为例,其热化学储能的基本原理是材料晶体结构中水分子(吸附质)与盐(吸附剂)之间吸附化学键的断裂/形成过程中吸收/释放热量。水合盐热化学储能系统的可逆化学反应是固态的水合盐与蒸气的水合反应和脱水反应,其能量密度通常可达 1 000~2 000 kJ/kg。水合盐储热/储冷材料的热化学储能反应方程式为

$$\mathrm{Salt}\cdot m\mathrm{H_2O(s)} + \Delta H \Longleftrightarrow \mathrm{Salt}\cdot(m-n)\mathrm{H_2O(s)} + n\mathrm{H_2O(g)} \tag{6-2}$$

式中,$\mathrm{Salt}\cdot m\mathrm{H_2O(s)}$ 为固体盐络合物。

当 $\mathrm{H_2O(g)}$ 从 $\mathrm{Salt}\cdot m\mathrm{H_2O(s)}$ 中脱出时,会吸收热量 $\Delta H$,并将热量 $\Delta H$ 存储在 $\mathrm{Salt}\cdot(m-n)\mathrm{H_2O(s)}$ 中,这一过程被称为脱水反应,对应储能过程;当 $\mathrm{Salt}\cdot(m-n)\mathrm{H_2O(s)}$ 重新吸收 $\mathrm{H_2O(g)}$ 形成 $\mathrm{Salt}\cdot m\mathrm{H_2O(s)}$ 时,所存储的能量 $\Delta H$ 以热能形式被释放出来,这一过程被称为水合反应,对应释能过程。

水合盐体系的热化学储热循环主要包括以下阶段:

1) 充能阶段:使用外界热源对固体水合盐 $\mathrm{Salt}\cdot m\mathrm{H_2O(s)}$ 进行加热,脱除其中的水分子,并生成不含水或只含部分水的 $\mathrm{Salt}\cdot(m-n)\mathrm{H_2O(s)}$。充能阶段反应式为

$$Salt \cdot mH_2O(s) + \Delta H \longrightarrow Salt \cdot (m-n)H_2O(s) + nH_2O(g) \quad (6-3)$$

2）存储阶段：从外界热源吸收的热能转化为化学能存储在 $Salt \cdot (m-n)H_2O(s)$ 中，而脱出的 $H_2O(g)$ 凝结成 $H_2O(l)$ 存储在对应设备内。

3）释能阶段：$H_2O(l)$ 通过蒸发器变为 $H_2O(g)$，再与 $Salt \cdot (m-n)H_2O(s)$ 结合，以热能的形式释放其存储的能量，并重新生成 $Salt \cdot mH_2O(s)$。释能阶段的反应式为

$$Salt \cdot (m-n)H_2O(s) + nH_2O(g) \longrightarrow Salt \cdot mH_2O(s) + \Delta H \quad (6-4)$$

上述水合盐体系储能循环过程中发生的化学反应是可逆的，在所发生的可逆化学反应达到平衡状态时，该体系的温度和压力满足如下方程：

$$\ln \frac{P}{P^0} = \frac{\Delta H}{RT} - \frac{\Delta S}{R} \quad (6-5)$$

式中：$P$——$H_2O(g)$ 对应的分压，Pa；

　　$P^0$——标准大气压（101 325 Pa）；

　　$\Delta H$——反应焓，J/mol；

　　$\Delta S$——反应熵，J/(mol·K)；

　　$R$——气体常数，$R = 8.314$ J/(mol·K)；

　　$T$——热力学温度，K。

根据压力和温度，即可判断该水合盐体系储热循环过程中的化学反应方向。

在水合盐材料的化学储热/储冷过程中，水合盐在加热时被分解为无水盐或结晶水较少的水合盐和水蒸气。无水盐的能量较其相对应的水合物相对较高，可在环境温度下长期稳定地存储和运输。由水合盐向无水盐或结晶水较少的水合盐的转变主要取决于环境蒸气压、温度以及无机盐本身的组成和结构。当无机盐的类型和温度恒定时，水的结晶量主要取决于环境蒸气压。

### 6.1.2　热化学反应储热/储冷原理

热化学反应储热/储冷基本原理是利用储热/储冷材料在发生可逆化学反应过程中分子键的破坏与重组实现能量的存储与释放。

热化学反应储热/储冷材料的反应温度和储能能力由材料的特性所决定。热化学反应储热/储冷材料特性可分为热力学特性和反应动力学特性，其中热力学特性主要包括反应焓和能量密度等参数，此外还包括比热容、热导率等参数。下面将对热化学储热/储冷材料特性进行介绍。

**1. 热力学特性**

（1）反应焓

反应焓是指在恒温恒压的条件下，化学反应过程中所吸收或释放的热量，用 $\Delta H$ 表

示。其中，$\Delta H > 0$ 为吸热反应，$\Delta H < 0$ 为放热反应。

反应焓可以由范托夫方程计算：

$$\ln P = -\Delta H / (RT) + \text{const} \tag{6-6}$$

式中：$P$——压力，Pa；

　$T$——温度，K；

　$\Delta H$——反应焓，J；

　const——常数。

图 6-3 为吸热过程及放热过程示意图。当反应焓 $\Delta H > 0$ 时，材料在反应过程中吸收热量，可应用于制冷；当反应焓 $\Delta H < 0$ 时，材料在反应过程中释放热量，可应用于加热。

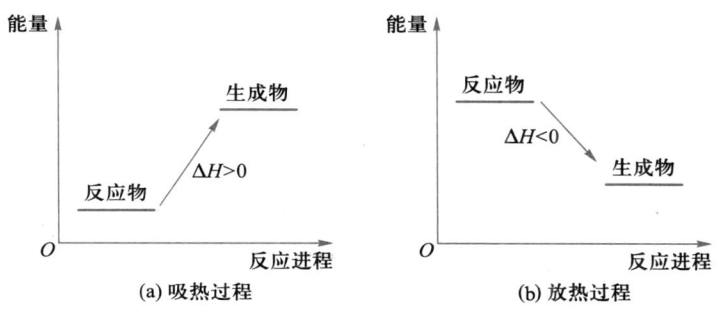

图 6-3　吸热过程及放热过程示意图

（2）能量密度

能量密度是指在一定体积或一定质量的物质中存储的能量的大小。

能量密度可根据计算方法分为两类。一类是体积能量密度 $D_v$，其计算公式为

$$D_v = \frac{Q}{V} \tag{6-7}$$

式中：$D_v$——体积能量密度，$kJ/m^3$；

　$Q$——存储的能量，kJ；

　$V$——存储介质的体积，$m^3$。

另一类是质量能量密度 $D_m$，其计算公式为

$$D_m = Q/m \tag{6-8}$$

式中：$D_m$——质量能量密度，kJ/kg；

　$m$——存储介质的质量，kg。

常见水合盐用于不同类型储能材料时的能量密度与温度的关系如图 6-4 所示。水合盐作为热化学储能材料时的能量密度普遍高于其作为潜热储能材料时的能量密度。常见的热化学反应储热/储冷材料的能量密度与温度的关系如图 6-5 所示，液体储热/储冷材料的能量密度普遍高于固体储热/储冷材料的能量密度。

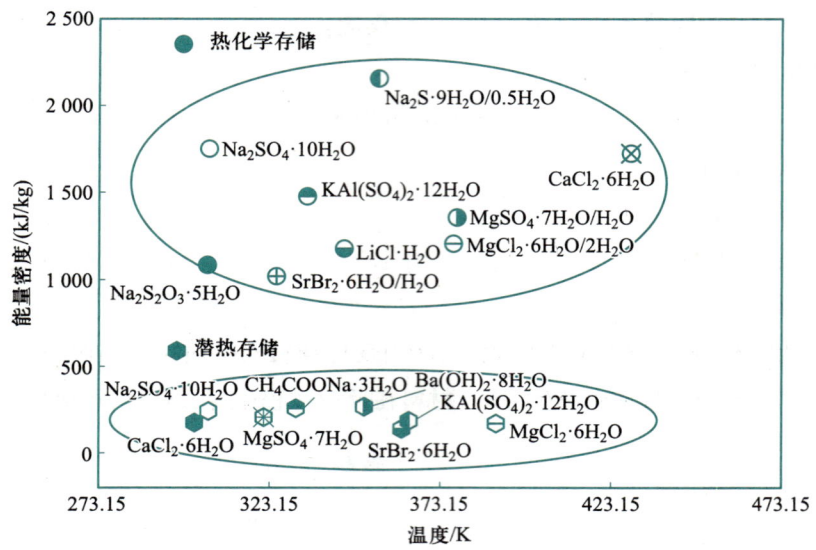

图 6-4    常见水合盐能量密度与温度的关系

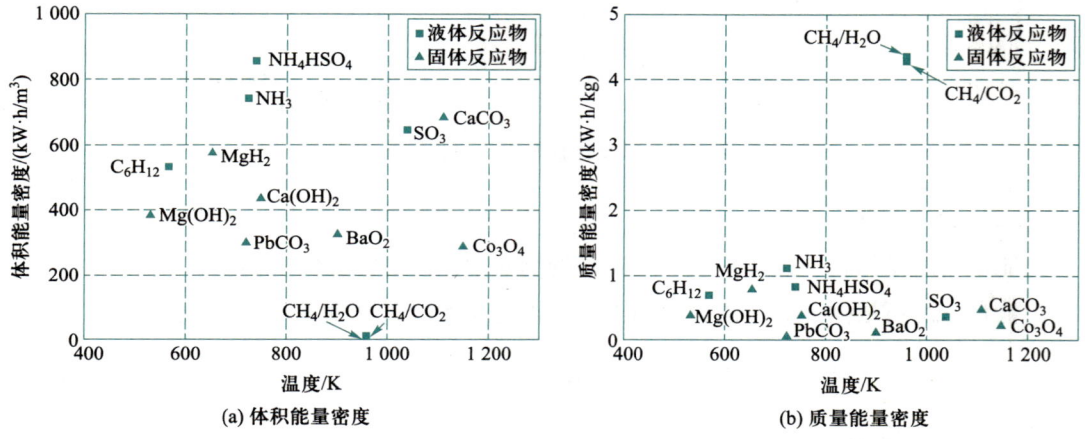

图 6-5    常见的热化学反应储热/储冷材料的能量密度与温度的关系

### 2. 反应动力学特性

反应动力学特性与热化学循环反应温度以及反应限度紧密相关,并与产物的理论产量息息相关。因此,了解和掌握材料的反应动力学特性对理解热化学反应储热/储冷过程至关重要。

通过热分析方法,可以分析热化学变化过程,得到其反应的微观机理及反应动力学的参数,再通过热力学控制方程即可预测热化学储能的反应过程。

在反应动力学分析中,通常用式(6-9)~式(6-11)描述反应速率:

$$\frac{\mathrm{d}\alpha}{\mathrm{d}t} = f(\alpha)k(T) \tag{6-9}$$

$$k(T) = Ae^{\frac{-E}{RT}} \qquad (6-10)$$

$$\frac{\mathrm{d}\alpha}{\mathrm{d}t} = Af(\alpha)\,e^{\frac{-E}{RT}} \qquad (6-11)$$

式中：$f(\alpha)$——反应机理函数；

　　　$\alpha$——反应物与产物的转化率。

式(6-9)为阿伦尼乌斯(Arrhenius)公式(是瑞典的阿伦尼乌斯所创立的化学反应速率常数随温度变化关系的经验公式)，其中：$k(T)$ 为温度为 $T$ 的条件下的化学反应速率常数；$A$ 为指前因子，仅由反应的性质决定；$E$ 为活化能，J；$R$ 为气体常数，$R = 8.314\ \mathrm{J/(mol \cdot K)}$；$T$ 为热力学温度，K。

## 6.2　热化学储热／储冷材料的分类与特性

热化学储热／储冷材料根据反应类型可分为热化学吸附储热／储冷材料和热化学反应储热／储冷材料两种类型。本节将对这两类热化学储能体系进行介绍。

常见热化学储能体系的比较

### 6.2.1　热化学吸附储热／储冷材料

常见的热化学吸附储热／储冷材料主要包括水合盐体系［吸附质为 $H_2O(g)$］和氨络合物体系［吸附质为 $NH_3(g)$］两种体系。图 6-6 所示为热化学吸附热池的工作原理示意图。下面将分别对上述两种热化学吸附储热／储冷材料进行介绍。

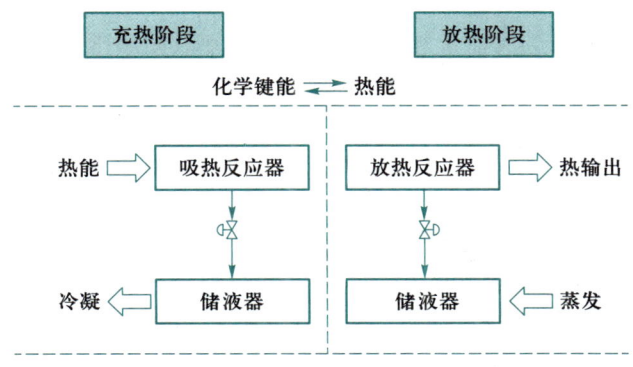

图 6-6　热化学吸附热池的工作原理示意图

#### 1. 水合盐体系

水合盐 $\mathrm{Salt} \cdot m\mathrm{H_2O(s)}$ 是含有结晶水分子的无机盐化合物，具有独特的化学和物理性质,是一种储热密度高、无污染、成本低的无机材料。

Salt·$m$H$_2$O(s)中有两种水分子:吸附水和结晶水。吸附水来源于空气,通过物理吸附附着在 Salt·$m$H$_2$O(s)表面,通过简单的加热即可脱除;而结晶水通常是由离子偶极子

水合盐是潜热储能材料中的重要一员。思考一下作为潜热储热材料的水合盐和作为热化学储热材料的水合盐的储热原理有什么区别呢?

水合盐体系热化学吸附储热材料相关研究进展

相互作用或氢键作用形成的。结晶水形态下的水分子可以均匀地分布在盐的晶体结构中,形成紧密排列的晶格。水合盐体系可分为单一水合盐体系及多孔载体复合水合盐体系。

单一水合盐体系:单一水合盐大多为吸湿盐,如 MgCl$_2$、Na$_2$S、SrBr$_2$ 和 MgSO$_4$等,大多具有高储热密度、安全、低成本的优点。

单一水合盐体系相关研究进展

多孔载体复合水合盐体系:通过将水合盐负载到多孔载体中,使水合盐被微纳孔隙分离,增大反应界面,提供更多的水蒸气扩散路径,从而有效解决单一水合盐的吸水和团聚问题,同时提高水合盐的循环性能和传热传质性能。但将水合盐负载到多孔载体中会影响材料的储热密度,并增加材料成本。常见的多孔载体包括碳基材料、蛭石、分子筛、硅胶和金属有机骨架。其中,碳基材料因具有导热性能好、可以强化水合盐体系的传热传质性能、孔隙结构丰富、比表面积大等优点,得到了广泛应用。此外,碳基材料的种类也很丰富,例如膨胀石墨、氧化石墨烯、碳纳米管、碳纳米球和活性炭纤维等。金属有机骨架的孔隙形状和孔径可调,可以对水合盐体系的性能进行更好的调控。

多孔载体相关研究进展

除上述典型多孔载体外,一些新型多孔载体也被应用于多孔载体复合水合盐,如介孔硅质页岩、乙基纤维素、硅藻土和膨胀黏土等。但与单一水合盐相比,多孔载体复合水合盐中多孔载体会降低体系的含盐量和吸水性能,进而导致储热密度受到影响。

### 2. 氨络合物体系

在氨络合物体系中,常用的化学吸附工质对是金属氯化物-氨工质对,如 CaCl$_2$-NH$_3$、BaCl$_2$-NH$_3$、MnCl$_2$-NH$_3$ 等。金属氯化物-氨工质对的优点是化学吸附量大,且工

物理吸附制冷和化学吸附制冷之间有什么相同点和不同之处呢?

作处于正压状态。但在使用过程中可能产生结块现象,堵塞NH$_3$(g)的流动通道,影响其流动,进而使其吸附性能出现衰减。此外,其传质性能和传热性能相对较弱。

金属氯化物-氨工质对的氨络合物体系,其络合化学反应方程为

$$M \cdot (x+y)NH_3 + \Delta H \rightleftharpoons M \cdot xNH_3 + yNH_3(g) \qquad (6-12)$$

$$yNH_3(g) \rightleftharpoons yNH_3(l) + \Delta H_{evap} \qquad (6-13)$$

式中:M——金属;

$\Delta H$——反应焓,kJ/mol;

$\Delta H_{\text{evap}}$——制冷剂的蒸发相变焓值,kJ/mol;

$x$、$y$——制冷剂的物质的量,mol。

### 6.2.2 热化学反应储热/储冷材料

常见的热化学反应储热/储冷材料主要包括碳酸盐体系、氢氧化物体系、金属氢化物体系、金属氧化物体系、氨分解/合成体系以及甲烷重整体系。下面将分别对上述几种热化学反应储热/储冷材料体系进行介绍。

**1. 碳酸盐体系**

碳酸盐体系主要包括$CaCO_3$/$CaO$体系、$MgCO_3$/$MgO$体系、$PbCO_3$/$PbO$体系等。其中,$CaCO_3$/$CaO$体系由于具有储能密度高、材料分布广泛、价格低廉、无毒性、无腐蚀性等优点,已成为最具有应用潜力的热化学体系之一。其化学方程式为

$$CaCO_3 + \Delta H \Longleftrightarrow CaO + CO_2 \tag{6-14}$$

$CaCO_3$在高温下被分解为$CaO$和$CO_2$,此过程需要吸收热量,为储能过程;当需要热量时,将$CaO$和$CO_2$合成$CaCO_3$,此过程释放大量热量,为释能过程。

$CaO$和$CO_2$发生的碳酸化反应可分为两个阶段:在快速反应阶段,$CO_2$首先与颗粒表面的$CaCO_3$发生反应,生成摩尔质量与密度更大的$CaCO_3$,在颗粒外表层形成致密的$CaCO_3$膜层;生成的$CaCO_3$向四周发生体积膨胀,而面向颗粒内部的体积增长则会堵塞材料的$CO_2$传质通道,此时反应进入慢速反应阶段。

**2. 氢氧化物体系**

常见的氢氧化物体系包括$Ca(OH)_2$/$CaO$体系、$Mg(OH)_2$/$MgO$体系、$Ba(OH)_2$/$BaO$体系、$Sr(OH)_2$/$SrO$体系等。氢氧化物体系分解过程中会释放大量热量。其反应通式为

氢氧化物体系
相关研究进展

$$M(OH)_y + \Delta H \Longleftrightarrow MO_{y/2} + \frac{y}{2}H_2O \quad (M = Ca、Mg、Ba 等) \tag{6-15}$$

以$Ca(OH)_2$/$CaO$体系为例:当有热源时,$Ca(OH)_2$吸收热量分解释放出$CaO$和$H_2O$,并将热量转化为化学能存储在$CaO$和$H_2O$中,为储能过程;当需要供热时$CaO$与$H_2O$结合生成$Ca(OH)_2$,并伴随着剧烈的放热效应,为释能过程。$Ca(OH)_2$/$CaO$体系储能原理图如图6-7所示。

该反应体系的储能反应在683.15~823.15 K的温度范围内发生,而放热反应可以在环境温度下快速发生,并且具有较高的反应初始转化率。此外,该体系的反应过程在常压下即可进行。

### 3. 金属氢化物体系

金属氢化物是由一种或多种金属元素与氢元素结合而成。按化合状态，金属氢化物可分为离子型氢化物和金属型氢化物两类。氢元素在与碱金属或碱土金属化合过程中获得电子成为氢离子的氢化物称为离子型氢化物，又称为盐型氢化物。具有代表性的离子型氢化物有 $CaH_2$、$MgH_2$、$LiH$、$LiAlH_4$ 和 $NaAlH_4$ 等。由过渡金属元素与氢结合形成的氢化物称为金属型氢化物，具有部分金属的特征。典型的金属型氢化物包括 $TiMn_{1.5}H_{2.5}$、$LaNi_5H_6$ 和 $TiFeH_2$ 等。

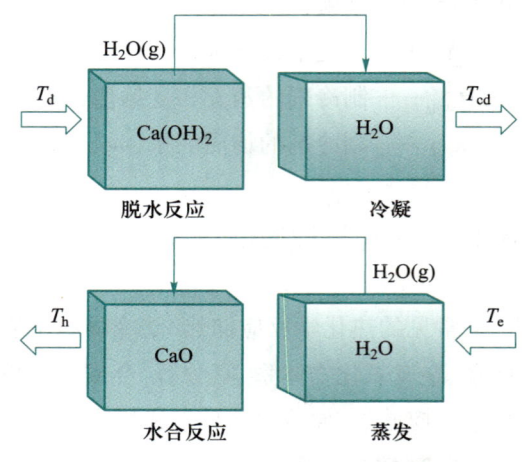

图 6-7    $Ca(OH)_2$/CaO 体系储能原理图

金属氢化物的吸放氢过程可由下式表示：

$$M + \frac{y}{2}H_2 \rightleftharpoons MH_y + \Delta H \tag{6-16}$$

式中：M——金属；

H$_2$——氢气；

MH$_y$——金属氢化物；

$\Delta H$——反应焓，kJ/mol。

金属氢化物热能存储相关研究进展

储氢材料与 $H_2$ 发生化学反应，并在这一过程中吸收热量，将热量和氢存储于金属氢化物中，为储能过程；通过降低压力或升高温度使氢原子从空隙位释放并结合成氢分子，并释放所存储的热量和氢气，该过程为释能过程。

金属氢化物作为一种新型储热/储冷材料，具有能量密度高、反应速率快、循环性能好、热导率高等优点。金属氢化物的反应动力学决定了其吸收和释放热量的速率。对金属氢化物储热系统而言，改善氢化物反应的动力学性能可以提高储热装置的能量转换效率。

### 4. 金属氧化物体系

金属氧化物储热/储冷材料主要分为单一金属氧化物以及混合金属氧化物。

单一金属氧化物：只含一种金属元素的金属氧化物为单一金属氧化物，包括 CoO$_4$/CoO 体系、Mn$_2$O$_3$/Mn$_3$O$_4$ 体系、CuO/Cu$_2$O 体系、BaO$_2$/BaO 体系、Fe$_2$O$_3$/Fe$_3$O$_4$ 体系及 Fe$_3$O$_4$/FeO 体系等。

混合金属氧化物：单一金属氧化物的氧化性能较低，通过掺混其他金属元素是提高单一金属氧化物体系反应性能的有效途径之一。与其他金属元素掺混，最终体系中含有 2

种及以上金属元素的金属氧化物为混合金属氧化物,如 Fe 掺杂的$CoO_4/CoO$ 体系、Fe 掺杂的$Mn_2O_3/Mn_3O_4$ 体系及 Al 和 $Al_2O_3$掺杂的 $CuO/Cu_2O$ 体系等。通过引入另一种不同离子半径大小及氧化态的金属元素,可以造成晶格畸变以及电荷不平衡,从而增加晶体中空穴的密度,提高氧的扩散速率,进而提高氧化性能。

钙钛矿型金属氧化物属于混合型金属氧化物,其可逆反应见下式:

$$ABO_{3-\delta} \rightleftharpoons ABO_{3-\delta-\Delta\delta} + \frac{\Delta\delta}{2}O_2 \qquad (6\text{-}17)$$

其中,$\delta$ 为非化学计量比,与反应温度及氧分压有关。

金属氧化物热能存储相关研究进展

钙钛矿型金属氧化物反应区间较宽,在该区间内可连续发生反应。因此,可以与不同温区的太阳能集热系统相匹配。在 B 位上的多价阳离子主要为 Mn、Co、Cu 或 Fe。此外,还可以在 A 位和 B 位上同时进行掺杂,从而对反应特性进行调控。

### 5. 氨分解/合成体系

氨分解/合成化学反应储热是将合成氨的可逆过程应用于热化学储能的技术,其可逆反应见下式:

$$NH_3(g) + \Delta H \rightleftharpoons \frac{1}{2}N_2(g) + \frac{3}{2}H_2(g) \qquad (6\text{-}18)$$

该可逆反应必须在特定的温度和压力下进行。氨分解/合成化学反应储热系统示意图如图 6-8 所示。氨分解/合成体系具有原材料成本低、储能密度高、无副反应、反应物易于分离等优点。

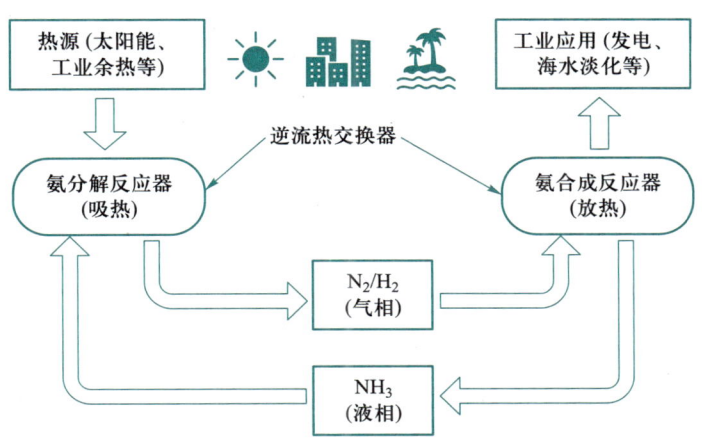

图 6-8 氨基热化学储热系统示意图

### 6. 甲烷重整体系

甲烷重整反应是强吸热反应,可用于存储太阳能及工业的高温废热。基于甲烷重整反应的热化学储能技术较为成熟,相比于氨分解/合成体系而言,甲烷重整体系在高温条件下副反应较多、需要使用贵金属催化剂。

根据反应物和反应过程的不同,甲烷重整体系可分为三类:甲烷干重整体系、甲烷湿重整体系和甲烷氧化还原重整体系。

甲烷干重整体系:甲烷干重整为 $CH_4$ 与 $CO_2$ 作用生成合成气(主要为 $H_2$ 与 $CO$)的过程。$CH_4$ 和 $CO_2$ 均为温室气体,通过甲烷干重整反应可以将 $CH_4$ 和 $CO_2$ 转化为合成气,进而缓解温室效应。甲烷干重整的化学反应式为

$$CH_4(g) + CO_2(g) \Longleftrightarrow 2CO(g) + 2H_2(g) \tag{6-19}$$

甲烷干重整体系的特点如下:① 产物中 $H_2$ 与 $CO$ 的体积比为 $1:1$,可用于生产甲醇等产品;② 反应原料 $CH_4$ 和 $CO_2$ 的来源广泛;③ 与甲烷湿重整体系相比较,甲烷干重整体系更节省 $CH_4$;④ 过程可逆,会产生大量热量,可用于存储和传输能量。此外,甲烷干重整体系还存在催化剂不稳定、易积碳失活且反应温度较高、对反应器制造要求更高等特点。

甲烷湿重整体系:甲烷湿重整为 $CH_4$ 与 $H_2O(g)$ 相互作用产生合成气的化学过程,是工业上大规模制氢的主要途径,也可为生产甲醇、氨和其他化合物提供所需的氢气。甲烷湿重整的化学反应式为

$$CH_4(g) + H_2O(g) \Longleftrightarrow CO(g) + 3H_2(g) \tag{6-20}$$

甲烷湿重整反应产物可以通过减压吸附、变温吸附以及 $CO$ 和 $CO_2$ 分离来获得高纯度 $H_2$。与甲烷干重整相比,甲烷湿重整具有以下特点:① 生成的合成气中 $H_2$ 与 $CO$ 的体积比更大;② 平衡温度较低,$CH_4$ 转化率较高;③ 催化剂积碳程度较轻。

甲烷氧化还原重整体系:甲烷氧化还原重整将湿重整或干重整过程分为两个反应步骤:第一步是载氧体在合适的温度下为 $CH_4$ 部分氧化提供晶格氧;第二步是使用被还原的载氧体从氧化剂中获取氧原子,重新生成可为 $CH_4$ 部分氧化提供晶格氧的载氧体的过程。式(6-21)和式(6-22)描述了甲烷的氧化还原重整反应,其中的金属氧化物或金属是载氧体,氧化剂为 $H_2O(g)$ 或 $CO_2$,相应的氧化产物是 $H_2$ 或 $CO$。

还原过程:

$$\text{金属氧化物} + CH_4 \longrightarrow \text{金属} + CO + H_2 \tag{6-21}$$

氧化过程:

$$\text{金属} + \text{氧化剂} \longrightarrow \text{金属氧化物} + \text{氧化产物} \tag{6-22}$$

不同于甲烷湿重整和甲烷干重整,甲烷氧化还原重整的载氧体在整个循环过程中起着"催化剂"的作用,因此不需要其他贵金属充当催化剂。与其他甲烷重整工艺相比,甲烷氧化还原重整具有以下特点:① 在反应循环中,载氧体不断再生,显著减少了载氧体的碳沉积,有效提高了使用寿命;② 载氧体中的晶格氧促进了甲烷的部分氧化,提高合成气的选择性;③ 分步进料的进料方式允许对反应进程进行更好的控制。

# 6.3 热化学储热/储冷材料的应用

热化学储热/储冷材料由于其储能密度高、储能效率高、可长时间存储能量且储能过程中热损失小等优势,在制冷及储热方面有着广阔的应用前景。本节将对热化学吸附储热/储冷材料在制冷方面的应用——热化学吸附制冷技术,化学反应储热/储冷材料在储热方面的应用——太阳能高温热化学储热技术、太阳能高温热化学转化技术、化学热泵、热化学储热系统分别进行介绍。

## 6.3.1 热化学吸附制冷技术

热化学吸附制冷技术具有许多优点,如工作热源温度范围宽、适合长期储能,且可供选择和使用的无机盐工质种类丰富。与蒸气压缩制冷相比,热化学吸附制冷控制简单、运行费用低;与液体吸收式制冷系统相比,基于热化学吸附制冷技术的制冷系统不需要溶液泵或精馏设备,并且没有制冷剂污染、盐溶液结晶和金属腐蚀等问题。

热化学吸附制冷可根据制冷方式分为两类:吸附式制冷和再吸附式制冷。

传统的吸附式制冷系统的主要制冷原理是蒸发制冷,即通过制冷剂在低温低压下由液态变为气态的相变来实现制冷。

再吸附式制冷系统的主要制冷原理是热化学吸附制冷,即使用两种具有不同吸附温度的化学吸附剂作为反应物,以两种化学吸附剂的吸附和脱附效应为驱动力,利用吸附剂脱附产生的吸热效应实现制冷。

**案例 6-1 金属氯化物反应体系储热装置**

吸附式制冷作为一种可利用太阳能和工业废热等低品位热能的绿色制冷技术,在空调制冷等领域有广阔的应用前景。国内有研究者建立了双效双重热化学吸附制冷循环实验系统,并利用三种不同温区的反应盐来实现不同吸附床之间的双效回热过程和双重吸附制冷过程,发现当系统采用 $BaCl_2$、$MnCl_2$ 和 $NiCl_2$ 三种金属氯化物作为化学吸附剂,$NH_3$ 作为吸附质时可以实现三种盐在温度和热量上的梯级匹配;在每次循环过程中由外界高温热源输入一次的解吸热量可实现四次制冷冷量输出;当加热温度为 538.15 K,制冷温度为 288.15 K,冷却温度为 303.15 K 时,系统实验性能系数(coefficient of performance,COP)可达 1.1,且再吸附过程反应强于吸附反应,再吸附反应制冷功率出现峰值而吸附反应制冷功率较为稳定。此研究验证了双效双重热化学吸附制冷循环在制冷空调领域的可行性。

热化学吸附制冷相关研究进展

### 6.3.2　太阳能高温热化学储能技术

太阳能高温热化学储能技术作为前沿太阳能热存储技术,在储能温度和储能密度方面均显著优于显热储能和潜热储能。此外,由于高温热能以化学能的形式存储,理论上可以实现热能的低损耗长期存储。太阳能高温热化学储能技术路线繁多,按照储能产物终端利用形式不同,可以分为太阳能高温热化学储热技术和太阳能高温热化学转化技术两大类。

#### 1. 太阳能高温热化学储热技术

太阳能高温热化学储热的基本原理是通过太阳能驱动可逆化学反应,实现热能和化学能的相互转化。高温热化学储热是典型的气-固反应过程,储热密度和反应温度是评价可逆反应热化学储热应用潜力的两个重要指标。储热密度的增大可有效提升系统储热效率、减小设备尺寸和投资,提高热化学储热系统的应用潜力,而反应温度则对热化学储热系统以及太阳能热发电系统具有决定性影响。目前在各类反应体系中,金属氧化物体系和金属氢化物体系在太阳能高温热化学储热方面具有广泛的应用潜力。

> **案例 6-2　金属氧化物反应体系储热装置**
>
> 金属氧化物反应体系储热/释热过程中,空气既是反应介质也是换热流体,无须配置高压储气装置,显著降低了系统的复杂程度。其中,$Co_3O_4/CoO$ 体系储热密度较高且反应特性良好,目前研究人员已开展多项中试研究。例如:研究人员完成了全球首个 $Co_3O_4/CoO$ 储热中试装置,在 22 个连续循环中可以实现 47 kW·h 的储热功率,反应转化率约为 84%。但是,$Co_3O_4/CoO$ 的材料毒性和高昂成本又限制了其大规模商业化应用。

> **案例 6-3　基于金属氢化物的小型太阳能热电站**
>
> 研究人员开展了基于金属氢化物的小型太阳能热电站的合作研究项目,该热电站的示意图如图 6-9 所示。项目采用的电站由太阳能集热器、热管传热系统、斯特林发动机、发电机、$Mg/MgH_2$ 反应器、蓄热装置和储氢反应器(或低温储氢反应器)等部分组成,蓄热装置包含 14 个瓶式蓄热反应器,共装填 $MgH_2$ 材料约 24 kg,装置操作温度范围为 573.15~753.15 K,总蓄热量达到 12 kW·h,可满足斯特林发动机持续工作 2 h。

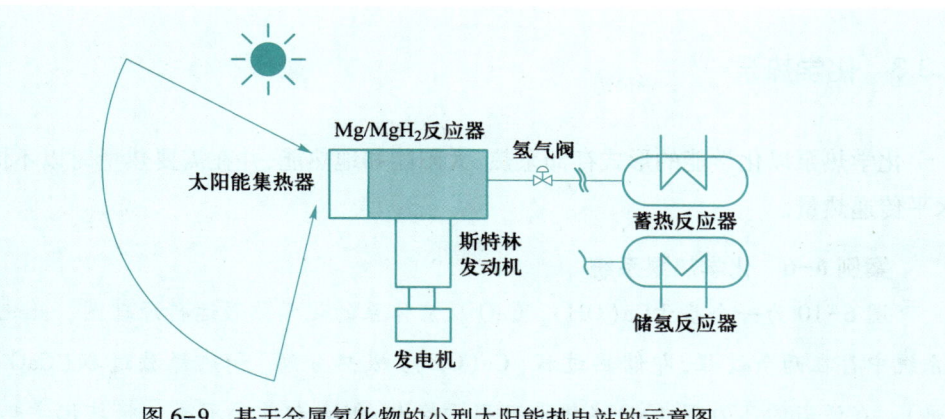

图6-9 基于金属氢化物的小型太阳能热电站的示意图

金属氧化物反应体系和金属氢化物反应体系的释热过程大多存在不同程度的迟滞现象,即释热反应温度低于储热反应温度,且释热反应速率和反应程度均低于储热反应,进而造成释热量和热能品位降低,影响热化学储热系统整体的性能和效率。

### 2. 太阳能高温热化学转化技术

太阳能高温热化学转化技术可通过太阳能全光谱驱动热化学反应,将太阳热能以化学能的形式进行存储和利用。与传统燃烧化石燃料供热的高温热化学转化技术相比,太阳能驱动下的近零碳排放可以实现真正意义上的能源转型,显著减少对化石能源的依赖。但太阳能高温热化学转化涉及光热转化、热质传输、化学反应等复杂的多场耦合过程,在反应材料性能调控、反应器优化设计以及系统运行控制方面均与传统热化学反应具有显著区别。

**案例6-4 氨化学储热系统**

基于氨化学储热的原理,研究人员建造了一座全天候、负荷为 10 MW 的太阳能电站。该电站每天可生产 $NH_3$ 达 $1.5 \times 10^6$ kg,热电转换效率为 18%。该系统运行期间,反应器内的压力为 $2 \times 10^7$ Pa,吸收器管道壁面温度可以达到 1 023 K,反应达到平衡状态时,装有 $NH_3$ 的容器内的压力可达 $1.5 \times 10^7$ Pa,温度可达 866 K。

**案例6-5 太阳能甲烷干/湿重整**

研究人员通过有序分离 $H_2(g)$ 和 $CO_2(g)$ 产物,将甲烷湿重整制氢反应温度由传统的 1 073.15~1 273.15 K 降至 673.15 K 以下,并在 600 次循环中实现了 99% 以上甲烷向高纯 $H_2(g)$ 和 $CO_2(g)$ 的直接转化,其太阳能-燃料能量转化效率有望达到 46.5%。相对于甲烷干/湿重整,甲烷化学链重整技术可基于金属氧化物载氧体将重整循环解耦为还原反应和氧化反应,更有助于引入太阳能替代化石燃料燃烧供能,并进一步提升产物选择性、降低污染物排放。此外,研究人员基于新型钙钛矿载氧体,研制了国际首套 10 kW·h 多孔蜂窝型甲烷化学链重整制氢样机,可实现甲烷的近完全转化和源头 $CO_2(g)$ 近零能耗捕集。

### 6.3.3  化学热泵

化学热泵以化学能的形式存储余热、太阳能和地热能,并在需要热量时以不同的温度水平传递热量。

**案例6-6  化学热泵系统**

图6-10为一个基于$Ca(OH)_2$/CaO反应体系的化学热泵运行原理图。此化学热泵系统中存在两个过程,即储热过程[$Ca(OH)_2$吸热分解]和热释放过程(CaO水化放热)。在适当的压力下,CaO水化也可用于冷却,但冷却效率不高。将该化学热泵与其他吸附冷却装置串联,可以有效提高系统的制冷效率。

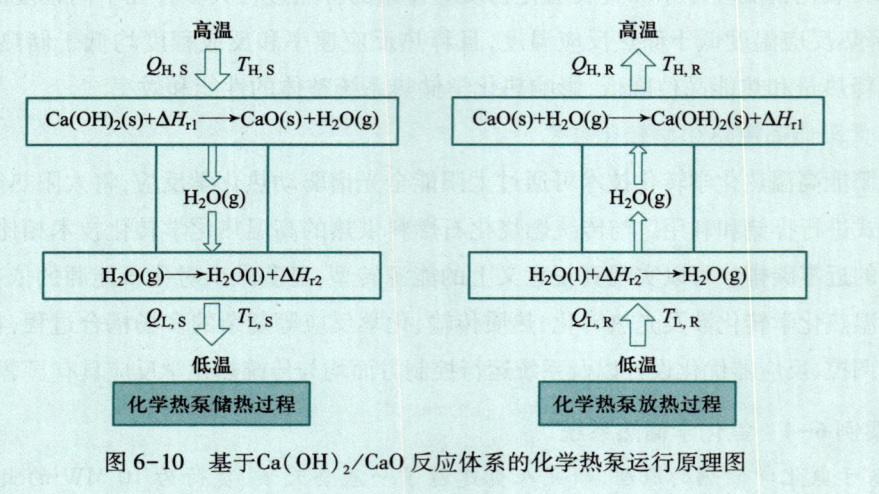

图6-10    基于$Ca(OH)_2$/CaO反应体系的化学热泵运行原理图

### 6.3.4  热化学储热系统

根据吸附质的工作状态,可以将热化学吸附储热系统分为开放式热化学吸附储热系统和封闭式热化学吸附储热系统。其中,开放式热化学吸附储热系统(简称开放式系统)在常压下运行,并与外部环境有热量和物质交换,而封闭式热化学吸附储热系统(简称封闭式系统)为了改善反应器和吸附剂储罐之间的吸附交换,通常仅与外部环境交换能量。一方面,开放式系统的组件比封闭式系统的少,但由于需要风机和加湿系统持续工作,所以开放式系统具有较高的能耗。另一方面,相比于相同蒸气压的开放式系统,封闭式系统具有更高的放热温度,因而需要冷凝器和蒸发器。

**案例 6-7　热化学储热系统**

图 6-11 所示为两种热化学吸附储热系统的示意图,从图中可以看出开放式系统和封闭式系统在吸附质(气体反应物)存储方面的区别。

对于开放式水合盐热化学储热系统,在夏季储热过程中,风机将外部空气吸入系统并加热,以获得干燥、高温的空气。之后,获得的高温干燥空气流经反应器,加热水合盐并引发脱水反应。脱水反应产生的水蒸气与高温干燥空气混合并排放到大气中。在冬季放热过程中,反应所需要的湿空气直接从周围大气中捕获;捕获到的湿空气在反应器中与水合盐发生水合反应,为生活热水或室内供暖提供热量。

对于封闭式水合盐热化学储热系统,在整个循环过程中水合盐和水蒸气均与外部环境隔离。不同于开放式系统,封闭式水合盐热化学储热系统在夏季储热时会产生 $H_2O(g)$,$H_2O(g)$ 进入冷凝器并释放冷凝热($Q_c$),而 $H_2O(l)$ 则存储在水箱中。在冬季放热过程中,水箱中的 $H_2O(l)$ 通过蒸发器获得蒸发热($Q_e$),发生相变生成 $H_2O(g)$,然后进入反应器与水合盐进行水合反应以释放热量。

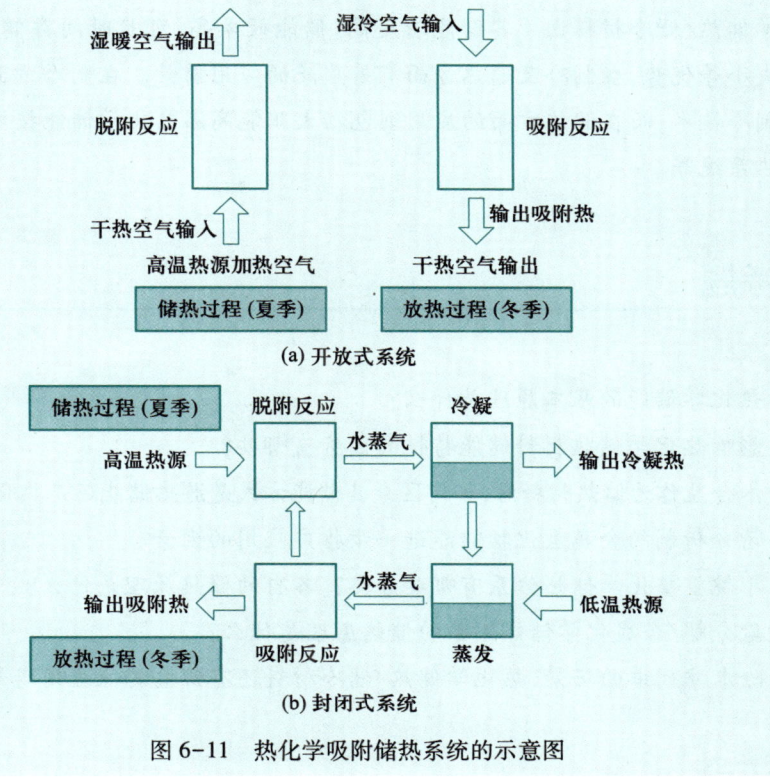

图 6-11　热化学吸附储热系统的示意图

## 🔬 本章小结

热化学储热/储冷材料是利用储热/储冷材料的可逆化学反应来存储或释放能量,其储热/储冷过程可以概括为充能阶段、存储阶段和释能阶段。

热化学储热/储冷材料的储热/储冷原理包括热化学吸附储热/储冷原理和热化学反应储热/储冷原理。热化学吸附储热/储冷的基本原理是吸附质分子与吸附剂分子之间发生电子的转移、交换或共有,形成吸附化学键并释放能量。热化学反应储热/储冷的基本原理是利用储热/储冷材料在发生可逆化学反应过程中分子键的破坏与重组实现能量的存储与释放。

热化学储热/储冷材料可根据材料的储热/储冷特性分为热化学吸附储热/储冷材料和热化学反应储热/储冷材料。常见的热化学吸附储热/储冷材料包括水合盐体系和氨络合物体系等,热化学反应储热/储冷材料包括碳酸盐体系、氢氧化物体系、金属氢化物体系、金属氧化物体系、氨分解/合成体系及甲烷重整体系等。

热化学储热/储冷材料由于其储能密度高、储能效率高、可长时间存储能量且储能过程中热损失小等优势,在制冷及储热方面有着广泛的应用前景。在制冷方面的应用,如热化学吸附制冷技术;而在储热方面的应用则包括太阳能高温热化学储能技术、化学热泵及热化学储热系统等。

## ⚙️ 思考题

6-1　热化学储能的基本原理是什么?

6-2　影响热化学储热材料储能特性的因素有哪些?

6-3　水合盐作为储热材料时,如何区分其储能方式是潜热储能还是热化学吸附储能?

6-4　请分析制约金属氢化物储能进一步推广应用的因素。

6-5　甲烷重整化学储热体系有哪些分类? 各自的储热原理是什么?

6-6　氨分解/合成化学储热体系的储热原理是什么?

6-7　除本章列举的场景,热化学储热/储冷材料还有哪些其他应用场景?

##  习题

6-1　简述热化学储热材料的分类。

6-2 简述不同热化学储热材料的优、缺点。

6-3 描述水合盐热化学吸附的储热过程。

6-4 金属氯化物-氨工质对的氨络合物体系为例,描述其储冷过程。

6-5 请总结氨分解/合成化学储热体系的优、缺点。

6-6 请描述甲烷重整化学储热体系的储热原理,并写出相应反应方程式。

6-7 哪些材料可以应用于热化学吸附制冷?

6-8 画出开放式和封闭式热化学储热系统的原理图,并描述其储热过程。

6-9 简述热化学储能、潜热储能和显热储能的异同。

# 参考文献

[1] DARKWA K. Thermochemical energy storage in inorganic oxides:an experimental evaluation[J]. Applied Thermal Engineering,1998,18(6):387-400.

[2] AZPIAZU M N,MORQUILLAS J M,VAZQUEZ A. Heat recovery from a thermal energy storage based on the Ca (OH)$_2$/CaO cycle[J]. Applied Thermal Engineering,2003,23(6):733-741.

[3] SCHAUBE F,KOCH L,WÖRNER A,et al. A thermodynamic and kinetic study of the de-and rehydration of Ca(OH)$_2$ at high H$_2$O partial pressures for thermochemical heat storage[J]. Thermochimica Acta,2012,538:9-20.

[4] YAN J,ZHAO C Y. Thermodynamic and kinetic study of the dehydration process of CaO/Ca(OH)$_2$ thermochemical heat storage system with Li doping[J]. Chemical Engineering Science,2015,138:86-92.

[5] PARDO P,DEYDIER A,ANXIONNAZ-MINVIELLE Z,et al. A review on high temperature thermochemical heat energy storage[J]. Renewable and Sustainable Energy Reviews,2014,32:591-610.

[6] FUJII I,ISHINO M,AKIYAMA S,et al. Behavior of Ca(OH)$_2$/CaO pellet under dehydration and hydration [J]. Solar Energy,1994,53(4):329-341.

[7] SAMMS J A C,EVANS B E. Thermal dissociation of Ca(OH)$_2$ at elevated pressures[J]. Journal of Applied Chemistry,1968,18(1):5-8.

[8] SHKATULOV A,ARISTOV Y. Modification of magnesium and calcium hydroxides with salts:An efficient way to advanced materials for storage of middle-temperature heat[J]. Energy,2015,85:667-676.

[9] DAI L,LONG X F,LOU B,et al. Thermal cycling stability of thermochemical energy storage system Ca(OH)$_2$/CaO[J]. Applied Thermal Engineering,2018,133:261-268.

[10] FUMEY B,WEBER R,BALDINI L. Sorption based long-term thermal energy storage-process classification and analysis of performance limitations:A review[J]. Renewable and Sustainable Energy Reviews,2019,111:57-74.

[11] CRIADO Y A,ALONSO M,ABANADES J C. Kinetics of the CaO/Ca(OH)$_2$ hydration/dehydration reaction for thermochemical energy storage applications [J]. Industrial & Engineering Chemistry Research,2014,53(32):12594-12601.

[12] HUA W,YAN H,ZHANG X,et al. Review of salt hydrates-based thermochemical adsorption thermal storage technologies[J]. Journal of Energy Storage,2022,56(Part C):106158.

[13] 徐超,靳菲,邢嘉芯,等. 太阳能高温热化学储能技术发展现状及科学问题[J]. 中国科学基金,2023,37(2):209-217.

［14］ LI Y,LI C,LIN N, et al. Review on tailored phase change behavior of hydrated salt as phase change materials for energy storage[J]. Materials Today Energy,2021,22:100866.

［15］ DIXIT P,REDDY V J,PARVATE S,et al. Salt hydrate phase change materials:current state of art and the road ahead[J]. Journal of Energy Storage,2022,51:104360.

［16］ DU R,WU M,WANG S, et al. Experimental investigation on high energy-density and power-density hydrated salt-based thermal energy storage[J]. Applied Energy,2022,325:119870.

［17］ 包华汕. 低品位热源驱动的热化学再吸附制冷研究[D].上海:上海交通大学,2012.

［18］ GUTIERREZ A,USHAK S,MAMANI V,et al. Characterization of wastes based on inorganic double salt hydrates as potential thermal energy storage materials[J]. Solar Energy Materials and Solar Cells,2017,170:149-159.

［19］ YAN T S,LI T X,XU J X,et al. Understanding the transition process of phase change and dehydration reaction of salt hydrate for thermal energy storage[J]. Applied Thermal Engineering,2020,166(C):114655.

［20］ TRAUSEL F,De JONG A J,CUYPERS R. A review on the properties of salt hydrates for thermochemical storage[J]. Energy Procedia,2014,48:447-452.

［21］ KOHLER T,BIEDERMANN T,MÜLLER K. Experimental Study of $MgCl_2 \cdot 6H_2O$ as Thermochemical Energy Storage Material[J]. Energy Technology,2018,6(10):1935-1940.

［22］ MICHEL B,MAZET N,NEVEU P. Experimental investigation of an innovative thermochemical process operating with a hydrate salt and moist air for thermal storage of solar energy:global performance[J]. Applied Energy,2014,129:177-186.

［23］ CLARK R J,FARID M. Hydration reaction kinetics of $SrCl_2$ and $SrCl_2$-cement composite material for thermochemical energy storage[J]. Solar Energy Materials and Solar Cells,2021,231:111311.

［24］ GAEINI M,ROUWS A L,SALARI J W O,et al. Characterization of microencapsulated and impregnated porous host materials based on calcium chloride for thermochemical energy storage[J]. Applied Energy,2018,212:1165-1177.

［25］ N'TSOUKPOE K E,RAMMELBERG H U,LELE A F,et al. A review on the use of calcium chloride in applied thermal engineering[J]. Applied Thermal Engineering,2015,75:513-531.

［26］ VAN ESSEN V M,ZONDAG H A,GORES J C, et al. Characterization of $MgSO_4$ hydrate for thermochemical seasonal heat storage[J]. Journal of Solar Energy Engineering,2009,131(4):041014.

［27］ AL-ABBASI O,ABDELKEFI A,GHOMMEM M. Modeling and assessment of a thermochemical energy storage using salt hydrates[J]. International Journal of Energy Research,2017,41(14):2149-2161.

［28］ KANT K,SHUKLA A,SMEULDERS D M J, et al. Performance analysis of a $K_2CO_3$ - based thermochemical energy storage system using a honeycomb structured heat exchanger[J]. Journal of Energy Storage,2021,38:102563.

［29］ GAEINI M,SHAIK S A,RINDT C C M. Characterization of potassium carbonate salt hydrate for thermochemical energy storage in buildings[J]. Energy and Buildings,2019,196:178-193.

［30］ 黄彩凤. 钙基热化学储能材料及反应器性能强化研究[D].北京:中国科学院大学(中国科学院工程热物理研究所),2022.

其他参考文献

# 第三部分
# 电化学储能功能材料

　　近年来随着全球能源结构的转变和可持续能源需求的增长,电化学储能技术作为能源领域的重要分支得到了快速发展。电化学储能技术凭借其独特的优势,在储能领域中展现出广阔的应用前景。

　　电化学储能功能材料是指能够在电化学反应中存储能量的材料。根据电化学储能器件的不同,电化学储能功能材料可分为锂离子电池材料、钠离子电池材料、液流电池材料和超级电容器材料。锂离子电池凭借高能量密度、长循环寿命和无记忆效应等性能,在便携式电子设备和军事等领域得到广泛应用。钠离子电池由于其资源丰富性和成本优势而在新能源交通等领域展现出巨大的应用潜力。液流电池作为一种新型的电化学储能装置,以其高可扩展性、高安全性和长循环寿命等特点,在电力系统削峰填谷等领域具有广阔的应用前景。超级电容器作为一种介于传统电容器和二次电池之间的特殊电容器,以其高功率密度、快速充放电能力和长循环寿命等显著优势,成为现代电化学储能领域的重要分支。

　　本部分将根据电化学储能器件的分类,分别介绍相应的电化学储能功能材料。逐一介绍不同电化学储能技术的储能原理、储能功能材料的分类及应用,为读者提供全面、系统的电化学储能功能材料知识。本部分的结构总图如图 3 所示。

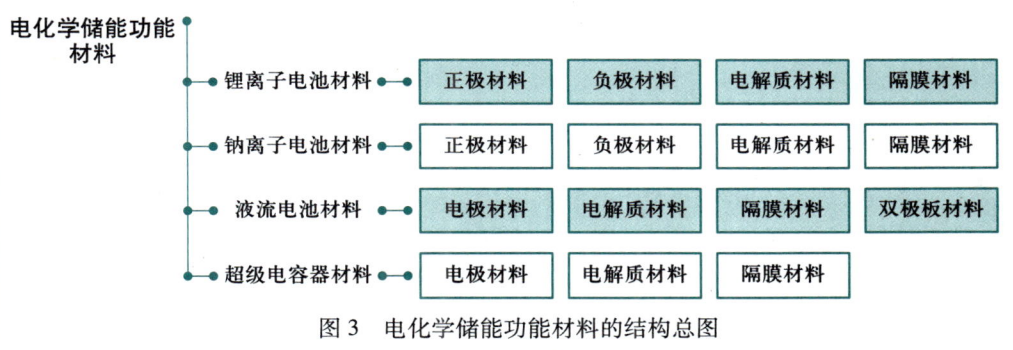

图 3　电化学储能功能材料的结构总图

# 第七章
## "摇椅式电池"——锂离子电池材料

  相比于传统电池,锂离子电池具有能量密度高、工作电压高、无记忆效应、低自放电率和环境友好等优点。当锂离子电池充电时,电子通过外部电路"跑"到电池的负极上,$Li^+$则从电池的正极"跳进"电解液中,"游泳"到达电池的负极,在负极上与电子"汇合"形成稳定的化合物,从而将电能存储为化学能。当需要放电时,$Li^+$又从负极回到正极,将化学能转化为电能。在充、放电过程中,电池的两极就像摇椅的两端,而$Li^+$就在摇椅两端来回运动,因此人们把这种电化学储能体系形象地称为"摇椅式电池"。目前,锂离子电池已在便携式电子设备、新能源交通领域及大规模储能系统等领域得到了广泛应用。

  本章首先介绍锂离子电池的储能原理,根据锂离子电池的组成,对正极材料、负极材料、电解质材料及隔膜材料的分类进行介绍,帮助读者较为系统地学习基本的锂离子电池的储能原理、锂离子电池材料分类以及应用。本章的结构总图如图7-1所示。

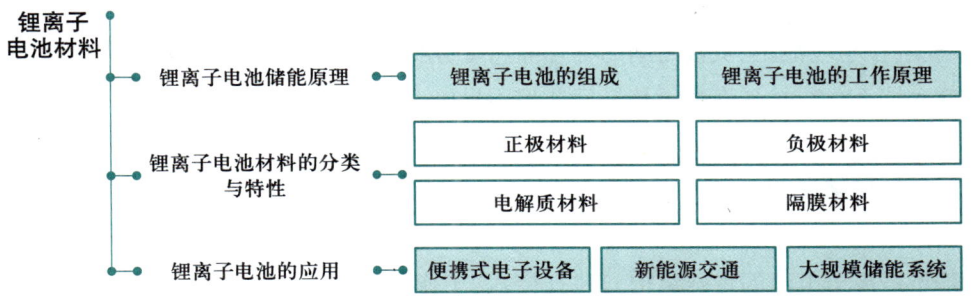

图 7-1　第七章的结构总图

# 7.1 锂离子电池储能原理

## 7.1.1 锂离子电池的组成

锂离子电池主要由正极、负极、电解液、隔膜和壳体等部分组成。常见的锂离子电池如图 7-2 所示。

图 7-2 常见的锂离子电池

正极与负极：由粉体涂覆层和集流体构成，通常为多孔结构，能够实现可逆的 $Li^+$ 嵌入/脱嵌。正极与负极的集流体通常采用铝箔和铜箔，粉体涂覆层包括正极/负极活性物质、导电剂、黏结剂以及其他助剂等。

电解质：在正、负极间形成 $Li^+$ 传输路径，使正、负极保持电荷平衡，同时能够有效隔离正、负极间的电荷传输，防止锂离子电池内部短路。

隔膜：位于电池正、负极之间的物理隔离层，用于防止正、负极活性物质直接接触。隔膜材料允许 $Li^+$ 通过，具有离子传导性能但不导电。

## 7.1.2 锂离子电池的工作原理

基于锂离子电池的特殊结构，其"摇椅式"工作原理如下。

充电过程：正极的 $Li^+$"脱离"正极材料，经过电解质和隔膜到达负极。负极材料具有大量可以容纳 $Li^+$ 的微孔结构，$Li^+$ 会嵌入到负极材料的微孔中，嵌入的 $Li^+$ 越多，电池的充电容量就越高。锂离子电池的充电工作原理示意图如图 7-3 所示。

放电过程：$Li^+$ 从负极材料中"释放"并重新嵌入到正极材料中。回到正极的 $Li^+$ 越多，其放电容量就越高。伴随着 $Li^+$ 的嵌入与脱嵌，电子的补偿电荷则通过外电路在正、负极间交换，保证了整个回路的电荷平衡。基于这种可逆的嵌入与脱嵌过程，对锂离子电池结构进行优化设计，可提高电池的能量密度、循环寿命、荷电保持能力以及安全性等。

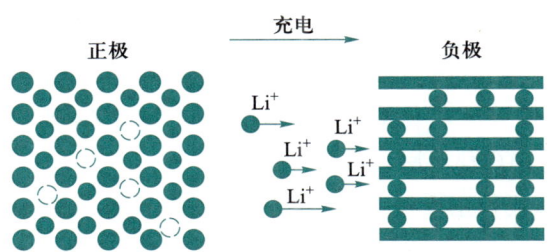

图 7-3 锂离子电池的充电工作原理示意图

## 7.2 锂离子电池材料的分类与特性

锂离子电池材料可根据锂离子电池的组成分为正极材料、负极材料、电解质材料和隔膜材料。本节将分别对锂离子电池的正极材料、负极材料、电解质材料和隔膜材料及其进一步分类进行介绍。

### 7.2.1 正极材料

正极材料由粉体涂覆层和集流体构成,其性能对电池[①]的工作电压、能量密度以及整体性能有着重要影响,并且直接关系电池的成本。正极材料的结构通常如图 7-4 所示。

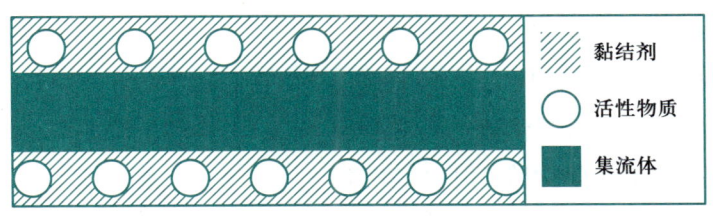

图 7-4 正极材料的结构图

常见的正极材料包括过渡金属氧化物正极材料、聚阴离子型正极材料及其他正极材料。

#### 1. 过渡金属氧化物正极材料

锂与过渡金属元素所形成的嵌入式化合物是锂离子电池的一类重要正极材料,包括具有层状结构的 $Li_xMO_2$ 氧化物和具有尖晶石结构的 $Li_xM_2O_4$ 氧化物,其中 M 为 Co、Ni、Mn、V、Cr、Fe 等金属元素。

---

① 本章中无特殊说明,"电池"都是指"锂离子电池"。

　　层状结构:紧密排列的氧离子与处于八面体位置的过渡金属离子形成稳定的 $MO_2$ 层,$Li^+$ 嵌入 $MO_2$ 层框架间,占据八面体空隙,存在锂单层。

　　尖晶石结构:过渡金属原子位置与层状结构相同,位于八面体的六配位点,不同的是 $Li^+$ 占据四面体空隙,不存在锂单层。

　　常见的过渡金属氧化物正极材料包括锂钴氧化物、锂镍氧化物、锂锰氧化物及三元材料等。

　　(1) 锂钴氧化物正极材料

　　锂钴氧化物正极材料主要指具有层状结构的钴酸锂($LiCoO_2$)晶体,具备多种晶型,且通常高温相呈层状结构,其结构图如图 7-5 所示。层状的 $CoO_2$ 框架为 $Li^+$ 的迁移提供了二维隧道,在充电过程中,$Co^{3+}$ 发生氧化反应脱出电子,伴随着活性材料中 $Li^+$ 的迁移,充、放电过程所发生的电化学反应式为

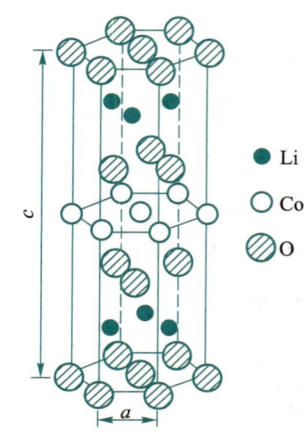

● Li
○ Co
◎ O

图 7-5　层状 $LiCoO_2$
晶体结构图

$$充电:LiCoO_2 \longrightarrow xLi^+ + Li_{1-x}CoO_2 + xe^- \qquad (7\text{-}1)$$

$$放电:Li_{1-x}CoO_2 + yLi^+ + xe^- \longrightarrow Li_{1-x+y}CoO_2 + (x-y)e^-$$
$$(0 < x \leqslant 1, 0 < y \leqslant x) \qquad (7\text{-}2)$$

　　$LiCoO_2$ 是一种半导体材料,在室温下电导率较高,使 $LiCoO_2$ 在电池充、放电过程中能够迅速地进行电子传输,从而提高电池的充、放电效率。作为正极材料,$LiCoO_2$ 生产工艺简单,电化学性质稳定,且具有电压高、放电平稳、充填密度高和循环性好等优点,在锂离子正极材料中应用较为广泛。

　　(2) 锂镍氧化物正极材料

　　锂镍氧化物正极材料,其化学式通常表示为 $LiNiO_2$,其结构与 $LiCoO_2$ 相似,但价格相对较低,是常见的锂离子电池正极材料之一。$LiNiO_2$ 微观晶体结构为层状结构,如图 7-6 所示。$LiNiO_2$ 晶体的微观层状结构使 $Li^+$ 在充、放电过程中能够在层间进行扩散,从而具有高容量和高电导率的特性,充、放电过程所发生的电化学反应式为

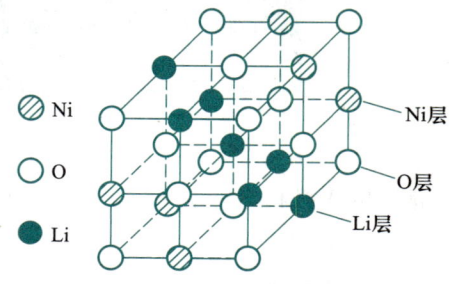

◎ Ni
○ O
● Li

Ni层
O层
Li层

图 7-6　$LiNiO_2$ 微观晶体结构

$$充电:LiNiO_2 \longrightarrow xLi^+ + Li_{1-x}NiO_2 + xe^- \qquad (7\text{-}3)$$

$$放电:Li_{1-x}NiO_2 + yLi^+ + xe^- \longrightarrow Li_{1-x+y}NiO_2 (0 < x \leqslant 1, 0 < y \leqslant x) \qquad (7\text{-}4)$$

　　$LiNiO_2$ 相比 $LiCoO_2$ 具有价格低廉、自放电率低、污染小、与电解液相容性好和高温稳

定性好等优势。但 LiNiO$_2$ 在高压区会生成非活性的 NiO$_2$，从而造成容量损失；LiNiO$_2$ 在高温或过充条件下可能发生热失控，导致安全事故。通过掺杂 Co、Mn、Ga、F、Al 等元素，可以增强 LiNiO$_2$ 正极材料的稳定性，提高充、放电容量和循环寿命。

（3）锂锰氧化物正极材料

相比锂钴氧化物正极材料和锂镍氧化物正极材料，锂锰氧化物正极材料具有更高的安全性和过充性能。锂锰氧化物正极材料主要包括层状 LiMnO$_2$、尖晶石型 LiMn$_2$O$_4$ 以及富锂锰基材料。以层状 LiMnO$_2$ 为例，其充、放电过程所发生的电化学反应式为

$$充电：LiMnO_2 \longrightarrow Li_{1-x}MnO_2 + xLi^+ + xe^- \qquad (7-5)$$

$$放电：Li_{1-x}MnO_2 + xLi^+ + xe^- \longrightarrow LiMnO_2 \qquad (7-6)$$

层状 LiMnO$_2$：层状 LiMnO$_2$ 正极材料包括正交和单斜两种晶体结构。正交 LiMnO$_2$ 具有岩盐结构；单斜 LiMnO$_2$ 具有 $\alpha$-NaFeO$_2$ 结构的阴离子排布，可以为 Li$^+$ 提供稳定的嵌入与脱嵌通道。然而，其在循环过程中晶型易转变为尖晶石型结构，导致比容量逐渐下降。通过掺杂 Co、Ni、Al 等金属离子，可以避免层状 LiMnO$_2$ 材料在多次循环过程中向尖晶石结构转变，减缓电池容量衰减，改善电池循环性能。

Jahn-Teller 效应

尖晶石型 LiMn$_2$O$_4$：与层状 LiMnO$_2$ 不同，尖晶石型 LiMn$_2$O$_4$ 呈现立方晶系的结构特点，为锂离子在材料中的扩散提供了三维通道。

在充放电过程中，尖晶石型 LiMn$_2$O$_4$ 的晶体结构能够保持各向同性的膨胀与收缩，且具有较好的结构稳定性。然而，尖晶石型 LiMn$_2$O$_4$ 在循环过程中，由于 Mn 的歧化反应、杨-特勒（Jahn-Teller）效应等，电池容量会发生缓慢衰减。此外，尖晶石型 LiMn$_2$O$_4$ 的离子扩散系数较小，限制了电池的充、放电电流，也影响了其在实际应用中的性能。

层状 LiMnO$_2$ 和尖晶石型 LiMn$_2$O$_4$ 特点对比

富锂锰基材料：富锂锰基材料是以 Li$_2$MnO$_3$ 为基础的复合正极材料，通式为 Li$_2$MnO$_3$·LiMO$_2$（M 通常为 Ni、Co、Mn，或 Ni、Co、Mn 的二元或三元层状材料）。该类材料在充电电压小于 4.5 V 时，LiMO$_2$ 中过渡金属离子发生氧化反应。当电压达到 4.5 V 以上时，充电曲线出现一个很长的 L 形平台，Li$_2$MnO$_3$ 发生不可逆脱锂脱氧反应，并形成具有电化学活性的 MnO$_2$。

富锂锰基材料的电压衰减与改性策略

富锂锰基正极材料具备高能量密度，高比容量，较宽的充、放电电压范围等优点。在相同的体积或质量下，富锂锰基层状固溶体正极材料能够在更大的电压范围内进行充、放电操作，同时存储更多的能量。但富锂材料首次不可逆容量衰减严重、倍率性能差和循环寿命短，可以采用表面包覆改性、表面酸处理以及离子掺杂等手段对富锂锰基正极材料进行改性，提升材料的综合性能。

（4）三元正极材料

三元正极材料主要指化学式为 LiNi$_x$Co$_y$Mn$_{1-x-y}$O$_2$ 的 NCM 类三元材料，或利用 Al$^{3+}$ 取

代 $Mn^{4+}$ 所形成的 NCA 类三元材料,具有高容量、低成本和良好的安全性等优点,应用前景广阔。以 NCM111($LiNi_{1/3}Co_{1/3}Mn_{1/3}O_2$)为例,其充、放电过程所发生的电化学反应式为

$$充电:LiNi_{1/3}Co_{1/3}Mn_{1/3}O_2 \longrightarrow Li_{1-x}Ni_{1/3}Co_{1/3}Mn_{1/3}O_2 + xLi^+ + xe^- \tag{7-7}$$

$$放电:Li_{1-x}Ni_{1/3}Co_{1/3}Mn_{1/3}O_2 + xLi^+ + xe^- \longrightarrow LiNi_{1/3}Co_{1/3}Mn_{1/3}O_2 \tag{7-8}$$

Ni、Co、Mn 属于同一周期相邻元素,核外电子排布相似,原子半径相近,三种元素之间存在明显的协同效应。NCM 材料作为一种

 针对三元正极材料存在的不足,可以考虑哪些改性方式?

高容量正极材料,结合了 $LiNiO_2$、$LiCoO_2$、$LiMnO_2$ 等正极材料的优点,展现良好的循环性能和较高的安全性能。此外,NCM 材料中,Ni 是主要的氧化还原反应元素,提高 Ni 含量可以有效提高电池的比容量。目前,三元正极材料(如 NCM-333、NCM-523、NCM-811 等)已成功实现商业化,广泛应用于新一代高能量密度的小型锂离子电池中。

NCM 材料产业化及生产技术发展现状

高镍三元正极材料具有较高的比容量和能量密度,但镍含量的提高为三元材料的开发带来困难。高镍三元材料极易受潮水解,易导致活性物质的损失和电池容量的下降。另外,镍与水发生络合反应,容易产生气体,造成电池使用过程中胀气,严重影响电池的安全性与使用寿命。通过在三元材料中掺杂 Mg、Fe、Zr、Zn、Cr、Mo、F 等元素来合成四元材料,可稳定材料的晶格结构,降低阳离子混排程度,从而在充、放电过程中减少不可逆的容量损失。此外,通过在三元正极材料的表面覆盖一层保护层(如 $ZnO_2$、$ZrO_2$、$TiO_2$ 和 $Al_2O_3$ 等),可以降低电极材料与电解液的直接接触面积,抑制电解液对材料的腐蚀作用及副反应的发生,达到延缓电池容量衰减的目的。

**2. 聚阴离子型正极材料**

聚阴离子型正极材料是结构组成含有四面体或八面体阴离子结构单元的化合物,这种结构可以表示为 $(XO_m)^{n-}$,X 为 P、S、As、V、Mo、W 等。聚阴离子型正极材料主要包括橄榄石结构正极材料及 NASICON 结构正极材料。

(1)橄榄石结构正极材料

橄榄石结构正极材料的化学式为 $LiMXO_4$,M 为 Fe、Co、Mn、Ni 等,X 为 P、Mo、W、S 等。磷酸亚铁锂($LiFePO_4$)是橄榄石结构正极材料的代表。其晶体结构是有序的橄榄石型结构,如图 7-7 所示。

充电过程中,$Li^+$ 从 $FePO_4$ 层间迁移出来,经过电解质进入负极,同时 $Fe^{2+}$ 被氧化为 $Fe^{3+}$,放电过程则相反,其化学反应式为

$$充电:LiFePO_4 - xLi^+ - xe^- \longrightarrow x\,FePO_4 + (1-x)LiFePO_4 \tag{7-9}$$

$$放电:FePO_4 + xLi^+ + xe^- \longrightarrow (1-x)FePO_4 + x\,LiFePO_4 \tag{7-10}$$

$FePO_4$ 晶体结构与 $LiFePO_4$ 相似,这种结构上的相似性使 $LiFePO_4$ 电极材料具有较好的循环稳定性。$LiFePO_4$ 和 $FePO_4$ 的晶体结构比较稳定,使该材料具有较好的高温循环

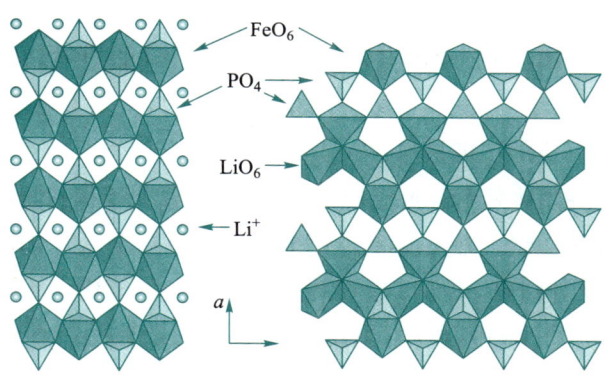

图 7-7 LiFePO$_4$ 晶体结构示意图

可逆性。但 LiFePO$_4$ 作为锂离子电池正极材料,其本征电导率相对较低、化学扩散系数较低。

(2) NASICON 结构正极材料

在锂离子电池中,钠超离子导体(Na superionic conductor,NASICON)结构正极材料化学式表示为 Li$_x$M$_2$(XO$_4$)$_3$,其中 M 为 Fe、Ni、Co、Ti、V 等金属元素,X 为 P、Mo、As、S 等。以 Li$_3$V$_2$(PO$_4$)$_3$ 作为锂离子电池正极材料为例,其充、放电过程所发生的电化学反应式为

$$充电:Li_3V_2(PO_4)_3 \longrightarrow Li_{3-x}V_2(PO_4)_3 + xLi^+ + xe^- \tag{7-11}$$

$$放电:Li_{3-x}V_2(PO_4)_3 + xLi^+ + xe^- \longrightarrow Li_3V_2(PO_4)_3 \tag{7-12}$$

NASICON 结构正极材料具有稳定的三维骨架结构,使其在充、放电过程中具有优异的电化学性能和长循环寿命。但 NASICON 结构正极材料电导率低且 Li$^+$ 扩散系数低,限制了其在锂离子电池的商业应用,通过碳涂层、掺杂金属离子对该材料进行改性可以有效提高材料电导率和 Li$^+$ 扩散系数。

### 3. 其他正极材料

(1) 有机正极材料

有机化合物具有资源丰富、种类众多和环境友好等优点。锂电池有机正极材料可分为导电聚合物、含硫化合物、氮氧自由基化合物和羰基化合物等。

有机电极材料在二次电池的正、负极中,电解质中的阴、阳离子均能参与电极反应过程。以 p 型掺杂的有机物为例,在充电过程中,其会失去电子,此时电解质中的阴离子会迁移进入聚合物链段以维持电荷平衡;放电过程则相反,阴离子会离开聚合物链段,电子重新注入。对于 n 型掺杂的有机物,放电过程中会获得电子,同时电解质中的阳离子会迁移进入聚合物骨架以保持电极的电中性;充电时则发生相反的过程。其化学反应式为

$$p 型反应:P + A^- \rightleftharpoons P^+A^- + e^- \tag{7-13}$$

$$n 型反应:N + M^+ + e^- \rightleftharpoons M^+N^- \tag{7-14}$$

$$电池反应:P + N + A^- + M^+ \rightleftharpoons P^+A^- + M^+N^- \tag{7-15}$$

式中,P 为 p 型掺杂有机物,N 为 n 型掺杂有机物,$A^-$ 为 $ClO_4^-$、$PF_6^-$、$BF_4^-$、TFSI$^-$ 等,$M^+$ 为 $Li^+$、$Na^+$ 等。

（2）基于相转变反应的正极材料

相转变正极材料在发生氧化还原反应的同时,伴随着物相和晶体结构的改变,原始化学键断裂并形成新的化学键。常见的相转变正极材料包括金属氟化物、金属氯化物和金属硫化物。以金属氟化物 $FeF_3$ 为例,充、放电过程所发生的电化学反应式为

$$充电:FeF_3 + 3Li^+ + 3e^- \longrightarrow Fe + 3LiF \tag{7-16}$$

$$放电:Fe + 3LiF \longrightarrow FeF_3 + 3Li^+ + 3e^- \tag{7-17}$$

相转变正极材料作为正极材料普遍存在难以克服的缺点,如本身并不含有锂源,需要负极提供锂源;在充、放电过程中极化很大;能源利用效率低;充、放电过程中体积变化大等。

### 7.2.2  负极材料

碳基负极材料
的性能比较

锂离子电池的负极材料主要影响电池的容量、能量密度、循环寿命以及安全性等。在充、放电过程中,锂离子电池的负极材料起到吸附和释放 $Li^+$ 的作用。

常见的负极材料包括碳基负极材料、合金负极材料及其他负极材料。

#### 1. 碳基负极材料

碳基负极材料具有价格低廉、无毒性、放电状态稳定性好等优点。在充电过程中,$Li^+$ 嵌入石墨的层状结构中,形成嵌入化合物 $LiC_6$;放电时则从层状结构中脱嵌。$Li^+$ 在碳基负极上的嵌入/脱嵌反应具有很好的可逆性,其化学反应式为

$$充电:6C + xLi^+ + xe^- \longrightarrow Li_xC_6 \tag{7-18}$$

$$放电:Li_xC_6 \longrightarrow 6C + xLi^+ + xe^- \tag{7-19}$$

碳具有多种同素异形体,如石墨、无定形碳、碳纳米管和石墨烯等,均可被用作锂离子电池负极材料。

（1）石墨负极材料

石墨材料导电性好,结晶度高,具有良好的层状结构,适合 $Li^+$ 的嵌入和脱嵌,如图 7-8 所示。石墨的嵌锂电位相对较低,在充、放电过程中能量转化效率更高。石墨在锂化过程中体积膨胀较小,有助于维持电池结构的稳定性。石墨可分为天然石墨和人工石墨。

天然石墨负极材料:天然石墨由于其石墨化程度高,具有高度取向的层状结构,特别适合于 $Li^+$ 的嵌入和脱嵌。天然石墨的层状结构具有较高的各向异性,会造成 $Li^+$ 嵌入迟缓和石墨微粒与集流体接触不充分。

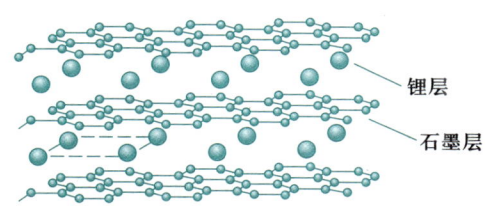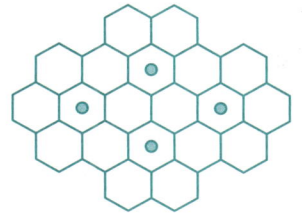

(a) 石墨层堆积及锂在石墨层间有序插入结构示意图　　(b) 垂直层面的$LiC_6$示意图

图7-8　$LiC_6$嵌入化合物结构示意图

人工石墨负极材料：人工石墨材料主要由小片状或薄片状的层状石墨结构组成，可作为锂离子电池负极，如中间相炭微球、石墨纤维等。

（2）无定形碳负极材料

无定形碳负极材料的显著特征在于其缺乏长程有序的晶格结构，原子之间的排列是涡轮式无序结构。在这种材料中，存在规则的层状结构，同时存在大量的缺陷结构，两种结构共同决定了无定形碳的容量。无定形碳根据其结构特征可分为易石墨化碳（又称软碳）和难石墨化碳（又称硬碳）。图7-9所示为石墨、软碳以及硬碳结构示意图。无定形碳负极材料与电解液相容性好，但首次充放电不可逆容量衰减较高，输出电压较低。

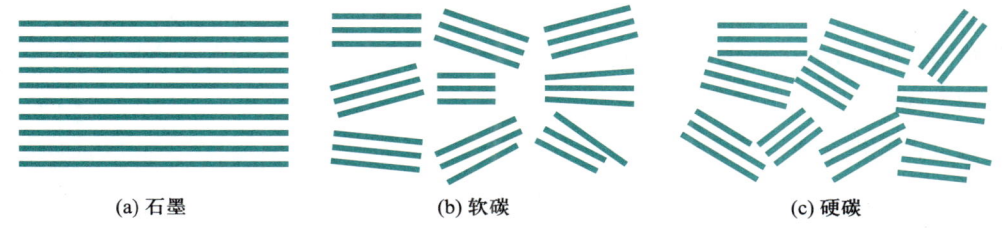

(a) 石墨　　　　　　　(b) 软碳　　　　　　　(c) 硬碳

图7-9　石墨、软碳以及硬碳结构示意图

软碳负极材料：软碳指的是在热处理温度达到石墨化温度后，能够形成较高石墨化程度的碳材料。这种碳材料的前驱体通常含有苯环结构，例如苯、甲苯、多并苯、沥青和煤焦油等。石油焦、针状焦、碳纤维、焦炭、炭微球等是常见的软碳材料。由于热处理温度相对较低，软碳内部结构中存在着石墨微晶区域与大量无序区域共存的现象。

硬碳负极材料：与软碳不同，硬碳是指在热处理温度达到石墨化温度时，仍然保持无序结构的碳材料。硬碳的前驱体来源广泛，包括多种聚合物、树脂类、糖类以及天然植物等。常见的硬碳材料包括树脂炭（如酚醛树脂、环氧树脂等）、有机聚合物热解炭（如聚乙烯醇、聚氯乙烯、聚偏二氟乙烯等）以及炭黑（如乙炔黑）等。

（3）石墨烯负极材料

石墨烯由六边形蜂窝单层碳原子构成，碳原子在二维平面上单层排列分布。与石墨材料相比，石墨烯具有更多储锂空间，因此石墨烯负极电池的能量密度更高。石墨烯负极

石墨烯与碳纳米管负极材料研究进展

材料具有微米级和纳米级粒径,较小的离子扩散路径提高了电池的倍率性能和循环稳定性。

（4）碳纳米管负极材料

碳纳米管是由碳六边形组成的单层或多层纳米级管状材料。利用碳纳米管制成的锂离子电池负极,由于轴向电荷传输通道的存在,具有很好的导电性。较大的比表面积使碳纳米管负极与电解液充分接触,独特的中空结构可以缓解部分活性材料的体积膨胀效应。

### 2. 合金负极材料

金属锂在常温下能和很多金属形成金属间化合物,由于锂合金的形成反应通常是可逆的,因此能够与锂形成合金的金属在理论上能用作负极材料。通常合金负极材料能够和较多的 $Li^+$ 反应。与传统的碳负极材料相比,合金负极材料通常具有较高的质量比容量。合金负极材料充、放电时的电化学反应式为

$$充电:M + xLi^+ + xe^- \longrightarrow Li_xM \tag{7-20}$$

$$放电:Li_xM \longrightarrow M + xLi^+ + xe^- \tag{7-21}$$

其中,M 为与 Li 形成合金的金属元素。

锂合金作为电池负极材料,具有抑制锂枝晶生长的作用,可大幅提升电池的安全性。锂合金负极还展现出良好的导电性,优异的加工性以及出色的快速充、放电能力。然而,这类材料在充、放电过程中体积变化较大,可能导致电极结构破坏和电池容量衰减。

（1）锡基合金负极材料

锡可以和锂形成 $LiSn$、$Li_2Sn_5$、$Li_{22}Sn_5$ 以及 $Li_7Sn_3$ 等多种合金,随着合金相的形成,金属锡粒子会发生不均匀的体积变化,易导致金属锡粒子的粉化,进而引发电极的破碎、导电性能的降低、电池容量的衰减和循环性能的减弱。对单质锡材料进行改性是提升锡基合金负极材料性能的有效方法,主要包括将金属锡替换为锡碳复合材料、锡合金以及锡的氧化物等。

（2）硅基合金负极材料

硅基合金负极材料具有原料硅储量丰富、反应平台低等优点。但硅在合金化反应过程中,大量 $Li^+$ 进入晶格会带来巨大的体积膨胀,而在 $Li^+$ 脱出过程中,易造成负极材料体积缩小,膨胀和缩小过程造成硅材料破裂和粉化,进而引起电池失效。在硅材料粉化的过程中,其表面的固体电解质间膜会频繁破裂,暴露出新的活性界面,促使新的固体电解质间膜不断形成,这一过程通常伴随着大量 $Li^+$ 的不可逆消耗,导致电池循环寿命缩短和容量损失。

### 3. 其他负极材料

（1）金属化合物负极材料

金属氧化物、氮化物、硫化物和磷化物等金属化合物均可作为锂离子电池负极材料。

金属氧化物负极材料：$LiWO_2$、$Li_6Fe_2O_3$、$LiNb_2O_5$ 等可被用作锂离子电池负极材料。其他氧化物负极材料还包括具有金红石结构的 $MO_2$、$MnO_2$、$TiO_2$、$MoO_2$、$IrO_2$、$RuO_2$ 等材料。其中，纳米过渡金属氧化物 MO（其中 M 代表 Co、Ni、Cu 或 Fe 等金属元素）展现了与微米级以上粒子截然不同的电化学特性。纳米过渡金属氧化物负极材料具有高容量保持率和快速充、放电能力。当锂嵌入时，Li 与 MO 发生反应，生成 $Li_2O$。锂脱嵌过程则正好相反，$Li_2O$ 与 M 发生反应，重新生成 Li 和 MO。该化学反应式可表示为

$$充电：MO + 2Li \longrightarrow Li_2O + M \tag{7-22}$$

$$放电：Li_2O + M \longrightarrow MO + 2Li \tag{7-23}$$

金属氮化物负极材料：过渡金属氮化物具有良好的化学稳定性和电子导电性、良好的可逆性能及大容量等特点。根据晶格结构可将锂-过渡金属氮化物分为：萤石结构过渡金属氮化物，化学式为 $Li_{2n-1}MN_n$（M 为 Sc、Ti、V、Cr 等），其中能稳定存在的有 $Li_5TiN_3$、$Li_7VN_4$、$Li_{15}Cr_2N_9$、$Li_7MnN_4$ 和 $Li_3FeN_2$ 等；反萤石结构，例如 $Li_7MN_4$ 和 $Li_3FeN_2$ 等。

金属硫化物负极材料：在电极材料的应用中，层状金属硫化物拥有较大的层间距，促进了 $Li^+$ 的可逆脱嵌过程，可有效缓解充放电过程中可能导致的结构损伤。与硅基、锡基或金属氧化物等传统电极材料相比，金属硫化物在锂嵌入过程中体积膨胀更小，倍率性能和循环性能更好。引入纳米级结构可为金属硫化物提供较好的电子传输通道，提高表面积/体积比率，缓解充、放电过程中的体积变化。

（2）金属锂负极材料

金属锂的密度为 $534\ kg/m^3$，是目前已知最轻的金属单质。在充电过程中，锂将回到负极，新沉积的锂表面由于没有钝化膜的保护，部分锂将与电解质反应并被反应物包覆，形成游离态的锂，在晶粒长大的过程中负极表面会形成枝晶。当积累到一定程度时，锂枝晶将刺穿隔膜而造成电池的局部短路，使电池局部温度升高，隔膜熔化，进而造成电池短路，使电池失效甚至起火爆炸。通过金属锂表面改性等方法可抑制锂枝晶的生长，维持电极结构稳定并提高金属锂负极循环性能。

## 7.2.3 电解质材料

电解质材料用于在正、负极之间高效输运离子，并确保电流的高效传导。根据形态不同，常见的电解质材料可分为液体电解质、半固体凝胶聚合物电解质及固体电解质，其中液体电解质具有良好的离子传导性，而固体电解质则具有较高的锂离子迁移数，半固体凝胶聚合物电解质的性质则介于两者之间。

### 1. 液体电解质

（1）有机溶液电解质

锂离子电池的有机溶液电解质主要由高纯有机溶剂、锂盐以及其他必要的添加剂

组成。

有机溶液电解质溶剂:有机液体电解质常用的溶剂一般是极性非质子有机溶剂,此类溶剂中常含有 C—O、C＝O、S＝O、C≡N 等极性基团,能有效溶解锂盐,并提高电解液的电化学稳定性。目前锂离子电池电解液所用的高纯有机溶剂包括碳酸酯类、醚类、羧酸酯类和硫酸酯类化合物等。

液体电解质材料的常见成分及其特点

有机溶液电解质锂盐:锂盐可分为无机和有机两类。无机锂盐的代表包括 $LiClO_4$、$LiPF_6$、$LiAsF_6$ 和 $LiBF_4$ 等。有机锂盐包括 $LiCF_3SO_3$、$LiN(CF_3SO_2)_2$、LiBOB 和 LiDFOB 等。

有机溶液电解质添加剂:添加剂可调节和改善电解液的性能。电解液添加剂的种类繁多,如成膜添加剂、导电添加剂、阻燃添加剂、过充保护添加剂、改善低温性能添加剂、控制电解液水分的添加剂以及多功能添加剂等。

(2)离子液体电解质

离子液体也称为室温熔盐,通常包括有机阳离子和各种阴离子,是指以离子液体作为主要成分或基础材料的电解质,通常具有较好的离子电导率和电化学稳定性。离子液体中大分子离子之间的分离减弱了离子之间的静电力,降低了熔点,使其在室温下通常呈液体状态。它们还表现出非常低的蒸气压力和低的易燃性。离子液体由阴、阳离子组成,阴、阳离子之间的相互作用力较弱,电子分布不均匀,阴、阳离子在室温下能够自由移动。根据有机阳离子的不同,离子液体电解质可分为含氮杂环类、季铵盐类和季磷盐类等几类,其中含氮杂环类又包括咪唑盐类、哌啶盐类和吡啶盐类等。

**2. 半固体凝胶聚合物电解质**

半固态凝胶电解质研究进展

聚合物作为整个电解质的骨架部分,起到力学支撑的作用,网络结构使碱金属盐和有机增塑剂形成的电解液均匀分布。传统的聚合物基质包括聚环氧乙烷、聚甲基丙烯酸甲酯、聚丙烯腈和聚偏二氟乙烯等。单一聚合物基质制备的凝胶聚合物电解质性能并不理想,一般采用共混、共聚或交联等方法对聚合物基质进行改性,以达到实际应用要求。

**3. 固体电解质**

(1)无机固体电解质

无机固体电解质又称锂快离子导体,包括晶态电解质(又称陶瓷电解质)和非晶态电解质(又称玻璃电解质)。晶态电解质分为钙钛矿型、NASICON 型、锗酸锌锂型、氮化锂型等。玻璃非晶体固体电解质可分为氧化物玻璃和硫化物玻璃两大类固体电解质材料。

无机固体电解质具有较高的电导率和 $Li^+$ 迁移数,且电导活化能低,耐高温性能优异,且易于加工,装配方便,在高能量密度的大型动力锂离子电池中有很好的应用前景。

(2)有机固体聚合物电解质

有机固体聚合物电解质主要通过聚合物基体中的杂原子或强极性基团上的孤对电子

与 Li$^+$ 进行配位,从而实现锂盐的溶解以及溶剂化作用。聚合物电解质能够有效解决电解液泄漏和漏电等问题,提升电池的安全性能。聚合物电解质具有良好的可塑性,可以制成大面积薄膜,与电极之间实现充分接触,提高电池的能量密度和充、放电效率。聚合物电解质还能改善电极在充、放电过程中对压力的承受能力,降低与电极反应的活性,延长电池的使用寿命。

### 7.2.4 隔膜材料

锂离子电池隔膜的主要作用是分隔正、负极并允许 Li$^+$ 在充、放电过程中自由通过。锂离子电池隔膜多为微孔结构,这种微孔结构使隔膜能够允许电解液中的 Li$^+$ 通过并阻止电子通过,从而防止电池短路。隔膜能够在电池温度升高或发生异常情况时,选择性地闭合微孔来限制过大电流,进一步防止电池短路。锂离子电池隔膜材料一般可分为有机隔膜材料和无机隔膜材料。

**1. 有机隔膜材料**

锂离子电池有机隔膜主要采用的是半结晶聚烯烃材料(如聚丙烯、聚乙烯等)。有机隔膜材料具有绝缘性、低密度、高强度、机械稳定性、耐化学腐蚀性及电化学稳定性等优点。

**2. 无机隔膜材料**

无机隔膜材料具有孔隙率高、热化学稳定和孔径分布均匀等特点,使 Li$^+$ 能够快速传输,并能在极端条件下保持稳定的性能,提高电池的安全性和可靠性。

无机陶瓷颗粒拥有较大的比表面积和亲水性,与有机电解质溶剂(如碳酸乙烯酯、碳酸丙烯酯等)相容性较好。因此,无机复合隔膜常通过有机聚合物黏合剂将无机陶瓷颗粒均匀涂覆于多孔基质表面,有助于提升电池的电化学性能以及隔膜的热尺寸稳定性。

## 7.3 锂离子电池的应用

与传统二次电池相比,锂离子电池具有质量比能量和体积比能量高、工作电压高、温度适应范围宽、无记忆效应、自放电率低以及环境友好等诸多优点,在便携式电子设备、新能源交通及大规模储能系统等领域内得到了广泛应用。

### 7.3.1 便携式电子设备

随着便携式电子设备不断向轻量化发展,用户对二次电池的稳定性、轻量化、充电速度以及可用容量等性能都提出了更高的要求。锂离子电池高能量密度、长循环寿命等优点满足了市场需求,使其在便携式电子设备领域占据了优势地位。

**案例 7-1    薄膜结构的微型锂离子电池**

薄膜结构的微型锂离子电池是一类具有机械柔性的锂离子电池。这种锂离子电池在有机发光二极管显示器和可穿戴设备等柔性电子设备中有着重要的应用。由于衬底和活性材料的刚性力学特性,微型 $Li^+$ 电池通常不能承受外界的机械变形。研究人员研制了 $LiCoO_2/LiPON/Li$ 多层薄膜电池,采用耐高温云母衬底进行热处理,提高了 $LiCoO_2$ 的结晶度。

**案例 7-2    柔性可穿戴锂离子电池**

新能源汽车锂离子电池产业现状

近年来,柔性显示器、医疗卡、智能纺织品等新兴的柔性可穿戴电子产品越来越多地进入我们的日常生活。为了满足消费者新的需求,原有的产品逐渐需要与柔性电池进行集成。如今,锂离子电池由于其成熟的生产技术和各种电池技术中其相对较高的能量密度,是柔性可穿戴设备的主要电源选择。研究人员制备了一种由编织物制成的锂离子电池,该电池的阳极采用了钛酸锂材料,阴极采用了磷酸铁锂材料。他们将这种柔性电池集成在 LED 灯上并开展了相应的测试,测试结果显示,这种电池在剧烈机械运动下电化学性能仍然保持良好。此外,这种电池即使经历了反复地剧烈折叠、展开测试,依然表现出良好的循环性能,证明了这种电池的有效性。

## 7.3.2    新能源交通

在新能源交通领域,锂离子电池作为电动汽车、电动摩托车和公共交通工具的动力源,正逐步改变着人们的出行方式,带来更加环保的交通体验。随着技术的不断进步和成本的降低,越来越多的车企采用锂离子电池作为新能源车的动力源,推动新能源产业的快速发展。

**案例 7-3    基于高能量密度电解质材料的锂离子动力电池**

随着动力电池对电池能量密度的要求越来越高,锂离子电池面临着严重的热失控安全问题,这在很大程度上限制了高能量密度锂离子电池的大规模应用。目前,研究人员普遍认为正极和负极之间的化学串扰会导致锂离子电池的热失控。为此,国内有研究团队利用阴极电解质界面相和活性自由基捕获的协同作用设计了一种多功能高安全性电解质,这种电解质可以避免热失控。而自由基捕获功能具有减少电池热失控放热的能力。双重策略显著提高了电池的本征安全性,热失控触发温度提高了 297.55 K,最高温度降低了 450.25 K。

**案例7-4　锂离子电池在新能源交通领域的集成示范**

在系统集成方面,无模组技术与比亚迪刀片电池的推广,实现了磷酸铁锂系统能量密度提升到 150 W·h/kg 以上,并兼顾安全性。

宁德时代新能源科技股份有限公司(简称宁德时代)在福建省晋江市建设的 36 MW/108 MW·h 基于锂补偿技术的磷酸铁锂储能电池寿命达到1万次,在福建省调频和调峰应用方面取得了较好的应用效果。此外,宁德时代推出了将锂离子电池和钠离子电池集成到同一系统中的解决方案。

上海蔚来汽车有限公司(简称蔚来汽车)发布了三元正极与磷酸铁锂电芯混合排布的新电池包(75 kW·h),构成双体系电池系统,可实现低温续航损失降低 25%,也有望未来用于大规模储能系统。

## 7.3.3　大规模储能系统

锂离子电池具有储能密度高、充放电效率高、响应速度快、循环寿命较长等优点,是目前发展最快的新型储能技术。在储能系统方面,储能锂电池进一步向大容量电池方向发展。

**案例7-5　美国长滩 AES 储能电站**

AES 是美国的一家供电服务公司,计划在美国加利福尼亚州的长滩地区利用锂离子电池建立大规模的储能电站,项目名为 AES Alamitos 储能阵列,储能容量目标为 100 MW,该项目将有利于加利福尼亚州如期实现其制定的无碳能源目标。

**案例7-6　国家能源集团台山电厂电化学储能项目**

2023 年,国家能源集团台山电厂 60 MW 电化学储能项目投入运营。该项目采用大容量磷酸铁锂电池储能及高压级联技术,提高了电厂机组的综合调频能力,进一步增强了粤港澳大湾区的能源保供能力。

## 本章小结

锂离子电池主要由以下几个核心部分组成:正极、负极、电解质以及隔膜。锂离子电池在充、放电过程中,电池的两极就像摇椅的两端,而 Li$^+$ 就在摇椅两端来回运动,因此人们把这种电化学储能体系形象地称为"摇椅式电池"。

锂离子电池材料根据锂离子电池的组成可以分为正极材料、负极材料、电解质材料和隔膜材料。常见的正极材料包括过渡金属氧化物正极材料、聚阴离子型正极材料及其他正极材料,其性能对电池的工作电压、能量密度以及整体性能有着决定性影响,并直接关系电池的成本。常见的负极材料包括碳基负极材料、合金负极材料及其他负极材料,负极材料的性能主要影响电池的容量、能量密度、循环寿命以及安全性。在充、放电的过程中,锂离子电池的负极材料可以吸附和释放 $Li^+$。在锂离子电池的构造中,电解质材料的核心功能在于在正、负极之间高效输运离子,并确保电流的顺畅传导。常见的电解质材料可以按照其形态分为液体电解质、半固体凝胶聚合物电解质及固体电解质,锂离子电池隔膜材料的主要作用是分隔正、负极,并允许 $Li^+$ 在充、放电过程中自由通过,锂离子电池隔膜材料一般可分为有机隔膜材料和无机隔膜材料。

锂离子电池凭借更高的能量密度和更长的循环寿命,在便携式电子设备、新能源交通及大规模储能系统等领域展现出良好的应用前景。

## 🔧 思考题

7-1    描述锂离子电池中正极材料的主要作用,并列举三种常见的正极材料。讨论这些材料在能量密度、循环寿命和成本方面的优、缺点。

7-2    负极材料在锂离子电池中扮演什么角色? 如果要将锂离子电池的能量密度进一步提高,应该考虑哪些类型的负极材料?

7-3    液体电解质和固体电解质在锂离子电池中各有何优、缺点? 为什么固体电解质被认为是未来锂离子电池发展的一个重要方向?

7-4    隔膜在锂离子电池中的作用是什么? 为什么隔膜的孔隙率和孔径大小对电池性能至关重要? 理想的隔膜应具备哪些特性?

7-5    锂枝晶生长是锂离子电池中一个重要的安全问题。通过查阅文献,请解释锂枝晶是如何形成的,并讨论几种可能的策略来抑制锂枝晶的生长,以提高锂离子电池安全性。

## 📝 习题

7-1    锂离子电池的主要结构组成是什么? 简述其工作原理。

7-2    锂离子电池的特点和应用领域有哪些?

7-3    说明锂离子电池的充、放电原理,以钴酸锂($LiCoO_2$)为正极材料、碳基负极材料为负极材料,写出正极反应式、负极反应式与总电池反应式。

7-4　造成锂离子电池容量衰退的原因主要有什么？

7-5　简述锂离子电池的性能评价指标有哪些，影响其性能的因素有哪些。

7-6　请描述锂离子电池常用的负极材料以及它们之间的区别。

7-7　如何提高锂离子电池的充、放电倍率和能量密度？

7-8　通过文献调研，简述碳基负极材料表面固体电解质界面膜的形成原因及正面作用。

7-9　锂离子电池中常用的电解质类型有哪些？它们之间有何区别？每种类型的电解质适用于哪些特定的应用场景？

7-10　锂离子电池隔膜的主要功能是什么？隔膜的选择需要考虑哪些因素？

7-11　为安全使用起见，对锂离子电池应采取哪些保护措施？

7-12　假设某品牌的锂电池标称电压为 3.7 V，容量为 10 000 mA·h。如果使用一台充电电压为 5 V、电流为 2 A 的充电器进行充电，试计算：

（1）充电时间需要多久才能将电池从空放电至满电状态？

（2）满电状态下，该电池能够供电多久？

7-13　锂电池的循环寿命是指电池能够在经过多少次充放电循环后，其容量能够保持在一定水平。假设一款锂电池在标准测试条件（温度为 25℃）下，经过了 500 个循环测试。首次测试时，其容量为 5 000 mA·h，循环后容量衰减至 4 650 mA·h。试计算该电池的循环寿命。

7-14　以 $LiNi_{0.8}Co_{0.2}O_2$ 为正极材料的锂离子电池的实际正极电极反应为

$$LiNi_{0.8}Co_{0.2}O_2 \longrightarrow Li_{0.3}Ni_{0.8}Co_{0.2}O_2 + 0.7Li^+ + 0.7e^-$$

请计算 $LiNi_{0.8}Co_{0.2}O_2$ 的实际重量比容量，精确到小数点后一位。

7-15　$LiNi_{0.8}Co_{0.1}Mn_{0.1}O_2$ 作为一种很有潜力的动力锂离子电池的三元正极候选材料，正成为研究热点，试写出以碳基负极材料为负极材料，$LiNi_{0.8}Co_{0.1}Mn_{0.1}O_2$ 为正极材料所组成的锂离子电池的正极反应式、负极反应式以及电池总反应式，并计算 $LiNi_{0.8}Co_{0.1}Mn_{0.1}O_2$ 理论电容量的大小。

## 参考文献

[1] 吴贤文，向延鸿. 储能材料：基础与应用[M]. 北京：化学工业出版社，2019.
[2] 刘金云，方臻，黄家锐，等. 电化学储能材料[M]. 北京：科学出版社，2022.
[3] 陈军，陶占良. 化学电源：原理、技术与应用[M]. 2版. 北京：化学工业出版社，2022.
[4] 钟俊辉. 锂离子电池及其材料[J]. 电池，1996(2)：91-95.
[5] 杨遇春. 电动汽车和相关电源材料的现状与前景[J]. 中国工程科学，2003(12)：1-11.
[6] 任建国，王科，何向明，等. 锂离子电池合金负极材料的研究进展[J]. 化学进展，2005(4)：597-603.

[7] 施志聪,杨勇. 聚阴离子型锂离子电池正极材料研究进展[J]. 化学进展,2005(4):604-613.

[8] PETERS J F,BAUMANN M,ZIMMERMANN B,et al. The environmental impact of Li-Ion batteries and the role of key parameters:A review[J]. Renewable and Sustainable Energy Reviews,2017,67:491-506.

[9] ZHANG L,LIU X,ZHAO Q,et al. Si-containing precursors for Si-based anode materials of Li-ion batteries: A review[J]. Energy Storage Materials,2016,4:92-102.

[10] JAGUEMONT J,BOULON L,DUBÉ Y. A comprehensive review of lithium-ion batteries used in hybrid and electric vehicles at cold temperatures[J]. Applied Energy,2016,164:99-114.

[11] CHIKKANNANAVAR S B,BERNARDI D M,LIU L. A review of blended cathode materials for use in Li-ion batteries[J]. Journal of Power Sources,2014,248:91-100.

[12] DE LAS CASAS C,LI W. A review of application of carbon nanotubes for lithium ion battery anode material[J]. Journal of Power Sources,2012,208:74-85.

[13] LEWANDOWSKI A,ŚWIDERSKA-MOCEK A. Ionic liquids as electrolytes for Li-ion batteries:An overview of electrochemical studies[J]. Journal of Power Sources,2009,194(2):601-609.

[14] JANG S M,MIYAWAKI J,TSUJI M,et al. The preparation of a novel Si-CNF composite as an effective anodic material for lithium-ion batteries[J]. Carbon,2009,47(15):3383-3391.

[15] KNAUTH P. Inorganic solid Li ion conductors:An overview[J]. Solid State Ionics,2009,180(14-16): 911-916.

[16] CHEN H,CONG T N,YANG W,et al. Progress in electrical energy storage system:A critical review [J]. Progress in Natural Science,2009,19(3):291-312.

[17] XU J,THOMAS H R,FRANCIS R W,et al. A review of processes and technologies for the recycling of lithium-ion secondary batteries[J]. Journal of Power Sources,2008,177(2):512-527.

[18] ZHANG S S. A review on the separators of liquid electrolyte Li-ion batteries[J]. Journal of Power Sources,2007,164(1):351-364.

[19] WEE J H. A feasibility study on direct methanol fuel cells for laptop computers based on a cost comparison with lithium-ion batteries[J]. Journal of Power Sources,2007,173(1):424-436.

[20] ZHANG S S. A review on electrolyte additives for lithium-ion batteries[J]. Journal of Power Sources, 2006,162(2):1379-1394.

[21] LI C,ZHANG H P,FU L J,et al. Cathode materials modified by surface coating for lithium ion batteries [J]. Electrochimica Acta,2006,51(19):3872-3883.

[22] STEPHAN A M. Review on gel polymer electrolytes for lithium batteries[J]. European Polymer Journal, 2006,42(1):21-42.

[23] STURA E,NICOLINI C. New nanomaterials for light weight lithium batteries[J]. Analytica Chimica Acta, 2006,568(1-2):57-64.

[24] STEPHAN A M,NAHM K S. Review on composite polymer electrolytes for lithium batteries[J]. Polymer, 2006,47(16):5952-5964.

[25] JANOT R,GUÉRARD D. Ball-milling in liquid media:Applications to the preparation of anodic materials for lithium-ion batteries[J]. Progress in Materials Science,2005,50(1):1-92.

[26] FU L J,LIU H,LI C,et al. Electrode materials for lithium secondary batteries prepared by sol-gel methods [J]. Progress in Materials Science,2005,50(7):881-928.

[27] LIANG Y H,WANG C C,CHEN C Y. The conductivity and characterization of the plasticized polymer electrolyte based on the P(AN-co-GMA-IDA) copolymer with chelating group[J]. Journal of Power Sources,2005,148:55-65.

[28] ANDERMAN M. The challenge to fulfill electrical power requirements of advanced vehicles[J]. Journal of Power Sources,2004,127(1-2):2-7.

[29] TIRADO J L. Inorganic materials for the negative electrode of lithium-ion batteries:state-of-the-art and

future prospects[J]. Materials Science and Engineering:R:Reports,2003,40(3):103−136.

[30] TAKAMURA T. Trends in advanced batteries and key materials in the new century[J]. Solid State Ionics, 2002,152−153:19−34.

[31] CHEN Y,XIANG K,ZHU Y, et al. Bio-template fabrication of nitrogen-doped $Li_3V_2(PO4)_3$/carbon composites from cattail fibers and their high-rate performance in lithium-ion batteries[J]. Journal of Alloys and Compounds,2019,782:89−99.

[32] MACFARLANE D R,FORSYTH M,HOWLETT P C,et al. Ionic liquids and their solid-state analogues as materials for energy generation and storage[J]. Nature Reviews Materials,2016,1(2):15005.

[33] LEE Y H,KIM J S,NOH J,et al. Wearable textile battery rechargeable by solar energy[J]. Nano Letters, 2013,13(11):5753−5761.

其他参考文献

# 第八章
# "三明治电池"——
# 钠离子电池材料

钠与锂同属于碱金属元素,性质相似,均可用作二次电池的金属离子载体。钠离子电池的工作原理与锂离子电池也十分相近,都遵循脱嵌式的工作原理,通过钠离子在正、负极间迁移实现充、放电过程。钠离子电池具有原料来源丰富、成本低廉以及无过放电问题等优势,是规模储能的理想选择之一。

本章从钠离子电池的储能原理出发,对钠离子电池的正极材料、负极材料、电解质材料和隔膜材料的分类及特点逐一展开介绍,帮助读者较为系统地学习钠离子电池材料储能原理、分类以及应用。本章的结构总图如图 8-1 所示。

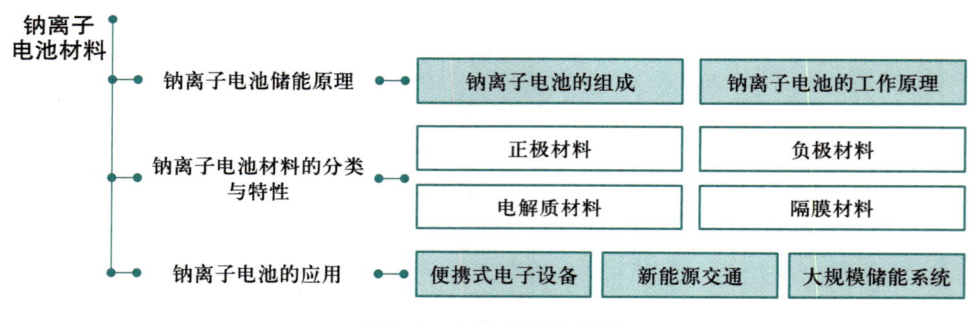

图 8-1　本章的结构总图

## 8.1　钠离子电池储能原理

### 8.1.1　钠离子电池的组成

钠离子电池主要由正极、负极、电解质以及隔膜等核心部分组成。这些组件共同协作,确保了电池①的高效、安全运行。

正极与负极:钠离子电池的正、负极材料分别为 Na⁺ 的嵌入与脱出提供点位,从而实现电池的充放电功能。在电池充放电过程中,正、负极材料需要具备良好的离子导电性和电子导电性,以保证 Na⁺ 的高效传输和电子的快速收集。

电解质:电解质是 Na⁺ 在电池中传输的媒介,需要具备良好的离子导电性和化学稳定性,以确保 Na⁺ 在充、放电过程中的高效传输和电池的长期稳定运行。

隔膜:隔膜是位于正、负极之间防止电池短路的重要结构。隔膜必须具备较好的选择透过性,允许 Na⁺ 离子通过,但阻止电子通过,以确保电池的安全运行。

### 8.1.2　钠离子电池的工作原理

钠离子电池的工作原理与锂离子电池相似,其工作介质为 Na⁺,如图 8-2 所示。在充电过程中,Na⁺ 从正极材料的晶格中脱出,通过电解液穿过隔膜并嵌入负极材料的

钠离子电池和锂离子电池在结构、工作原理等方面有哪些区别?

晶格中,同时电子通过外电路从正极流向负极,使正极处于高电势的贫钠态,负极处于低电势的富钠态。放电过程则相反,Na⁺ 从负极材料的晶格中脱出,通过电解液穿过隔膜嵌入正极材料的晶格中,同时电子通过外电路从负极流向正极,使正极恢复富钠态。在充、放电过程中,大量电子通过外电路在两极间传递,维持了两极电荷的平衡,实现了电池的电化学能量转换。以 $Na_xMO_2$ 为正极材料、硬碳为负极材料为例,电极和电池反应式为

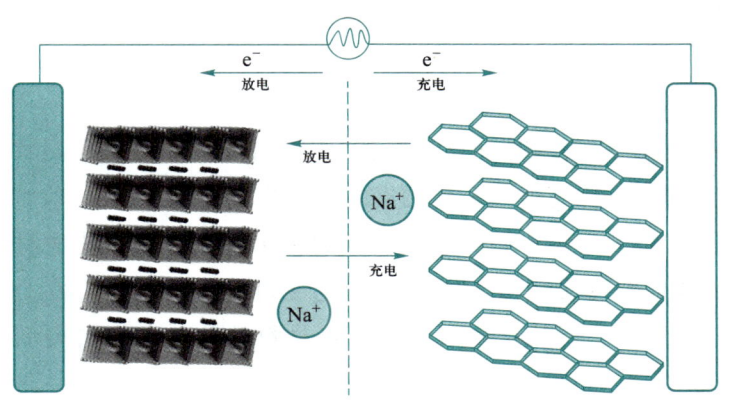

图 8-2　钠离子电池工作原理示意图

---

① 本章中无特殊说明,"电池"均指"钠离子电池"。

正极反应 $$Na_xMO_2 \underset{\text{放电}}{\overset{\text{充电}}{\rightleftharpoons}} Na_{x-y}MO_2 + yNa^+ + ye^-$$ (8-1)

负极反应 $$nC + yNa^+ + ye^- \underset{\text{放电}}{\overset{\text{充电}}{\rightleftharpoons}} Na_yC_n$$ (8-2)

电池反应 $$Na_xMO_2 + nC \underset{\text{放电}}{\overset{\text{充电}}{\rightleftharpoons}} Na_{x-y}MO_2 + Na_yC_n$$ (8-3)

正反应为充电过程,逆反应为放电过程。在理想充、放电情况下,$Na^+$在脱嵌的过程中不会破坏正、负极材料的晶体结构。

# 8.2　钠离子电池材料的分类与特性

根据钠离子电池的组成,钠离子电池材料可分为正极材料、负极材料、电解质材料和隔膜材料。

## 8.2.1　正极材料

正极材料直接影响电池的工作电压和比容量。与锂离子电池类似,钠离子电池的正极同样由粉体涂覆层和集流体构成,区别在于钠离子电池的正极除了包括常规的与锂电池类似的层状氧化物、聚阴离子化合物等,还包括普鲁士蓝等正极材料。常见的正极材料包括氧化物正极材料、聚阴离子型正极材料及其他正极材料。

**1. 氧化物正极材料**

氧化物正极材料根据其结构主要可分为层状结构氧化物正极材料和隧道结构氧化物正极材料。

(1)层状结构氧化物正极材料

层状结构氧化物正极材料是钠离子电池常用的正极材料之一。层状结构氧化物结构通式为 $Na_xMO_2$,其中 M 为过渡金属元素的一种或多种组合,其层状结构为钠离子提供了脱嵌的通道,是实现电池充放电功能的关键。大部分层状氧化物材料容易吸水或与空气中的其他成分发生反应,会对材料的稳定性和电化学性能产生一定影响,因此不适合长期暴露于空气中。层状结构氧化物正极材料的几种晶体结构示意图如图 8-3 所示。

(2)隧道结构氧化物正极材料

与层状结构氧化物正极材料相比,隧道结构氧化物正极材料的结构更为复杂,为 $Na^+$ 提供了丰富的嵌入和脱出路径,具备优异的倍率性能,且不易与水和空气发生反应,稳定性较好。但这类材料在充电过程中比容量较低。

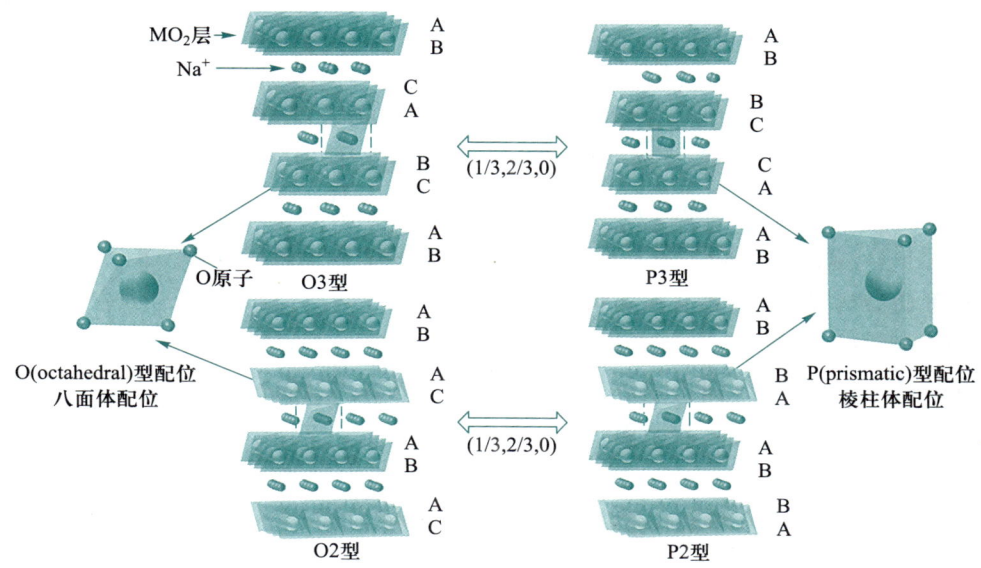

图 8-3 层状结构氧化物正极材料的几种晶体结构示意图

### 2. 聚阴离子型正极材料

聚阴离子类化合物一般可表示为 $Na_xM_y(X_aO_b)_zZ_w$,其中,M 为 Ti、V、Cr、Mn、Fe、Co、Ni、Ca、Mg、Al 和 Nb 等元素中的一种或几种,X 为 Si、S、P、As、B、Mo、W 和 Ge 等,Z 为 F 和 OH 等。采用聚阴离子类化合物作为正极材料(即聚阴离子型正极材料),通常展现良好的结构稳定性,在反复的充、放电过程中,其结构框架能保持相对稳定,不易发生形变或崩塌,从而保证了电池的长循环寿命和稳定性。

钠离子聚阴离子正极材料的特点

(1)磷酸盐聚阴离子型正极材料

磷酸盐类化合物主要包括橄榄石结构磷酸盐、NASICON 型结构磷酸盐、焦磷酸盐和氟化磷酸盐。

橄榄石结构磷酸盐:化学式通式为 $NaMPO_4$。以橄榄石结构磷酸盐作为正极材料时,在充、放电过程中 $Na^+$ 能够在不破坏主体结构的前提下很容易脱出。

NASICON 型结构磷酸盐:化学式通式为 $Na_3M_2(PO_4)_3$。这种材料通常具有较高的钠离子扩散系数,提高了电池的充放电效率和循环稳定性。其中,$Na_3V_2(PO_4)_3$ 是一种常见的 NASICON 型结构磷酸盐化合物,具有高稳定性、高电压和高离子电导率等优点,但电子电导率较低,可采用碳包覆等方法对材料进行改性提升。

焦磷酸盐:化学式通式为 $Na_2MP_2O_7$。焦磷酸盐正极材料 $Na_2MP_2O_7$ 包括三斜晶型、四方晶型和单斜晶型等晶体结构,其中单斜晶型晶体结构的焦磷酸盐呈现层状的结构特点,这种层状结构为 $Na^+$ 的迁移提供了良好的通道,使材料在充、放电过程中能够保持较高的离子扩散速率。四方晶型晶体结构的焦磷酸盐具有较好的结构对称性,物理和化学性质稳定。

氟化磷酸盐
正极材料研
究进展

氟化磷酸盐:化学式通式为 $Na_2MPO_4F$,其中 M 为 Fe、Co、Mn 等过渡金属元素。利用大电负性的原子(N、F)取代磷酸盐中的氧原子得到氟化磷酸盐(也称氟磷酸盐),由于 M—F 键离子性比 M—O 强,因此含氟金属化合物的氧化还原电位相应较高,使氟化磷酸盐的嵌钠电位高于磷酸盐。其中,氟磷酸钠盐 $Na_2MPO_4F$ 是氟化磷酸盐正极材料的代表之一。

(2)硫酸盐聚阴离子型正极材料

相比磷酸根,硫酸盐中的硫酸根具有更强的诱导效应,能够使正极材料达到更高的工作电压。硫酸盐类材料大部分来源于矿物,其通式可以写成 $Na_2M(SO_4)_2 \cdot 2H_2O$。

(3)其他聚阴离子型正极材料

硅酸盐聚阴离子型正极材料:通常为过渡金属正硅酸盐材料,化学式通式为 $Na_2MSiO_4$(M 为 Fe、Mn),资源丰富且对环境无污染。

硼酸盐聚阴离子型正极材料:硼酸盐聚阴离子型正极材料与磷酸盐、硫酸盐和硅酸盐聚阴离子型正极材料相比具有更高的理论比容量。但硼酸盐聚阴离子型正极材料的电子和离子电导率较低,动力学性能较差。

### 3. 其他正极材料

(1)普鲁士蓝类正极材料

普鲁士蓝类化合物的化学式通式为 $A_x[M_AM_B(CN)_6] \cdot nH_2O(0 \leqslant x \leqslant 2)$,其中 A 为碱金属离子(钠离子、锂离子和钾离子等),$M_A$ 和 $M_B$ 为过渡金属离子(铁离子、镍离子、铜离子和钴离子等)。以 $Na_{1.96}Mn[Mn(CN)_6]_{0.99}\square_{0.01} \cdot 2H_2O$ 为例,储钠机制示意图,如图 8-4 所示。

普鲁士蓝类正极材料以铁氰化物 $A_x[M_AFe(CN)_6] \cdot nH_2O$ 为主,相比于氧化物和磷酸盐具有更好的离子导电性。其储钠机制示意图如图 8-4 所示。大的孔道结构也为普鲁士蓝类正极材料提供了良好的存储空间和 $Na^+$ 传输能力,电化学反应式为

$$Na_2M^{II}[Fe^{II}(CN)_6] \Longleftrightarrow NaM^{III}[Fe^{II}(CN)_6] + Na^+ + e^- \tag{8-4}$$

$$NaM^{III}[Fe^{II}(CN)_6] \Longleftrightarrow M^{III}[Fe^{III}(CN)_6] + Na^+ + e^- \tag{8-5}$$

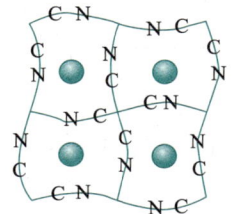 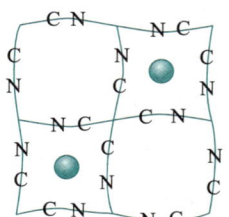 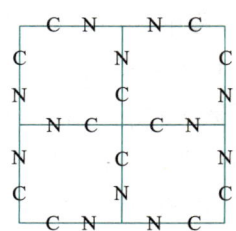

$$Na_2Mn^{II}[Mn^{II}(CN)_6] \Longleftrightarrow Na_1Mn^{II}[Mn^{III}(CN)_6] \Longleftrightarrow Na_0Mn^{III}[Mn^{III}(CN)_6]$$

图 8-4　普鲁士蓝类正极材料的储钠机制示意图

(以 $Na_{1.96}Mn[Mn(CN)_6]_{0.99}\square_{0.01} \cdot 2H_2O$ 为例)

（2）有机物正极材料

基于有机物电极材料的电化学原理，p 型掺杂的过程与电解质中的阳离子无关，改变阳离子种类对其电化学性质影响较小，因此锂离子电池的 p 型掺杂电极同样可适用于钠离子电池。钠离子电池有机物正极材料具有结构多样、可持续利用等特点。有机物正极材料根据活性基团的不同可分为导电聚合物（如无定形低聚芘、聚三苯胺）和共轭羰基化合物（如玫棕酸二钠盐、二羟基对苯二甲酸四钠盐）等。

## 8.2.2 负极材料

钠离子电池的负极材料与正极材料相似，在电池充、放电过程中，需要具备良好的离子与电子导电性，从而保证 Na$^+$ 的高效传输和对电子的快速捕获。常见的负极材料包括碳基负极材料、合金负极材料及其他负极材料。

### 1. 碳基负极材料

钠离子电池碳基负极材料包括石墨、无定形碳、碳纳米管和石墨烯等材料。由于结晶度和碳层排列方式的不同，钠离子电池碳基负极材料呈现不同的物理性质和电化学性质等。无定形碳基负极材料具有较高的无序度而展现较高的储钠比容量、较低的储钠电位和良好的循环稳定性。碳纳米管和石墨烯负极材料主要通过表面吸附的方式实现 Na$^+$ 的存储和释放，从而完成充、放电过程。

（1）石墨负极材料

根据热力学特性，钠离子与石墨层之间的相互作用较弱，难以形成稳定的插层化合物，导致石墨难以直接用作钠离子电池的负极材料。可利用钠离子在醚类电解质中发生共嵌入反应，实现石墨对钠离子的存储。其反应机理为

$$C_n^- + e^- + Na^+ + ysol \Longleftrightarrow Na^+(sol)_yC_n^- \tag{8-6}$$

其中，sol 代表溶剂。以二甘醇二甲醚（diethylene glycol dimethyl ether，DEGDME）为溶剂时，形成石墨插层化合物的机制为

$$C_n + e^- + Na^+ + yDEGDME \Longleftrightarrow Na^+(DEGDME)_yC_n^- \tag{8-7}$$

式中，$y = 1$ 或 2，$n = 16 \sim 22$。

（2）无定形碳负极材料

无定形碳材料具有不规则的层状排列结构，晶粒微小，含有较多缺陷，主要包括软碳和硬碳两类。通过石油焦高温分解制备的无序软碳具有储钠功能。通过葡萄糖裂解制备的硬碳材料具有较高的可逆比容量和较低的储钠电压。硬碳负极材料的储钠机制示意图如图 8-5 所示。

（3）碳纳米管负极材料

碳纳米管主要通过 Na$^+$ 在材料表面或缺陷处的吸附以及与杂原子结合等方式实现储

钠,具有较好的倍率性能。但碳纳米管负极材料的首周库仑效率相对较低。

（4）石墨烯负极材料

石墨烯较大的比表面积和丰富的表面缺陷为 $Na^+$ 的吸附提供了理想的存储位点。在钠离子电池中,石墨烯的充放电曲线呈斜坡状,无明显电势平台。$Na^+$ 在石墨烯上的存储行为类似于表面吸附,储钠比容量受制备方法和元素掺杂等因素影响。

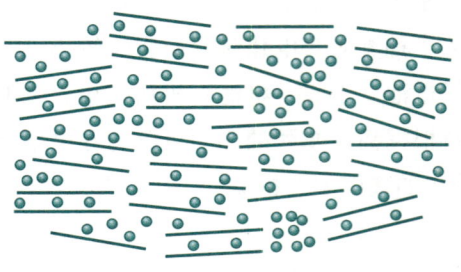

图 8-5　硬碳负极材料的储钠机制示意图

### 2. 合金负极材料

合金负极材料通常指能与金属钠形成合金或二元类合金化合物的金属、准金属以及非金属。这些材料包括第三主族的 In,第四主族的 Si、Sn、Pb 以及第五主族的 P、As、Sb、Bi 等,能与钠反应形成不同含量比例的合金化产物 Na—M（M 为 Sn、Pb、P、Sb 等）。其典型的反应方程式为

$$M_a + bNa^+ + be^- \underset{\text{放电}}{\overset{\text{充电}}{\rightleftharpoons}} Na_bM_a \qquad (8-8)$$

合金作为钠离子电池负极材料,具有较高的理论比容量、较低的储钠电位和良好的导电性等特点,还可避免由金属钠产生的枝晶问题,提高安全性。

（1）锡（Sn）基合金负极材料

Sn 基合金具备理论比容量高、嵌钠电位低和成本效益良好等特点。Sn 基合金负极材料的形貌结构会影响其自身的动力学性能,进而影响反应的进行。

晶态的 Sn 与 Na 发生两相反应先生成无定形的 $NaSn_2$;随着 $Na^+$ 的进一步嵌入,形成富钠的无定形 $Na_9Sn_4$ 和 $Na_3Sn$;最后,通过单相转变机理生成结晶型的 $Na_{15}Sn_4$。晶态 Sn 与 Na 发生两相反应原理示意图如图 8-6 所示。

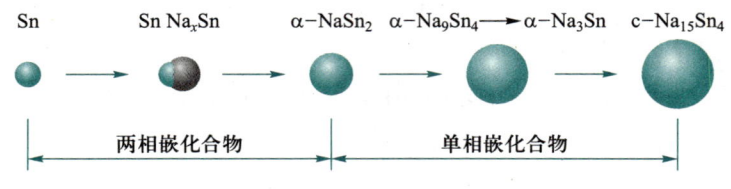

图 8-6　晶态 Sn 与 Na 发生两相反应原理示意图

（2）锑（Sb）基合金负极材料

Sb 基合金是另一种典型的钠离子电池合金负极材料。一个 Sb 原子能够与 3 个 Na 原子结合,形成稳定的 $Na_3Sb$ 合金。在钠离子电池中,Sb 的钠化电位相对较低。在嵌钠过程中,Sb 首先与 Na 形成无定形的 $Na_xSb$ 合金,随后转化为具有立方或六方结构的 $Na_3Sb$ 合金。钠的脱出反应则直接由六方 $Na_3Sb$ 合金转化为无定形 Sb。

（3）磷（P）基合金负极材料

P 在自然界中通常以白磷、红磷和黑磷三种形式存在。红磷具有良好的电化学活性，可与 Na 形成 $Na_3P$ 化合物，但红磷的导电性差且会在充、放电过程中产生较大的体积变化，使其在钠离子电池中的应用受到了限制。通过优化材料结构、提高电子电导率和减小体积变化可改善红磷基合金的电化学性能。

### 3. 有机物负极材料

与无机物负极材料相比，有机物负极材料的脱嵌机制可提高钠离子迁移速率，有助于提高电池的倍率性能。有机物负极材料的结构灵活，可实现多电子反应，进而调节比容量和氧化还原电势。

（1）共轭羰基化合物负极材料

共轭羰基化合物成本较低、合成方法简单、分子结构多样、晶体结构框架相对稳定，且具有较大的理论比容量和较好的动力学性能。共轭羰基化合物作为钠离子电池负极材料，具有庞大的共轭体系和偶数个羰基官能团（C＝O）等结构特点，这些官能团在电化学反应中充当活性位点，羰基通过烯醇化反应及其逆反应参与钠离子的脱嵌过程。

根据官能团的种类，共轭羰基化合物主要可分为羧酸盐类和醌类等。羧酸盐类，例如对苯二甲酸二钠及其衍生物，由于羰基旁边直接连有供电子基团（—ONa），适合作为负极材料。醌类化合物氧化还原电位通常高于 1 V，有利于形成稳定的固体电解质界面（solid electrolyte interface，SEI）膜的形成，并具有较高的比容量。通过调整取代基的种类和数量，可调控电极材料的电压和比容量。

（2）席夫碱化合物负极材料

席夫碱化合物是一类含有亚胺或甲亚胺基团（—R–C＝N—）的有机化合物，这类化合物对金属离子具有较强的络合能力，易与多种金属离子形成稳定的配合物。相较于羰基基团，席夫碱化合物的甲亚胺基团具有更强的还原倾向，在钠离子电池负极材料中展现独特的应用潜力。

### 4. 其他负极材料

（1）钛（Ti）基负极材料

可变价过渡金属元素中，钛的氧化还原电势相对较低，适合作为钠离子电池负极材料。四价钛在空气中可稳定存在，在不同晶体结构中具有不同的储钠电位。

用于钠离子电池的钛基负极材料

$Na_2Ti_3O_7$ 负极材料：具有单斜层状结构，在充、放电过程中有 2 个 $Na^+$ 的可逆嵌入/脱出，具有较低的储钠电位，可作为嵌入型氧化物负极材料。

$Li_4Ti_5O_{12}$ 负极材料：在一定电压范围内，$Li_4Ti_5O_{12}$ 在钠离子电池中能够实现 $Na^+$ 离子的嵌入和脱出。$Li_4Ti_5O_{12}$ 储钠的电化学机制为

$$2Li_4Ti_5O_{12} + 6Na^+ + 6e^- \rightleftharpoons Li_7Ti_5O_{12} + Na_6[LiTi_5]O_{12} \qquad (8-9)$$

钠离子电池转
化型负极材料
研究现状

$Na_{0.66}[Li_{0.22}Ti_{0.78}]O_2$ 负极材料:具有较高的平均储钠电位,可有效避免钠枝晶的生成。

（2）转化型负极材料

转化型负极材料包括过渡金属氧化物、过渡金属硫/硒化物和过渡金属磷化物等。转化反应涉及一种或多种化学转化,根据过渡金属不同,伴随的转化反应可能发生脱嵌或合金/去合金化过程。转化型负极材料具有成本低、理论容量高的优势,在钠离子电池负极领域具有应用价值。

过渡金属氧化物负极材料:过渡金属氧化物主要包括铁氧化物(如 $Fe_3O_4$、$Fe_2O_3$)、钴氧化物(如 $Co_3O_4$)、锡氧化物(如 $SnO$、$SnO_2$)、铜氧化物(如 $CuO$)、钼氧化物(如 $MoO_2$、$MoO_3$)、镍氧化物(如 $NiO$)、锰氧化物(如 $Mn_3O_4$)和二元氧化物。

在过渡金属氧化物 $M_xO_y$ 中,当 M 为电化学非活性元素(如 Fe、Co、Ni 和 Cu)时,在电化学反应中,这些氧化物进行如下转化反应:

$$M_xO_y + 2yNa^+ + 2ye^- \Longleftrightarrow yNa_2O + xM \qquad (8-10)$$

当 M 为电化学活性元素(如 S 和 Sb)时,这类物质先进行转化反应[式(8-11)],然后再进行合金化反应[式(8-12)]。

$$M_xO_y + 2yNa^+ + 2ye^- \Longleftrightarrow y\,Na_2O + xM \qquad (8-11)$$

$$M + zNa^+ + ze^- \Longleftrightarrow Na_zM \qquad (8-12)$$

过渡金属硫/硒化物负极材料:与过渡金属氧化物相比,过渡金属硫/硒化物在钠化、脱钠过程中有较大优势,M—S 键比 M—O 键弱,有利于 $Na^+$ 的转化反应。在脱嵌过程中,$Na_2S$ 的可逆性比 $Na_2O$ 好,其体积变化相对较小,首周库仑效率较高,过渡金属硫/硒化物可改善力学稳定性。

### 8.2.3　电解质材料

电解质是一种负责离子传输的介质。电解质的离子电导率、黏度、界面性质等因素对电池的性能有重要影响。钠离子电池电解质材料主要可分为液体电解质、半固体凝胶电解质和固体电解质。

**1. 液体电解质**

钠离子电池液体电解质(简称电解液)由有机溶剂、钠盐和添加剂构成,这三个组成共同决定电解液的性质。

（1）液体电解质有机溶剂

钠离子电池液体电解质有机溶剂主要分为碳酸酯类和醚类两类。

碳酸酯类有机溶剂主要包括环状碳酸酯和链状碳酸酯两类,环状碳酸酯的介电常数远高于链状碳酸酯,还具有更高的黏度。

环状碳酸酯主要包括碳酸乙烯酯和碳酸丙烯酯。碳酸乙烯酯的热稳定性好,介电常数高,黏度较低,是比较合适的溶剂。碳酸丙烯酯的结构与碳酸乙烯酯类似,常温下为无色透明液体,具有较宽的液程及较高的介电常数,是一类理想的钠离子电池电解液有机溶剂。

链状碳酸酯主要包括碳酸二甲酯、碳酸二乙酯、碳酸甲乙酯及碳酸甲丙酯。链状碳酸酯可与碳酸乙烯酯互溶,其熔点和黏度一般较低,通常和高黏度的环状碳酸酯混合使用,可降低电解液黏度、增加离子电导率。

醚类有机溶剂的介电常数和黏度低、抗氧化性差,醚基基团化学性质活泼。醚类有机溶剂可分为环状醚和链状醚两类。

环状醚主要包括四氢呋喃和1,3-二氧杂环戊烷。四氢呋喃反应活性比较强,具有黏度低和阳离子络合能力强等优点,可增强钠盐的溶解度,提高电解液的电导率。

链状醚主要包括乙二醇二甲醚及其衍生物,可与高介电常数的溶剂混合使用。链状醚同样具有黏度低和阳离子络合能力强等优点,但沸点较低、易被氧化、易挥发。

(2)液体电解质钠盐

目前满足需求的钠盐可分为无机钠盐和有机钠盐两类。无机钠盐主要包括高氯酸钠($NaClO_4$)、四氟硼酸钠($NaBF_4$)、六氟磷酸钠($NaPF_6$),有机钠盐主要有三氟甲基磺酸钠($CF_3SO_3Na$)和双三氟甲基磺酰亚胺钠[$NaN(SO_2CF_3)_2$]。

高氯酸钠:$NaClO_4$溶解后的溶液电导率较高,阴离子抗氧化能力强,适于高电压电解液体系。$NaClO_4$与碳基负极的兼容性较好,产生的SEI膜界面电阻低。但氯元素处于高氧化态,氧化性比较强,存在安全隐患。

四氟硼酸钠:$NaBF_4$中的B—F键比较稳定,热稳定性好。$NaBF_4$对有机溶剂的耐受力比较强,毒性较小,安全性高于$NaClO_4$。使用$NaBF_4$作为钠盐的电解液一般具有较好的循环稳定性。但由于$BF_4^-$的半径比较小,与$Na^+$的相互作用较强,在有机溶剂中较难解离,电解液的离子电导率比较低。

六氟磷酸钠:$NaPF_6$的溶解度高,可溶解于醚、腈、醇、酮及酯类,通常随有机溶剂极性增强,其溶解度增加。$NaPF_6$易使铝箔钝化,可形成稳定的钝化层,与碳基负极和各类正极材料也都有较好的兼容性。

三氟甲基磺酸钠:$NaSO_3CF_3$具有更高的抗氧化性、热稳定性以及库仑效率。但$NaSO_3CF_3$在有机溶剂中易形成离子对,不利于$Na^+$的传输,所制备的电解液一般电导率较低。$NaSO_3CF_3$易腐蚀铝集流体,阴离子在较低电势下会与铝发生反应,不能形成稳定的钝化层。

双三氟甲基磺酰亚胺钠:使用$NaN(SO_2CF_3)_2$作为钠盐的电解液具有较高的电导率,接近于采用$NaPF_6$作为钠盐的电解液(简称$NaPF_6$电解液)。该电解液具有较好的热稳定性,同时由于C—F键比较稳定,不易水解,相较于$NaPF_6$电解液,其在水中稳定性更好,但也易腐蚀铝集流体。

（3）液体电解质添加剂

钠离子电解液的添加剂根据功能可分为成膜添加剂、阻燃添加剂和过充保护添加剂等。成膜添加剂主要用于增强 SEI 膜的稳定性；阻燃添加剂可以降低电解液的可燃性；过充保护剂可以在过充的情况下防止电池燃烧、爆炸。

成膜添加剂：成膜添加剂能够优先在负极（或正极）表面上反应，并形成致密、均一且较薄的 SEI 膜，从而保护电极材料，并使电解液的实际电化学窗口得到拓宽。常用的成膜添加剂有碳酸亚乙烯酯、氟代碳酸乙烯酯、硫酸乙烯酯等。

碳酸亚乙烯酯的化学性质较为活泼，在钠的嵌入过程中，能在较高电势下断开双键，并生成大分子网络状聚合物，参与 SEI 膜的形成。但过量的碳酸亚乙烯酯会在正极表面氧化分解，沉积于正极表面，影响正极的循环性能。

氟代碳酸乙烯酯利用卤素原子对电子的吸引力，提高中心原子的得电子能力，在相对较高的电势下，有利于金属钠和硬碳负极表面形成稳定的 SEI 膜。

亚硫酸酯和磺酸酯类添加剂也是一类重要的成膜添加剂，如硫酸乙烯酯。硫酸乙烯酯在负极表面的还原性要高于碳酸酯，优先形成富含硫化合物的稳定 SEI 膜。

阻燃添加剂：加入含有 P、F、Cl 和 Br 等具有良好阻燃性能元素的添加剂可降低电解液的可燃性。有机磷系阻燃添加剂包括磷酸酯、亚磷酸盐以及环状磷腈类等，是一种重要的钠离子电池电解液阻燃添加剂。

过充保护添加剂：过充情况下，电池电压会持续升高，化学反应加剧，温度升高，此时即使停止充电，电池温度也会因为化学反应产热而不断上升，引发燃烧、爆炸等安全事故。通过在电解液中添加过充保护剂，可有效提高钠离子电池的安全性能，一般含苯环类添加剂能够作为过充保护添加剂。

### 2. 半固体电解质

凝胶聚合物电解质是一类介于固体电解质和液体电解质之间的半固体电解质，结合了液体电解质的高离子电导率和固体聚合物电解质的高安全性的优点。凝胶聚合物电解质包含聚合物基体、增塑剂以及溶解盐。凝胶聚合物电解质中的增塑剂通常是介电常数高、挥发性低、相容性和溶解性好的有机溶剂。

### 3. 固体电解质

全固态钠离子
电池电解质及
其界面工程

有机物电解液易挥发、易燃烧，在电池使用过程中存在安全隐患。固体电解质可同时代替电解液与隔膜，进一步提升电池的安全性。固体电解质包括无机固体电解质、聚合物固体电解质以及复合固体电解质三类。

（1）无机固体电解质

无机固体电解质通常具有较高的离子电导率和较强的热稳定性，其中 NASICON 结构的化合物 $A_n M(XO_4)_3$（其中 A 为碱金属，M 为 Zr、Y、T、Sn、V、Nb、Ta 等，X 为 Si、P、S 等）可提供 $Na^+$ 的三维传输通道，是一种重要的钠离子电池无机固体电解质材料。

（2）聚合物固体电解质

在有机聚合物固体电解质中,离子传输主要依靠聚合物基质中离子导体盐的溶解和离子在聚合物链间的扩散。

聚环氧乙烷基聚合物固体电解质具有密度小、黏弹性好和易成膜等优点。聚环氧乙烷可与碱金属盐络合形成聚合物电解质,其微氧基具有较高的阳离子溶剂化能力和柔韧性,对促进离子的输运具有重要作用。聚碳酸酯类聚合物固体电解质体系（如聚碳酸乙烯酯、聚碳酸丙烯酯、聚碳酸亚乙烯酯和聚三亚甲基碳酸酯等）也可被用作钠离子电池固体电解质。

（3）复合固体电解质

有机聚合物固体电解质的离子电导率普遍较低,其机械性能也有待提高。无机粉体的加入可提升固体聚合物电解质的离子电导率和机械性能,最终得到的固体电解质称为复合固体电解质。

添加无机纳米颗粒提升电导率机理

有机-无机复合固体电解质的无机填料可分为两类:一类称为惰性填料,本身不具有离子传输能力,如 $Al_2O_3$、$SiO_2$、$MgO$ 和 $TiO_2$ 等;另一类为活性填料,本身具备离子传输能力,如钠离子导体 $Na_2SiO_3$、NASICON 电解质、$Na-\beta-Al_2O_3$ 以及硫化物无机固体电解质颗粒等。

## 8.2.4 隔膜材料

隔膜材料充当电池正、负极之间的物理屏障,有效防止短路现象的发生,保证电解液中溶剂分子的高效渗透和溶剂化钠离子的高效输运。在钠离子电池中所选用的隔膜包括聚合物隔膜、氧化铝陶瓷隔膜和复合隔膜等。

### 1. 聚合物隔膜

聚合物隔膜具有良好的离子传输性能、柔韧性以及低成本等特点,因此在钠离子电池中被广泛使用。聚合物隔膜主要包括聚烯烃类聚合物隔膜,如聚乙烯隔膜、聚丙烯隔膜等。但是聚合物隔膜的热稳定性较差,需要配合散热系统来降低电池温度。

### 2. 氧化铝陶瓷隔膜

氧化铝陶瓷是一种具有较好高温稳定性的隔膜材料,在高温环境下稳定性较好,但是其电子绝缘性能较差,对于高能量密度的钠离子电池而言,使用氧化铝陶瓷隔膜可能存在安全隐患。

### 3. 复合隔膜

复合隔膜是将聚合物隔膜和氧化铝陶瓷隔膜复合而成的一种隔膜。复合隔膜兼顾了聚合物隔膜的柔韧性和氧化铝陶瓷隔膜的高温稳定性,同时还具有良好的抗击穿性能和

新型钠离子电
池隔膜材料

高效的离子传输性能,在钠离子电池中具有广泛的应用前景。

随着钠离子电池研发和产业进程的快速发展,各种新型隔膜材料不断涌现,与使用液体电解质的传统钠离子电池相比,这些新型隔膜材料具有更高的可逆比容量和更好的循环稳定性。

# 8.3    钠离子电池的应用

与锂离子电池相比,钠离子电池具有原材料丰富、成本低廉和综合性能好等优势。钠离子电池在一定程度上缓解了锂资源短缺所带来的储能电池发展受限问题,从而满足了不断增长的储能市场需求,在便携式电子设备、新能源交通及大规模储能系统方面具有良好的应用前景与发展潜力。

## 8.3.1    便携式电子设备

钠离子电池作为电化学储能领域的一个重要分支,经过数十年的发展,其可行性逐渐得到认可,在便携式电子设备领域的应用潜力不断被开发。

**案例 8-1    基于石墨烯和 $VO_2$ 的新型柔性钠离子电池正极材料**

研究者设计了一种 $VO_2$ 阵列,其由石墨烯泡沫支撑的石墨烯量子点所锚定。采用化学气相沉积,通过溶剂热工艺在石墨烯泡沫上生长出双层 $VO_2$,然后通过电泳沉积工艺在 $VO_2$ 阵列上涂覆一层薄石墨烯量子点,从而制造出自立式阴极。制备采用的石墨烯泡沫基底超轻、多孔且具有高导电性,生长出来的 $VO_2$ 纳米带有利于离子的快速扩散,涂覆的石墨烯量子点层可以充当有效的活化剂和保护剂,可防止活性材料在长期循环过程中聚集和溶解。

**案例 8-2    具有管状结构的新型柔性钠离子电池**

研究人员利用含镍的模拟化学电镀废水和实验室涂层废料作为原料,制成了镀镍棉纺织品,并将普鲁士蓝/石墨烯复合材料涂覆在镀镍棉纺织品上。所得柔性电极表现出优异的柔韧性、良好的倍率性能以及出色的循环稳定性。利用这种柔性电极成功制造了一种管状柔性钠离子电池,即使故意弯曲和扭曲电池,电池仍然可以为 LED 供电。实验结果表明,这种管状钠离子电池在各种项链、手镯等柔性可穿戴电气设备上具有广阔的应用前景。

### 8.3.2 新能源交通

随着各种新能源交通工具的不断发展,钠离子电池凭借其高性价比和安全性,正逐步取代传统的铅酸电池,实现无铅化。

**案例 8-3 Faradion 公司第一代钠离子动力电池组**

Faradion 公司正在开发和商业化一种非水电解质钠离子电池技术,该技术基于由层状镍酸盐正极和硬碳负极组成的活性材料,所选活性材料的特定组合在比能、充电速率、循环寿命和安全性方面展现了优良性能。在开发和原型设计阶段,Faradion 的第一代电池配置是针对固定式储能系统和汽车能源应用而设计的。2015 年,该公司将该电池应用于一款示范性的电动自行车上,其中组装并测试了由多个 3 A·h 软包(标称能量为 9 W·h)组成的钠离子电池组,储能容量达 400 W·h。该公司根据计算结果预估该电动自行车续航里程将超过 35 km。

**案例 8-4 采用钠离子电池的示范性电动汽车**

中科海钠科技有限责任公司(简称中科海钠)致力于开发低成本、高性能钠离子电池,并将其应用于新能源汽车领域。2018 年,该团队推出了全球首辆钠离子电池(72 V,80 A·h)驱动的低速电动汽车,并实现了量产。之后,该公司参与开发的新能源汽车搭载着钠离子圆柱电芯,具有安全性高、能量密度高、低温性能好、循环寿命长等优势。该汽车上搭载的钠离子电池能够适应寒地环境,具有较高的容量保持率。

### 8.3.3 大规模储能系统

钠离子电池在大规模储能领域也具有广泛应用。国内外研究人员在钠离子电池的基础研究和关键技术等方面取得了丰富的成果,诸多企业推出了钠离子电池相关产品和应用示范。

**案例 8-5 可应用于大规模储能系统的高功率密度钠离子电池**

研究人员通过调整石墨负极的共插层电位,得到了适用于高输出电压、高能量和高功率密度的钠离子电池,系统地研究了影响共插层反应热力学的因素(溶剂种类、电解质浓度和温度),实现了 380 mV 的大调节范围。采用石墨负极、$Na_{1.5}VPO_{4.8}F_{0.7}$ 正极和醚基电解质的钠离子电池表现了出色的电化学性能,最高电压约为 3.1 V,两个电极的能量密度均为 149 W·h/kg。相较于目前研究的钠离子电池,该电池具有较好的功率密度、低温性能和循环寿命。此外,该电池在温度依赖性充电/放电测试中,能量/功率密度保持率在较宽的温度范围内表现良好。研究结果表明,采用共插层石墨负极的钠离子全电池有望应用于大规模储能系统。

**案例 8-6　大型钠离子电池储能系统**

2023 年,中国南方电网有限责任公司(简称中国南方电网)、中科海钠和中国科学院物理研究所等研究单位和机构联合研制的用于大型储能电站的钠离子电池系统取得重大进展。该系统储能容量达到 10 MW·h,能量转换效率超过 92%,这标志着我国在大容量钠离子电池储能系统领域取得了重大进展。2024 年 5 月,10 MW·h 级钠离子电池储能系统正式投运。

# 本章小结

钠离子电池主要由正极、负极、电解质以及隔膜组成。钠离子电池遵循脱嵌式的工作原理,通过钠离子在正、负极间的嵌入与脱出进行迁移,从而实现充、放电过程。

钠离子电池材料根据组成可分为正极材料、负极材料、电解质材料和隔膜材料。常见的正极材料包括氧化物正极材料、聚阴离子型正极材料及其他正极材料,其性能直接影响钠离子电池的工作电压和比容量。常见的负极材料包括碳基负极材料、合金负极材料及其他负极材料。在电池充、放电过程中,负极材料同样需要具有良好的离子导电性和电子导电性,以保证 $Na^+$ 的高效传输和对电子的快速捕获。电解质是离子传输的介质,钠离子电池电解质材料可分为液体电解质材料、半固体电解质材料和固体电解质材料。在钠离子电池中所选用的隔膜包括聚合物隔膜、氧化铝陶瓷隔膜和复合隔膜。

钠离子电池具有原材料丰富、成本低和综合性能好等优势,在便携式电子设备、新能源交通领域及大规模储能系统等方面具有良好的应用前景与发展潜力。

# 思考题

8-1　与锂离子电池相比,钠离子电池有哪些优势和劣势?

8-2　简述钠离子电池在产品研发和产业化的过程面临哪些挑战。

8-3　钠离子电池在大规模应用中的安全性如何? 存在哪些潜在的风险和应对措施?

8-4　为什么把锂离子电池电极材料中的锂直接替换为钠不合适?

8-5　为了减轻或避免钠离子电池正极材料在充、放电过程中的体积变化对电极性能的影响,可以采取哪些措施?

8-6　钠离子电池在电动汽车领域的应用前景如何? 能否满足电动汽车对续航里程和充电速度的需求?

8-7　极端低温或高温条件下,钠离子电池的性能会受到怎样的影响?

8-8 液体电解质和固体电解质在钠离子电池的应用中各自有哪些优势和不足?

8-9 在钠离子电池的设计中,如何平衡能量密度和循环寿命这两个性能指标?

8-10 请查找相关资料,总结钠离子电池在大规模储能系统中的应用前景。

# 习题

8-1 请简述钠离子电池的充、放电原理。

8-2 钠离子电池有哪些应用场景? 选择其中三种进行详细介绍。

8-3 常见的钠离子电池正极材料有哪些类型?

8-4 理想的钠离子电池负极材料应具备哪些特点?

8-5 写出以磷酸钒钠 $[Na_3V_2(PO_4)_3]$ 为正极材料、硬碳为负极材料组成的钠离子电池的正极反应式、负极反应式与总电池反应式。

8-6 钠离子电池的电解质材料需要具备哪些特性? 请列举几种常见的电解质材料。

8-7 影响钠离子电池循环寿命的因素有哪些?

8-8 钠离子电池的能量密度与锂离子电池相比如何? 哪些因素限制了钠离子电池的能量密度?

8-9 在钠离子电池负极材料的选择上,与无机物负极材料相比,有机物负极材料有哪些优、缺点?

8-10 请简述钠离子电池隔膜材料需要满足的主要性能指标。

8-11 隔膜材料的特性如何影响钠离子电池的电化学性能?

# 参考文献

[1] 刘金云,方臻,黄家锐,等.电化学储能材料[M].北京:科学出版社,2022.
[2] 陈军,陶占良.化学电源:原理、技术与应用[M].北京:化学工业出版社,2021.
[3] 方永进,陈重学,艾新平,等.钠离子电池正极材料研究进展[J].物理化学学报,2017,33(1):211-241.
[4] 何菡娜,王海燕,唐有根,等.钠离子电池负极材料[J].化学进展,2014,26(4):572-581.
[5] 叶飞鹏,王莉,连芳,等.钠离子电池研究进展[J].化工进展,2013,32(8):1789-1795.
[6] 郭晋芝,万放,吴兴隆,等.钠离子电池工作原理及关键电极材料研究进展[J].分子科学学报,2016,32(4):265-279.
[7] 金翼,孙信,余彦,等.钠离子储能电池关键材料[J].化学进展,2014,26(4):582-591.
[8] 潘都,戚兴国,刘丽露,等.钠离子电池正负极材料研究新进展[J].硅酸盐学报,2018,46(4):479-498.
[9] 潘慧霖,胡勇胜,李泓,等.室温钠离子储能电池电极材料结构研究进展[J].中国科学:化学,2014,44(8):1269-1279.
[10] 刘双,邵涟漪,张雪静,等.水系钠离子电池电极材料研究进展[J].物理化学学报,2018,34(6):581-597.

［11］曹斌,李喜飞.钠离子电池炭基负极材料研究进展[J].物理化学学报,2020,36(5):89-104.

［12］潘雯丽,关文浩,姜银珠.聚阴离子型钠离子电池正极材料的研究进展[J].物理化学学报,2020,36(5):69-80.

［13］曹翊,王永刚,王青,等.水系钠离子电池的现状及展望[J].储能科学与技术,2016,5(3):317-323.

［14］曹鑫鑫,周江,潘安强,等.钠离子电池磷酸盐正极材料研究进展[J].物理化学学报,2020,36(5):24-49.

［15］杨绍斌,董伟,沈丁,等.钠离子电池负极材料的研究进展[J].中国有色金属学报,2016,26(5):1054-1064.

［16］史文静,燕永旺,徐守冬,等.钠离子电池正极材料$Na_{0.44}MnO_2$的研究进展[J].化工进展,2017,36(9):3343-3352.

［17］党荣彬,陆雅翔,容晓晖,等.钠离子电池关键材料研究及工程化探索进展[J].科学通报,2022,67(30):3546-3564.

［18］FEI H,FENG W,XU T.Zinc naphthalenedicarboxylate coordination complex:A promising anode material for lithium and sodium-ion batteries with good cycling stability[J].Journal of Colloid and Interface Science,2017,488:277-281.

［19］EGUIA-BARRIO A,CASTILLO-MARTÍNEZ E,KLEIN F,et al.Electrochemical performance of CuNCN for sodium ion batteries and comparison with ZnNCN and lithium ion batteries[J].Journal of Power Sources,2017,367:130-137.

［20］SU H,JAFFER S,YU H.Transition metal oxides for sodium-ion batteries[J].Energy Storage Materials,2016,5:116-131.

［21］ZHANG W,DAHBI M,KOMABA S.Polymer binder:a key component in negative electrodes for high-energy Na-ion batteries[J].Current Opinion in Chemical Engineering,2016,13:36-44.

［22］WU S,GE R,LU M,et al.Graphene-based nano-materials for lithium-sulfur battery and sodium-ion battery[J].Nano Energy,2015,15:379-405.

［23］YAO Y,WU F.Naturally derived nanostructured materials from biomass for rechargeable lithium/sodium batteries[J].Nano Energy,2015,17:91-103.

［24］GANDI S,VADDADI V S C S,PANDA S S S,et al.Recent progress in the development of glass and glass-ceramic cathode/solid electrolyte materials for next-generation high capacity all-solid-state sodium-ion batteries:A review[J].Journal of Power Sources,2022,521:230930.

［25］YANG Y,ZHOU J,WANG L,et al.Prussian blue and its analogues as cathode materials for Na-,K-,Mg-,Ca-,Zn-and Al-ion batteries[J].Nano Energy,2022,99:107424.

［26］ZHAO L,QU Z.Advanced flexible electrode materials and structural designs for sodium ion batteries[J].Journal of Energy Chemistry,2022,71:108-128.

［27］DIN M A U,LI C,ZHANG L,et al.Recent progress and challenges on the bismuth-based anode for sodium-ion batteries and potassium-ion batteries[J].Materials Today Physics,2021,21:100486.

［28］MOSALLANEJAD B,MALEK S S,ERSHADI M,et al.Cycling degradation and safety issues in sodium-ion batteries:Promises of electrolyte additives[J].Journal of Electroanalytical Chemistry,2021,895:115505.

［29］ALVIRA D,ANTORÁN D,MANYÀ J J.Plant-derived hard carbon as anode for sodium-ion batteries:A comprehensive review to guide interdisciplinary research[J].Chemical Engineering Journal,2022,447:137468.

其他参考文献

# 第九章
## "流动的储能电池"——
## 液流电池材料

液流电池是一种利用活性物质发生可逆氧化还原反应,实现化学能与电能之间相互转化的电化学储能装置。液流电池储能系统主要由电堆、电解液、电解液储供体系、电池管理体系、充放电体系和储能监控体系组成。与传统电池结构相比,液流电池的电解液存储于电池外部储罐中,这种结构设计使液流电池在工作运行中具有较高的灵活性和安全性,可根据实际需求调整电池的大小和容量,以满足各种应用场景的需求。同时,活性物质可根据需要定期更换,从而保证电池的工作性能和使用寿命。液流电池储能系统具有使用寿命长、安全与稳定性高、能量转换效率高、启控灵活等优势,在大规模储能设备、电力系统削峰填谷、用户侧储能设备等领域具有广阔的应用前景。

本章从液流电池储能原理展开介绍,包括液流电池的组成及其工作原理;根据液流电池关键组成部件,分别对电极材料、电解液材料、隔膜材料以及双极板材料的分类进行介绍;最后通过案例介绍目前液流电池的具体应用。通过本章的介绍,帮助读者较为系统地学习和掌握液流电池材料的储能原理、关键部件材料的分类和特性及其应用。本章的结构总图如图9-1所示。

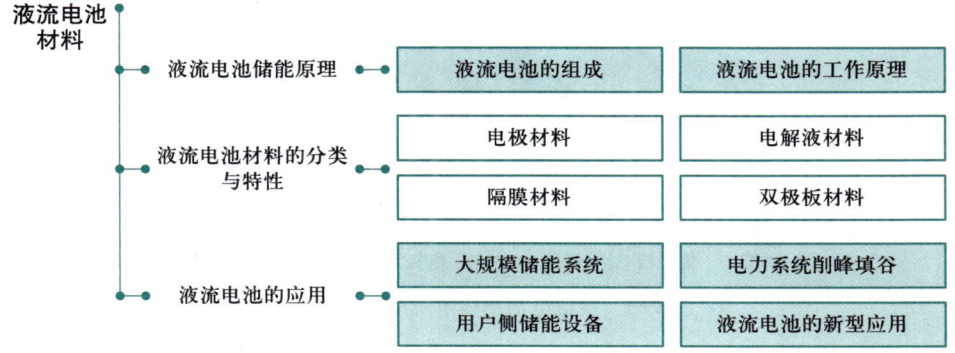

图 9-1　第九章的结构总图

# 9.1 液流电池储能原理

### 9.1.1 液流电池的组成

液流电池是一种与传统二次电池结构不同的可进行重复充、放电的电池。液流电池的主体由电堆模块、液路循环模块以及储液模块三部分组成。液流电池的结构示意图如图 9-2 所示。

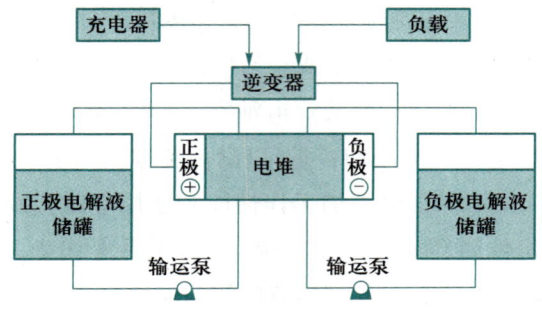

图 9-2 液流电池的结构示意图

电堆模块主要由端板、集流板、双极板、电极和隔膜组成。端板设有液体进、出口,在充、放电时电解液从电堆模块中流入或流出。在大规模液流电池系统中,通过在端板内设置若干双极板实现了小型液流电池的串联。液流电池单体电堆的结构示意图如图 9-3 所示。

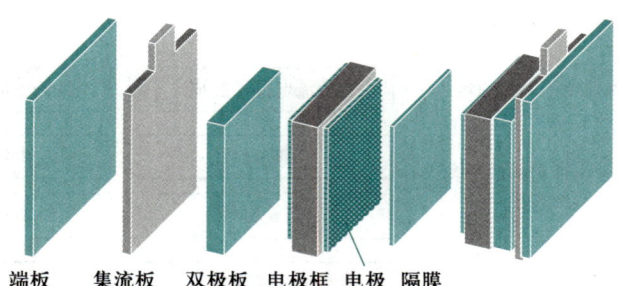

端板　集流板　双极板　电极框　电极　隔膜

图 9-3 液流电池单体电堆的结构示意图

液路循环模块主要由电解液、管路和输运泵组成。在输运泵的作用下,电解液实现了从储液模块到电堆模块的循环流动,从而能够与电池进行分离,缓解了其他二次电池常见的穿刺和散热问题。

储液模块主要由负极电解液储罐和正极电解液储罐组成,通过改变电解液储罐(简称储液罐）的容量可实现对液流电池电容量的调整,从而满足不同工况的需求,进而提高了液流电池系统工作的灵活性。

## 9.1.2　液流电池的工作原理

液流电池利用电解液中活性物质发生的可逆氧化还原反应,实现化学能与电能之间的相互转化。液流电池的工作原理主要包括充电和放电两个过程,其示意图如图 9-4 所示。

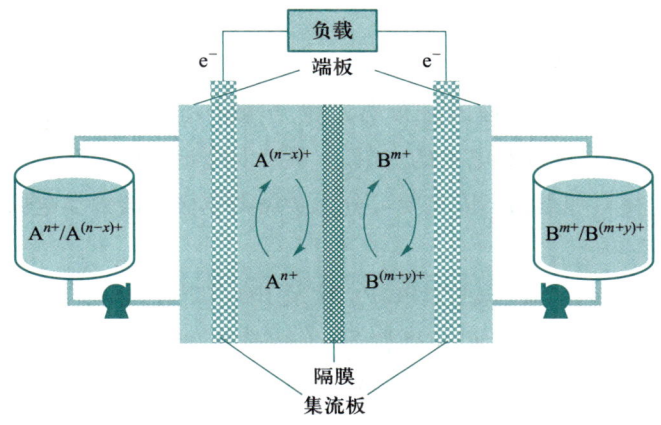

图 9-4　液流电池工作原理示意图

充电过程:在充电过程中,存储在外部储液罐中的电解液会被输运泵送进电堆(即电化学反应堆)。电堆内部有正极、负极以及隔膜,电化学反应过程中离子通过隔膜进行迁移,确保电荷平衡。正、负两极电解液(在图中以 A、B 离子表示)分别在两个电极上发生氧化或还原反应,从而将电能转化为化学能并存储在电解液中。反应方程式为

正极反应
$$B^{m+} \longrightarrow B^{(m+y)+} + ye^- \qquad (9-1)$$

负极反应
$$A^{n+} + xe^- \longrightarrow A^{(n-x)+} \qquad (9-2)$$

放电过程:在放电过程中,存储在外部储液罐中的电解液再次通过输运泵进入电堆。离子通过隔膜进行迁移,电解液在正、负电极表面发生逆向的氧化还原反应,将化学能转化为电能,通过外部电路释放出来供能源系统或设备使用。反应方程式为

正极反应
$$B^{(m+y)+} + ye^- \longrightarrow B^{m+} \qquad (9-3)$$

负极反应
$$A^{(n-x)+} \longrightarrow A^{n+} + xe^- \qquad (9-4)$$

液流电池由两个具有不同电势的活性离子对组成,不同的活性离子对构成了多种电解液体系。例如最常见的全钒液流电池,采用$VO_2^+/VO^{2+}$作为正极活性电对,$V^{3+}/V^{2+}$作为负极活性电对。下面将针对组成液流电池的不同材料逐一展开介绍。

# 9.2 液流电池材料的分类与特性

液流电池材料可分为电极材料、电解液材料、隔膜材料和双极板材料,本节将逐一进行介绍。

## 9.2.1 电极材料

电极材料为电解液中的活性成分提供反应位点,本身并不直接参与化学反应。电极的电化学特性会影响电解质溶液的分布均匀性、扩散状态、电池内阻以及电化学反应速率,进而影响电极的极化程度和电池的内阻,并最终对电池的能量转换效率和功率密度产生影响。电极根据材料种类的不同主要可分为金属类电极和碳素类电极。

**1. 金属类电极**

金属类电极材料包括 Au、Sn、Ti、Pt、Pt/Ti 及 $IrO_2/Ti$ 等,具有电导率高、机械性能好等优点。其中,金电极的电化学可逆性较差,价格昂贵;铅电极的电化学可逆性也较差,且在进行充放电循环时表面易形成钝化膜,阻碍电极反应的持续进行;钛电极的电化学可逆性较高,但与铅电极类似,电极表面也易形成高电阻钝化膜,不利于电极反应的持续进行。

**2. 碳素类电极**

碳素类电极材料包括玻璃碳、石墨棒、石墨板、碳布、碳毡和石墨毡等,是一类具有良好稳定性且成本相对较低的电极材料。

玻璃碳是一种由碳原子构成的非晶态碳材料,具有高温稳定性、化学惰性、良好的导电性和耐腐蚀性等优点。当作为全钒液流电池的电极时,玻璃碳电极的电化学可逆性较低。

石墨毡常用
改性方法

石墨棒、石墨板或碳布作为电极时,经过几次充放电循环后,正极表面会发生刻蚀现象。此类电极的比表面积较小,电化学反应电阻较大,该类电池很难在高工作电流密度下运行。

碳毡和石墨毡通常由碳纤维纺织而成,具有良好的机械强度、化学稳定性和导电性,可提供较大的电化学反应面积,从而大幅度提高碳素类电极的催化活性。碳毡和石墨毡按其纤维原料来源可分为黏胶基、聚丙烯腈基和沥青基等。一般需要对其进行适当的改性提升亲水性和电化学活性,从而获得电化学极化电位低、可逆性好、多次充放电循环后性质稳定的石墨毡电极。

表 9-1 中列出了几种液流电池中常用的电极材料。

表 9-1　常用的液流电池电极材料

| 液流电池 | 电极材料 |
|---|---|
| 全钒液流电池 | 正极:碳布、改性碳毡、钛等<br>负极:碳布、改性碳毡、钛等 |
| 铁/铬液流电池 | 正极:碳布、石墨毡等<br>负极:碳布、石墨毡、改性碳毡等 |
| 多硫化钠/溴液流电池 | 正极:碳布、碳毡、活性炭等<br>负极:金属硫化物、活性炭等 |
| 锌/溴液流电池 | 正极:碳毡、活性炭等<br>负极:钛板、石墨毡等 |
| 锌/镍液流电池 | 正极:泡沫镍电极等<br>负极:镍箔、镀镍冲孔钢等 |

### 9.2.2　电解液材料

电解液作为液流电池的储能介质,具有离子传输、维持电荷平衡等作用。液流电池系统的储能容量是由电解液储能活性物质的浓度和容量决定的。目前,液流电池的电解液包括全钒体系、铁/铬体系、多硫化钠/溴体系、锌/溴体系和锌/镍体系等。

 分析影响液流电池电解液性能的关键因素。

#### 1. 全钒体系电解液

采用全钒体系电解液的液流电池(又称全钒液流电池)通过电解质溶液中不同价态钒离子在电极表面发生氧化还原反应,完成电能和化学能的相互转化,实现电能的存储和释放。在全钒体系电解液中,钒离子主要存在 $VO_2^+$、$VO^{2+}$、$V^{3+}$、$V^{2+}$ 四种形式,正极电池电解液中的活性电对为 $VO_2^+/VO^{2+}$,负极电池电解液中的活性电对为 $V^{3+}/V^{2+}$,通常使用硫酸为支持电解质。其电极反应为

正极反应
$$VO^{2+} + H_2O - e^- \xrightleftharpoons[放电]{充电} VO_2^+ + 2H^+ \qquad (9-5)$$

负极反应
$$V^{3+} + e^- \xrightleftharpoons[放电]{充电} V^{2+} \qquad (9-6)$$

总反应
$$VO^{2+} + V^{3+} + H_2O \xrightleftharpoons[放电]{充电} VO_2^+ + V^{2+} + 2H^+ \qquad (9-7)$$

充电时,$VO^{2+}$ 在正极失去电子形成 $VO_2^+$,$V^{3+}$ 在负极得到电子形成 $V^{2+}$,电子通过外电路从正极到达负极产生电流,$H^+$ 则通过离子传导膜从正极传递电荷到负极形成闭合回路;放电过程则与充电过程相反。全钒液流电池的结构与工作原理示意图如图 9-5 所示。

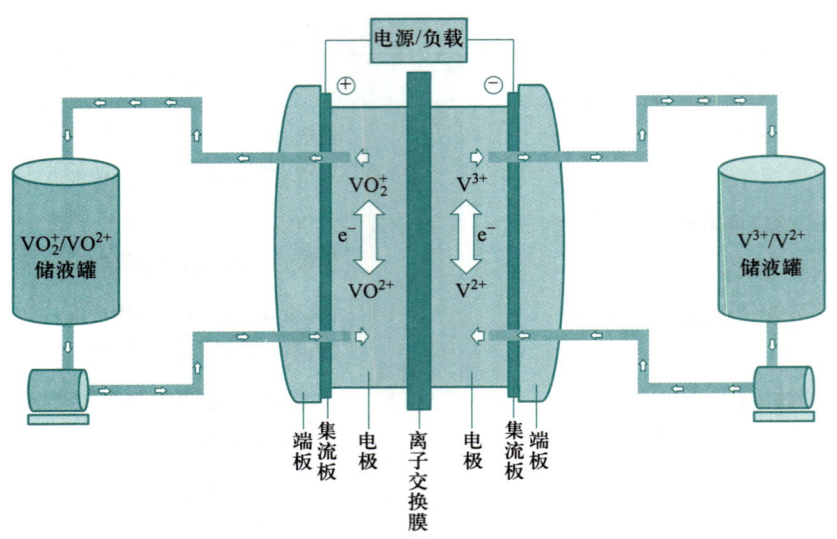

图 9-5　全钒液流电池的结构与工作原理示意图

### 2. 铁/铬体系电解液

采用铁/铬体系电解液的液流电池(又称铁/铬液流电池)的正极电对为 $Fe^{3+}/Fe^{2+}$,$Fe^{3+}/Fe^{2+}$ 半电池具有较好的可逆性和较快的动力学特征;铁/铬液流电池的负极电对为 $Cr^{3+}/Cr^{2+}$。其电极反应为

正极反应
$$Fe^{2+} - e^- \underset{\text{放电}}{\overset{\text{充电}}{\rightleftharpoons}} Fe^{3+} \tag{9-8}$$

负极反应
$$Cr^{3+} + e^- \underset{\text{放电}}{\overset{\text{充电}}{\rightleftharpoons}} Cr^{2+} \tag{9-9}$$

总反应
$$Fe^{2+} + Cr^{3+} \underset{\text{放电}}{\overset{\text{充电}}{\rightleftharpoons}} Cr^{2+} + Fe^{3+} \tag{9-10}$$

三价铬离子在 HCl 水溶液中形成三种内层配离子,即 $[Cr(H_2O)_4Cl_2]^+$、$[Cr(H_2O)_5Cl]^{2+}$ 与 $[Cr(H_2O)_6]^{3+}$,均为惰性配离子,会影响 $Cr^{3+}/Cr^{2+}$ 的氧化还原反应速率。同时,由于负极电对 $Cr^{3+}/Cr^{2+}$ 的电势较低,易发生析氢副反应,因此 $Cr^{3+}/Cr^{2+}$ 半电池须使用催化剂来提高反应速率。金属铋由于价格低,催化效果好,常作为催化剂被广泛应用于铁/铬液流电池,其催化机理示意图如图 9-6 所示。

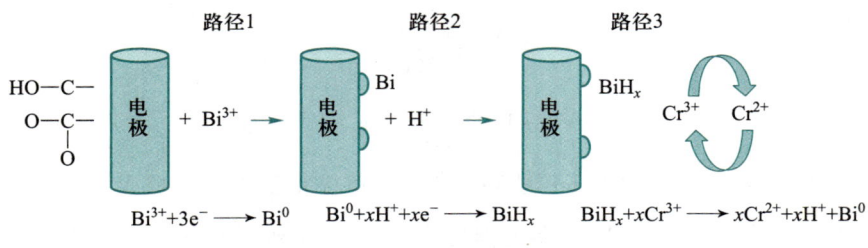

图 9-6　金属铋对铁/铬液流电池电极的催化机理示意图

### 3. 多硫化钠/溴体系电解液

采用多硫化钠/溴体系电解液的液流电池(又称多硫化钠/溴液流电池)分别以溴化钠($NaBr$)和多硫化钠($Na_2S_x$)的碱性水溶液为电池正、负极的电解质溶液及反应活性物质。其中 Br 主要以 $Br_3^-$ 形式存在于正极电解质溶液中,单质硫与硫离子结合成多硫离子存在于负极电解质溶液中。电池正、负极电解质溶液之间用离子交换膜分隔,电池在充放电时由 $Na^+$ 通过隔膜在正、负极电解质溶液间的电迁移而形成通路。多硫化钠/溴液流电池的工作原理示意图如图 9-7 所示,电极反应为

正极反应
$$2NaBr - 2e^- \underset{\text{放电}}{\overset{\text{充电}}{\rightleftharpoons}} Br_2 + 2\,Na^+ \qquad (9-11)$$

负极反应
$$2\,Na^+ + (x-1)\,Na_2S_x + 2e^- \underset{\text{放电}}{\overset{\text{充电}}{\rightleftharpoons}} x\,Na_2S_{x-1} \qquad x = 2 \sim 4 \qquad (9-12)$$

总反应
$$2NaBr + (x-1)\,Na_2S_x \underset{\text{放电}}{\overset{\text{充电}}{\rightleftharpoons}} Br_2 + x\,Na_2S_{x-1} \qquad x = 2 \sim 4 \qquad (9-13)$$

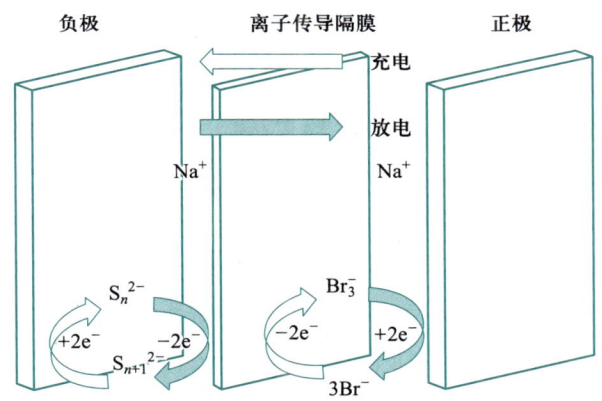

图 9-7 多硫化钠/溴液流电池的工作原理示意图

### 4. 锌/溴体系电解液

采用锌/溴体系电解液的液流电池(又称锌/溴液流电池)的正极和负极采用成本和电化学当量较低的锌和溴为储能活性物质,具有能量密度较高、成本较低等优点。

锌/溴液流电池正极采用 $Br^-/Br_2$ 电对,负极采用 $Zn^{2+}/Zn$ 电对。充电时,正极上 $Br^-$ 发生氧化反应生成 $Br_2$,$Br_2$ 被络合剂捕获后在密度大于水相电解液的油状络合物中富集,并沉降在电解液储罐的底部;负极上 $Zn^{2+}$ 发生还原反应,生成金属锌并沉积在负极表面。放电时,开启循环泵,使油、水两相混合后进入电池内,$Br_2$ 在正极表面发生还原反应生成 $Br^-$,Zn 在负极表面发生氧化反应生成 $Zn^{2+}$。锌/溴液流电池的电堆结构如图 9-8 所示,其电极反应为

正极反应
$$2\,Br^- \underset{\text{放电}}{\overset{\text{充电}}{\rightleftharpoons}} Br_2 + 2e^- \qquad (9-14)$$

负极反应 $\qquad$ $Zn^{2+} + 2e^- \underset{放电}{\overset{充电}{\rightleftharpoons}} Zn$ $\qquad$ (9-15)

总反应 $\qquad$ $Zn^{2+} + 2\,Br^- \underset{放电}{\overset{充电}{\rightleftharpoons}} Zn + Br_2$ $\qquad$ (9-16)

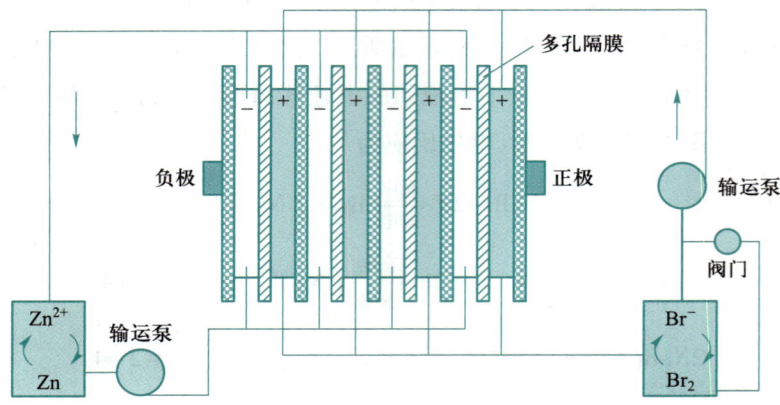

图 9-8    锌/溴液流电池的电堆结构

### 5. 锌/镍体系电解液

采用锌/镍体系电解液的液流电池(又称锌/镍液流电池)的正极和负极分别采用氢氧化镍电极与惰性金属或石墨电极。正极活性物质以氢氧化镍形式存储在固体电极内,负极活性物质则以锌酸盐形式存储在强碱性电解液中,并通过输运泵循环到电堆中,在电极上发生可逆氧化还原反应。

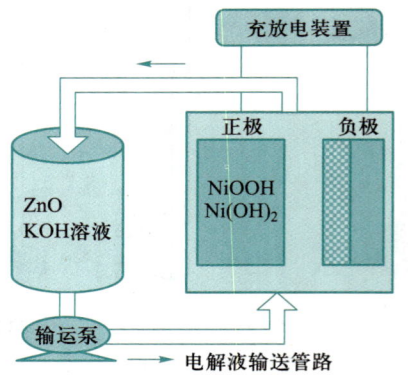

图 9-9    锌/镍液流电池的工作原理示意图

锌/镍液流电池的正、负极电解液组分相同,均采用碱性锌酸盐溶液,通过循环系统在正、负极间流通,利用锌离子和镍离子间的电化学反应实现电能与化学能间的相互转换。锌/镍液流电池的工作原理如图 9-9 所示,电极反应为

正极反应 $\qquad$ $2Ni(OH)_2 + 2OH^- - 2e^- \underset{放电}{\overset{充电}{\rightleftharpoons}} 2NiOOH + 2H_2O$ $\qquad$ (9-17)

负极反应 $\qquad$ $Zn(OH)_4^{2-} + 2e^- \underset{放电}{\overset{充电}{\rightleftharpoons}} Zn + 4OH^-$ $\qquad$ (9-18)

总反应 $\qquad$ $Zn(OH)_4^{2-} + 2Ni(OH)_2 \underset{放电}{\overset{充电}{\rightleftharpoons}} Zn + 2NiOOH + 2H_2O + 2OH^-$ $\qquad$ (9-19)

锌/镍液流电池在充电过程中,固相活性物质氢氧化镍在正极上被氧化为羟基氧化镍,同时失去电子和质子,电子经外电路传递

 锌/镍液流电池相比其他液流电池有哪些优点?

至负极表面,质子由固体电极扩散至固液界面,并与氢氧根离子结合生成水。溶液中的锌酸根离子在负极上得到电子,被还原为金属锌,并沉积在负极表面,同时释放四个氢氧根离子,传递至正极表面,维持电荷的平衡,完成充电过程。放电过程则相反。

其他液流电池电解液材料

### 9.2.3 隔膜材料

液流电池中的隔膜是一种离子交换膜,在电堆模块中用于隔离电解质以及传导电荷载体以形成内部电路。离子交换膜的主要功能包括:① 离子传导,确保特定离子能够在电解液中稳定传输,从而维持电池的电化学反应正常进行;② 隔离,阻挡电解液中的其他离子或分子,防止不同电解液之间的交叉混合;③ 平衡电荷,通过选择性离子的传导,维持电池内部电荷平衡和电池的正常工作,保持电解液在充、放电过程中的电化学稳定性。

液流电池离子交换膜材料相比于传统隔膜应具备什么特性?

离子交换膜根据其传导离子的类型可分为阳离子交换膜、阴离子交换膜和两性离子交换膜。

#### 1. 阳离子交换膜

阳离子交换膜的主要材料为带有特定负电荷基团的聚合物材料。在液流电池工作时,这些负电荷基团(如磺酸基团—$SO_3H$)能够结合阳离子,使阳离子(如 $H^+$、$Na^+$、$K^+$ 等)顺利通过离子隔膜在电解液之间传导,而将阴离子阻挡在另一侧,确保了电解液的电化学平衡,保障电池工作的高效能量转换并提高液流电池的使用寿命。因此,离子交换膜通常应具备高选择性和高导电性,常见的阳离子交换膜材料包括全氟磺酸(PFSA)离子交换膜、磺化聚醚醚酮(SPEEK)离子交换膜和 Nafion 离子交换膜等。

PFSA 离子交换膜的基本结构是全氟乙烯主链和带有磺酸基团的侧链。PFSA 离子交换膜具有高电导率、优异的耐化学性和机械性能,能够在强酸、强碱和高温环境中工作,适用于苛刻的电化学环境,被广泛应用于液流电池中。

SPEEK 离子交换膜是一种芳香族聚合物,通过磺化反应在聚醚醚酮分子中引入磺酸基团。作为一种优异的高性能聚合物材料,SPEEK 离子交换膜具有高温稳定性、化学稳定性和良好的机械性能。引入磺酸基团可提高阳离子传导能力和聚合物的离子交换能力,增加材料的导电性。通过调节引入磺酸基团的磺化程度来满足液流电池在不同应用场景下的具体需求。

Nafion 杂化离子交换膜的具体制备及应用

Nafion 离子交换膜是一种基于 PFSA 开发的全氟磺酸聚合物电解质材料,基本结构是四氟乙烯主链和带有磺酸基团的侧链。Nafion 离子交换膜可实现高效离子传导,具有低电阻、优异的化学稳定性和机械强度,适用于高温和强酸环境,是广泛应用的阳离子交换膜之一。图 9-10 展示了一种 Nafion 杂化离子交换膜的结构。

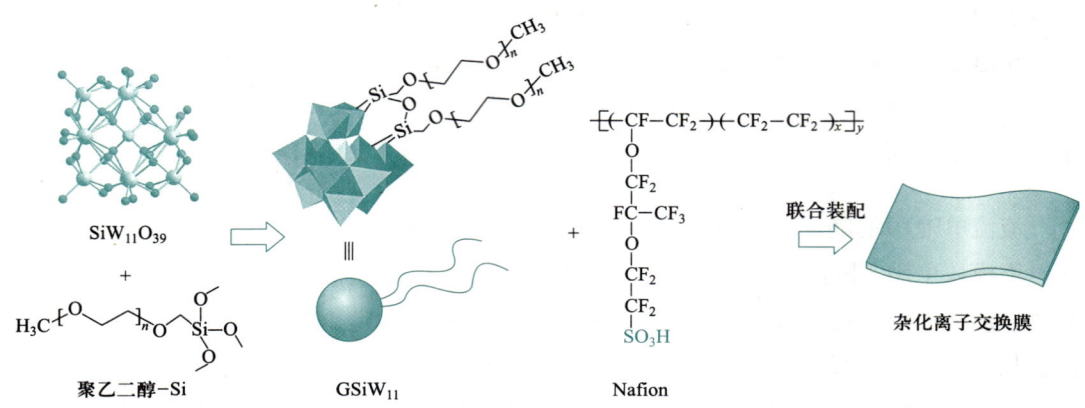

SiW$_{11}$O$_{39}$

+

H$_3$C$\cdots$O$\cdots$O$\cdots$Si

聚乙二醇-Si

GSiW$_{11}$

Nafion

联合装配

杂化离子交换膜

图 9-10　Nafion 杂化离子交换膜的结构示意图

### 2. 阴离子交换膜

阴离子交换膜与阳离子交换膜类似,主要材料为带有特定正电荷基团的聚合物材料。在液流电池工作时,这些正电荷基团(如季铵基团 $NR_4^+$)与阴离子结合,允许阴离子(如 $OH^-$、$Cl^-$、$SO_4^{2-}$ 等)顺利通过离子隔膜并在电解液之间传导,同时起到阻挡阳离子的作用,从而实现高选择性和高效的电化学过程。确保电解液之间的电化学平衡,保障了电池工作的能量转换效率。

与阳离子交换膜相比,阴离子交换膜可在非贵金属催化剂的催化作用下正常工作,成本较低。此外,阴离子交换膜的耐腐蚀性优良,可在较高的 pH 条件下运行,使用寿命长。在弱酸性条件下工作可使用更广泛的材料来制造组件,从而进一步降低成本并扩大技术的普及性。常见的阴离子交换膜包括季铵化多苯乙烯磺酸(QAPSF)离子交换膜和聚四氟乙烯衍生物(PTFE)离子交换膜等。

QAPSF 离子交换膜可通过在多苯乙烯磺酸上引入季铵基团得到。QAPSF 离子交换膜具有良好的化学稳定性和高离子选择性,特别是在碱性环境中能够保持高效的阴离子传导能力,具有较好的机械性能,适用于多种电解液体系。

PTFE 离子交换膜可通过在聚四氟乙烯上引入季铵基团得到。PTFE 离子交换膜具有较高的化学稳定性和耐腐蚀性,可在强酸、强碱、高温、强氧化剂等极端条件下保持其性能,其耐化学腐蚀性甚至超过贵金属(如金和铂等)。此外,PTFE 离子交换膜还具有高导电性和低电阻等特点。

### 3. 两性离子交换膜

两性离子交换膜是一种带有两性离子基团(碱性基团和酸性基团)的特殊离子交换膜,具有阳离子和阴离子的双离子交换能力。由于其表面净电荷可随外部溶液变化而变化,因此具有可调性。在液流电池工作过程中,两性离子交换膜能够同时允许阳离子和阴离子在电解液之间传导。这种膜在特定应用(如需要双离子传导的电池体系)中具有优势。

单一种类的离子交换膜难以完全满足液流电池的要求。在全钒液流电池中,阳离子交换膜导电性较好,但其阻止钒离子渗透的能力较差,阴离子交换膜则相反。相比之下,两性离子交换膜则结合了二者的优点,同时具有较高的离子选择性和导电性,在防止正、负极电解液交叉混合的同时,保障电池的工作效率;两性离子膜能够更好地平衡电荷传导,减小电池内部的电势差,从而提高能量转换效率。两性离子交换膜主要包括两性离子聚合物膜和多苯乙烯砜衍生物膜。

两性离子聚合物膜可在聚合物骨架上引入同时带有正、负电荷的两性离子基团得到。常见的两性离子聚合物包括卵磷脂和聚磺酸胺等,由这些材料组成的两性离子交换膜通常在酸碱环境中具有良好的化学稳定性,适用于长时间电化学工作。通过优化膜的微观结构和宏观形态,或合成新型的两性离子聚合物,可提升膜的力学性能和使用寿命。图9-11为一种新型多叔胺型两性离子交换膜的结构示意图。

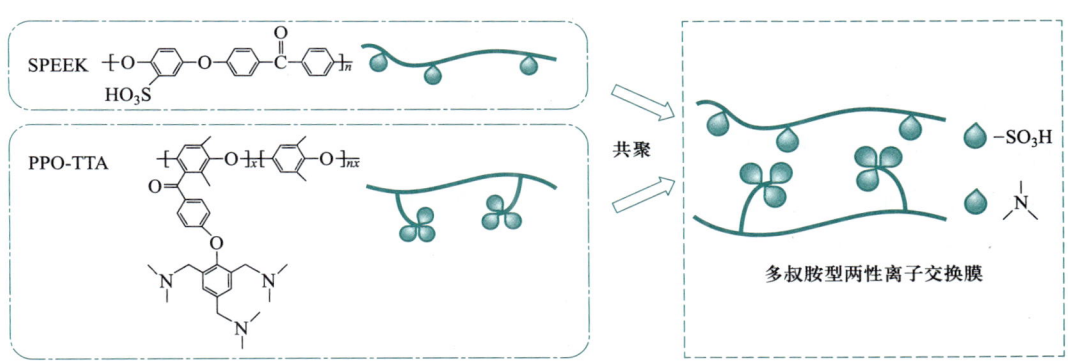

图9-11 多叔胺型两性离子交换膜的结构示意图

多苯乙烯砜衍生物膜可在多苯乙烯砜上引入两性离子基团得到,如通过磺化和氨基化反应引入磺酸基团和铵基团。除了通过简单化学修饰之外,还可与其他单体(如苯乙烯)通过共聚得到。这种隔膜可实现高效的离子传导和电荷平衡,提高电池的整体性能。

液流电池其他隔膜材料

## 9.2.4 双极板材料

液流电池中的电堆主要是由多个单电池单元串联组装而成的。其中具有分隔两侧正/负极电解质溶液、导通内部电路和支撑电极作用的导电隔板称为双极板。双极板对电堆进行反应实现充放电的能量转换效率有显

请简述液流电池双极板在电池中的作用以及常见组成材料。

著影响,应具备良好的导电性、致密性、高耐腐蚀性以及一定的机械强度。双极板按照组成材料可分为石墨双极板、金属双极板和碳塑复合材料双极板等。为了改善液流电池中电解液的流动工况,优化电池效率,近年来提出了一种将电极融合在原有双极板材料基础上的新型一体化电极-双极板。图 9-12 总结了目前对液流电池双极板材料的性能要求。

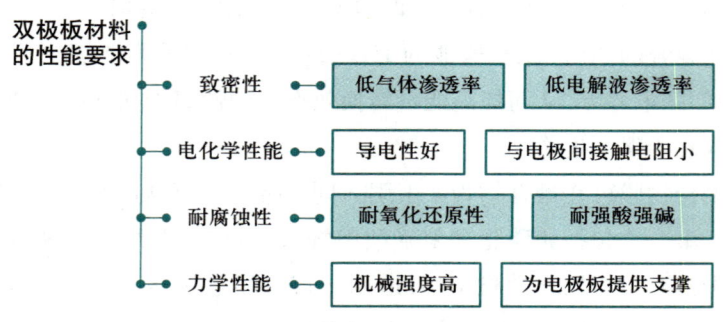

图 9-12    液流电池双极板材料的性能要求

### 1. 石墨双极板

石墨具有密度低、易装配、制造成本低、导电性能良好且适用于强酸/强碱工作环境的特性,是目前广泛使用的双极板材料之一。膨胀石墨电极板通常具有多孔结构,易导致电解质离子渗入孔隙之中发生化学腐蚀和颗粒解离,解离的碳颗粒容易在电池内发生堆积,引起电解液流速的变化并造成双极板材料发生严重溶胀,致使液流电池在经过多个充放电循环后效率下降甚至失效。

为了缓解石墨双极板表面易出现溶胀和解离的问题,通常可在膨胀石墨材料中使用 PTFE 添加剂。PTFE 可明显改善板材的柔韧性,制造出较为紧凑的双极板结构。由于 PTFE 优异的疏水性能,有效避免了高腐蚀性电解液对石墨基材表面的溶胀和解离,缓解了液流电池内部电阻和工作效率恶化的问题,表现出优异的耐腐蚀性、高离子渗透抑制率以及优异的电化学性能。

### 2. 金属双极板

与石墨双极板相比较,金属双极板在力学性能方面具有优势,且板材厚度可设计得紧凑从而有效降低电池堆的重量和体积。另外,金属双极板具有较好的导电性、导热性,可有效降低电池内阻,且金属成形过程中可以直接实现表面流道的加工。

在液流电池的复杂工作环境中,金属双极板在强酸或强碱中会不可避免地发生电化学腐蚀,需要对金属表面进行改性以提升其耐腐蚀性。在液流电池中金属双极板的常用改性方法有电镀、化学镀、热喷涂、物理气相沉积和化学气相沉积等。

### 3. 碳塑复合双极板

由于单一的金属双极板或石墨双极板在液流电池工作过程中不可避免地存在一些问题而影响电池本身性能和能量效率,碳塑复合材料双极板可弥补金属和石墨材料应用于复杂体系液流电池双极板中的缺陷。碳塑复合材料双极板由两种或两种以上材料构成,兼具石墨材料的高导电性和金属材料的良好力学性能的优点,可用于全钒液流电池。

碳塑复合材料双极板是液流电池电堆中常用的双极板,这种双极板通常是以导电填料(如石墨、碳纤维、碳纳米管等)、热塑性树脂(如聚乙烯、聚丙烯、聚偏氟乙烯等)或热固性树脂(如酚醛树脂、环氧树脂和乙烯基

分析双极板结构设计中需要考虑的关键参数,如流量、温度、浓度等,并解释它们对电池工作性能的影响?

酯等)为原料,具有较好的耐腐蚀性和阻液性能。目前常见的碳塑复合双极板通常以石墨为导电填料,当石墨含量较高时,双极板的导电性能有所提高,但气密性和机械强度下降;而当树脂含量较高时,双极板的气密性和机械强度增加,但导电性下降,为此石墨与树脂的含量需要精确调控。

在液流电池电堆中,多个单电池通过双极板相连,正、负电极置于双极板两侧,并与双极板进行直接接触,两者间会存在一定的接触电阻。为了减小接触电阻并优化电解液流动特性,可将电极设计在双极板上进行一体化组装设计。如可将电极压入石墨板材中,从而使接触电阻最小化,提高电池能量转化效率和储能密度。

全钒液流电池碳塑复合双极板介绍

未来可从材料选型、结构以及制备工艺等方面出发,提升电极-双极板一体化结构大规模应用的经济性和适用性。

## 9.3 液流电池的应用

基于液流电池的结构和技术特点,液流电池储能技术相对于其他大规模储能技术具有以下优势:

(1)系统运行安全可靠。液流电池储能系统的储能介质为电解质溶液,在保证充放电截止电压稳定、电池系统存放空间通风良好的情况下,液流电池着火或爆炸的风险较低,安全性高。

(2)灵活设计输出功率。液流电池的输出功率主要由电堆大小和数量决定,储能容量由电解质溶液的浓度和体积决定,可根据实际应用需求灵活调整。

(3)启控响应快。液流电池通过溶解在电解质溶液中活性离子的价态变化来实现电能的存储和释放,一般不存在相变化。因此,液流电池启动速度快,充、放电状态切换和控制响应迅速。

(4)较强的过载和深放电能力。液流电池电极反应活性高,电化学极化较弱,放电没

有记忆效应,具有很好的过载能力和深放电能力。

（5）可循环利用。液流电池电堆及液流

简述液流电池的潜在应用,并评估其市场前景?

电池系统主要是由碳材料、塑料和金属材料组装而成的,可持续使用,具有全生命周期内环境负荷小、环境友好等优点。

### 9.3.1　大规模储能系统

液流电池具有功率和能量组件分离、布局灵活的特点,可将多个单元储能系统模块组合使用,实现大规模储能。液流电池系统启控响应快,能够迅速切换充、放电状态,有利于实现能量的高效存储。因此,液流电池在大规模储能领域受到了广泛的关注。

**案例9-1　应用于高能量密度储能的新型半固态液流电池**

大多数基于溶液的化学反应,活性物质的溶解度较低,导致现有液流电池存在能量密度低、成本高的问题。研究人员开发了一种能量密集、可流动的中空碳纳米壳硫悬浮液,作为半固态锂硫液流电池的电活性材料,结构示意图如图9-13所示。相比传统半固态液流电池,这种新型电解液无须额外添加导电添加剂。通过导电碳纳米壳内承载固体绝缘材料的策略,实现了导电网络的渗透,具有更稳定的电化学性能。同时,单分散的纳米复合材料有效降低了悬浮电极的黏度,有利于电解液的循环流动。利用电解液与锂电极组装半固态液流电池进行实验测试,在静态测试50个稳定循环中实现了80 A·h/L的平均体积容量,在间歇流动测试中实现了230 W·h/L的能量密度。这种高流动性的能量密集型中空碳纳米壳硫悬浮液在高能量密度储能系统方面显示出巨大的潜力。

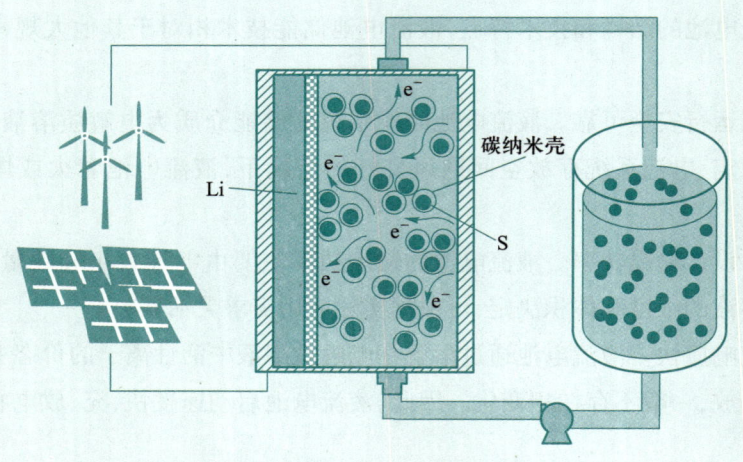

图9-13　新型半固态液流电池的结构示意图

**案例 9-2 首个兆瓦级铁铬液流电池储能示范项目试运行**

2023 年 2 月 28 日,我国首个 MW 级铁/铬液流电池储能示范项目在内蒙古成功试运行,共安装 34 台国家电力投资集团有限责任公司研发的"容和一号"铁铬液流电池堆,刷新了该技术全球最大容量纪录。项目试运行期间,关键设备运行平稳,指标参数正常,后续将并入电网商运。该液流电池储能系统可将 6 000 kW·h 电存储 6 小时,充放电可达 2 万次以上,且在 243.15 K 的条件下能够保持正常工作,具有循环寿命长、成本低、安全性高等优势。这一示范项目是霍林河循环经济"源—网—荷—储—用"多能互补项目的配套项目,对构建新型电力系统、提高能源利用效率和减排降碳具有重要意义。

## 9.3.2 电力系统削峰填谷

液流电池储能系统可应用于电力系统的削峰填谷,参与构建智能电网,调节用户端负载平衡,进而提高火力发电设备的能量效率,保证智能电网稳定运行,实现削峰填谷。此外,液流电池具有容量和功率可独立调节的特点,使其系统能够根据电力需求的变化,实现更为精确的能量调配。同时,长循环寿命也使液流电池系统更加适用于长期的削峰填谷应用。

**案例 9-3 全球首套 100 MW 级全钒液流电池储能调峰电站**

全球首套 100 MW/400 MW·h 级全钒液流电池储能调峰电站自 2023 年起接受辽宁省电网调度指令运行,系统实现毫秒级快速响应,电站一次调频功能投入使用。2023 年全年完成调度超过 240 次,有效支撑了电网的电力需求和清洁能源消纳,完成了保供任务。该系统为 200 MW/800 MW·h 大连液流电池储能调峰电站国家示范项目的一期项目,也是国家能源局批准的首个 100 MW 级大型电化学储能国家示范项目,在缓解电网调峰压力、提高供电可靠性、加快新能源发展等方面发挥了重要作用。

**案例 9-4 大连网源友好型风电场全钒液流电池储能项目**

2020 年,大连瓦房店镇海 100 MW 和瓦房店驼山 98.8 MW 两个网源友好型风电场示范项目,相继实现全容量并网发电。大连瓦房店镇海网源友好型风电场,由大唐(大连)新能源有限责任公司投资建设,共安装 46 台远景风电机组,装机总容量 100 MW,配备 10 MW/40 MW·h 全钒液流电池储能电站,于 2020 年 12 月 18 日并网发电。瓦房店驼山网源友好型风电场示范项目由中电投东北新能源(大连)驼山风电有限公司投资建设,工程共安装 31 台明阳风电机组,总装机容量为 98.8 MW,配备 10 MW/40 MW·h 全钒液流储能电站,于 2020 年 12 月 31 日实现全容量并网发电。液流电池储能电站在提高电网安全稳定性、扩大风电接纳规模方面不断发挥作用。

### 9.3.3    用户侧储能设备

目前储能装机主要集中在发电侧与电网侧,可应用于电力系统削峰填谷与新能源消纳等方面,而用户侧的装机容量相对较低。用户侧储能使用的储能设备具有较小的容量与功率,适用于用户短期的能源需求,广泛应用在个人或商业用户的能源管理、负荷平衡以及备用电源等。液流电池的可扩展性使其可根据实际需求对储能系统的容量进行灵活调整,从小型商业建筑到大型工业电网,都可根据容量需求配置液流电池储能系统。此外,液流电池储能装置还具有安全性高、建设成本相对较低的优势,在用户侧储能领域具有良好的应用前景。

**案例 9-5    面向用户侧的 100 kW·h 锌/溴液流电池系统**

锌/溴液流电池以金属锌作为负极活性组分,锌元素资源丰富,锌/溴液流电池具有价格低廉、能量密度高(>190 W·h/L,基于 2 mol/L 活性物质)的优点,因此其在用户侧领域具有很好的应用前景。2023 年,研究人员开发的面向用户侧的 100 kW·h 锌/溴液流电池系统,在中国科学院洁净能源创新研究院并网运行。该系统由电解液循环系统、4 个单堆容量为 30 kW·h 级的电堆以及配套的电力控制模块组成,设计放电总能量为 100 kW·h。该系统在额定功率 30 kW 下放电时,放电能量为 110.3 kW·h,直流侧能量转化效率为 83.0%。

### 9.3.4    液流电池的新型应用

液流电池其他应用领域

液流电池储能技术具有安全性高、循环寿命长等优点,目前在长时间、大规模储能方面有着广泛的应用前景,已建成多个示范项目。一些研究人员通过对液流电池体系的独特设计,开发了具有高经济效益的液流电池新型应用。

**案例 9-6    一种基于液流电池的电化学二氧化碳捕集及储能系统**

二氧化碳捕集技术对于缓解气候变化、实现净零碳排放至关重要。近日,研究人员在基于液流电池的电化学碳捕集研究方面取得进展。研究人员开发了一类吩嗪衍生物 1,8-ESP,并基于这种水溶性有机分子开发了具有电存储和电化学 $CO_2$ 捕获功能的水系液流电池,在储能的同时实现了二氧化碳的捕集与释放,其反应原理如图 9-14 所示。通过实验测试,该体系具有 0.86~1.41 mol/L 的二氧化碳捕集容量、36 kJ/mol 的低能量成本以及每天 <0.01% 的低容量衰减率。此外该液流电池还可作为能量存储设备,用于

电价套利或储能调峰等应用。1,8-ESP 可作为高性能 $CO_2$ 捕获、能量存储或两者兼有的系统的基础。

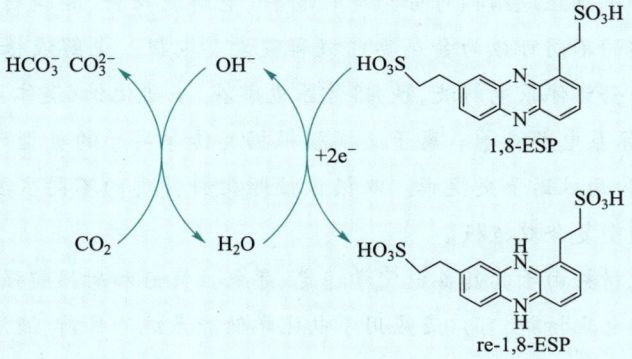

图 9-14 基于液流电池的电化学二氧化碳捕集反应原理图

### 案例 9-7 由钙钛矿/硅串联太阳能电池供电的高性能太阳能液流电池

太阳能的转化、存储及利用是推动能源转型的重要途径,利用可逆电对实现太阳能-化学能-电能的转换,构建高效太阳能液流电池体系,是实现太阳能低成本、持续性利用的有效技术措施。研究人员基于高效钙钛矿/硅串联太阳能电池和水系有机氧化还原液流电池,构建了具有高性能、高稳定性的太阳能液流电池装置,其原理示意图如图 9-15 所示。该装置太阳能发电效率可达 20.1%,并实现超过 500 h 的连续运行寿命,对于家用太阳能发电装置和其他分布式太阳能发电与存储系统的应用具有指导意义。

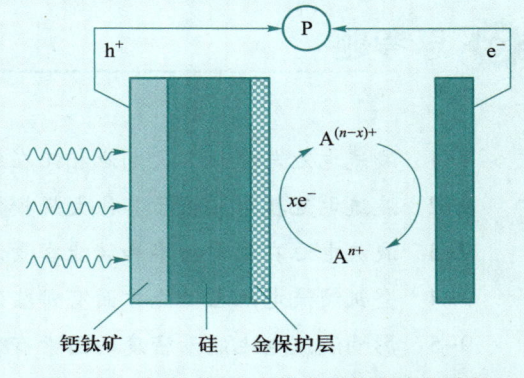

图 9-15 钙钛矿/硅串联太阳能液流电池的原理示意图

## 本章小结

本章介绍了液流电池的组成以及充放电过程实现储能的工作原理,并对液流电池关键部件材料的分类和特性进行了系统介绍。通过实际应用案例对液流电池材料在储能系统、电力系统、用户侧储能设备以及碳捕集等领域的具体应用进行了介绍。

液流电池由电堆模块、液路循环模块和储液模块三大模块组成,而电化学储能的原理是以电解液为介质,利用活性物质发生可逆氧化还原反应,结合内、外部电路进行充电和放电两个过程,实现化学能和电能的转换。液流电池储能技术具有高安全性、长使用寿命和高循环稳定性、能量和功率单元独立配置等特点。

液流电池材料根据组成结构可分为电极材料、电解液材料、隔膜材料和双极板材料。电极根据材料种类的不同可分为金属类电极和碳素类电极。电解液根据正、负极电解液种类的不同可分为全钒体系电解液、铁/铬体系电解液、多硫化钠/溴体系电解液、锌/溴体系电解液和锌/镍体系电解液等。离子交换膜根据其传导离子的类型可分为阳离子交换膜、阴离子交换膜和两性离子交换膜。双极板按照材料种类的不同主要可分为石墨双极板、金属双极板、碳塑复合双极板。

液流电池储能材料由于其具备电化学稳定、导电性良好和耐强酸强碱腐蚀等特点,通过选择合适稳定的电池材料,可广泛应用于电化学储能系统。目前,液流电池材料储能技术在大规模储能系统、电力系统削峰填谷、用户侧储能设备等领域表现出了极高的应用价值,具有广阔的发展前景,并不断被开发出新型应用。

## 思考题

9-1 液流电池与传统二次电池相比在结构和功能上有哪些异同?

9-2 液流电池技术相较于其他大规模储能技术具有哪些优势?

9-3 液流电池在输出功率和储能容量设计上的灵活性是如何体现的?

9-4 全钒液流电池在储能方面有哪些优、缺点?

9-5 影响液流电池能量密度的因素有哪些?

9-6 目前国内外在离子传导隔膜研发领域有哪些最新进展?

9-7 液流电池电解质的选择应如何平衡能量密度、充放电速率、成本和环境保护等因素?

9-8 影响液流电池储能效率的因素有哪些?

9-9 极端低温或高温条件下,液流电池的性能如何变化?

9-10 随着可再生能源和智能电网的不断发展,液流电池将面临哪些新的技术挑战和需求?

## 习题

9-1 请简述液流电池的工作原理。

9-2 请简述液流电池常见的应用领域,并选择其中三种详细介绍。

9-3 液流电池的主要组成部分有哪些? 简述其各自的功能。

9-4 请描述在充、放电过程中液流电池正、负极活性物质的变化过程。

9-5 请写出全钒液流电池的正极反应式、负极反应式与总电池反应式。

9-6 理想的液流电池电极材料需要满足哪些性能指标?

9-7 请列举至少3种液流电池电极材料,并介绍其各自的适用场景。

9-8 液流电池离子传导隔膜的主要功能是什么?选择隔膜需要考虑哪些因素?

9-9 常见的液流电池电解液有哪些?并写出电解液中发生的化学反应。

9-10 请简述不同液流电池双极材料的特点和适用范围。

# 参考文献

[1] 张华民. 液流电池储能技术及应用[M]. 北京:科学出版社,2022.

[2] 刘宗浩,邹毅,高素军. 电力储能用液流电池技术[M]. 北京:机械工业出版社,2021.

[3] 徐泉,牛迎春,王岫,等. 液流电池与储能[M]. 北京:中国石化出版社,2022.

[4] 贾志军,宋士强,王保国. 液流电池储能技术研究现状与展望[J]. 储能科学与技术,2012,1(1): 50-57.

[5] 张华民,赵平,周汉涛,等. 钒氧化还原液流储能电池[J]. 能源技术,2005(1):23-26.

[6] 陈金庆,汪钱,王保国. 全钒液流电池关键材料研究进展[J]. 现代化工,2006(9):21-24.

[7] 杨霖霖,廖文俊,苏青,等. 全钒液流电池技术发展现状[J]. 储能科学与技术,2013,2(2):140-145.

[8] 王晓丽,张宇,李颖,等. 全钒液流电池技术与产业发展状况[J]. 储能科学与技术,2015,4(5):458-466.

[9] WANG W, LUO Q, LI B, et al. Recent progress in redox flow battery research and development[J]. Advanced Functional Materials,2013,23(8):970-986.

[10] ZHANG H, LU W, LI X. Progress and perspectives of flow battery technologies[J]. Electrochemical Energy Reviews,2019,2(3):492-506.

[11] LIU Y, NIU Y, OUYANG X, et al. Progress of organic, inorganic redox flow battery and mechanism of electrode reaction[J]. Nano Research Energy,2023,2(4):e9120081.

[12] PARK M, RYU J, WANG W, et al. Material design and engineering of next-generation flow-battery technologies[J]. Nature Reviews Materials,2016,2(1):16080.

[13] WEBER A Z, MENCH M M, MEYERS J P, et al. Redox flow batteries: a review[J]. Journal of Applied Electrochemistry,2011,41(10):1137-1164.

[14] XU Q, JI Y N, QIN L Y, et al. Evaluation of redox flow batteries goes beyond round-trip efficiency: A technical review[J]. Journal of Energy Storage,2018,16:108-115.

[15] CHEN H, CONG G, LU Y C. Recent progress in organic redox flow batteries: Active materials, electrolytes and membranes[J]. Journal of Energy Chemistry,2018,27(5):1304-1325.

[16] HOSSEINA M, BATHAEE S M T. Optimal scheduling for distribution network with redox flow battery storage[J]. Energy Conversion and Management,2016,121:145-151.

[17] NOACK J, ROZNYATOVSKAYA N, HERR T, et al. The chemistry of redox-flow batteries[J]. Angewandte Chemie International Edition,2015,54(34):9776-9809.

[18] SUN J, WU M, JIANG H, et al. Advances in the design and fabrication of high-performance flow battery electrodes for renewable energy storage[J]. Advances in Applied Energy,2021,2:100016.

[19] KIM S, YOON Y, NAREJO G M, et al. Flexible graphite bipolar plates for vanadium redox flow batteries

［J］. International Journal of Energy Research,2021,45(7):11098-11108.

［20］ KIM K J,PARK M S,KIM Y J,et al. A technology review of electrodes and reaction mechanisms in vanadium redox flow batteries［J］. Journal of Materials Chemistry A,2015,3(33):16913-16933.

［21］ RYCHCIK M,SKYLLAS-KAZACOS M. Characteristics of a new all-vanadium redox flow battery［J］. Journal of Power Sources,1988,22(1):59-67.

［22］ PARASURAMAN A,LIM T M,MENICTAS C,et al. Review of material research and development for vanadium redox flow battery applications［J］. Electrochimica Acta,2013,101:27-40.

［23］ LOURENSSEN K,WILLIAMS J,AHMADPOUR F,et al. Vanadium redox flow batteries:A comprehensive review［J］. Journal of Energy Storage,2019,25:100844.

［24］ LIM J W,LEE D G. Carbon fiber/polyethylene bipolar plate-carbon felt electrode assembly for vanadium redox flow batteries (VRFB)［J］. Composite Structures,2015,134:483-492.

［25］ QIAN P,ZHANG H,CHEN J,et al. A novel electrode-bipolar plate assembly for vanadium redox flow battery applications［J］. Journal of Power Sources,2008,175(1):613-620.

［26］ ZHAO P,ZHANG H,ZHOU H,et al. Nickel foam and carbon felt applications for sodium polysulfide/bromine redox flow battery electrodes［J］. Electrochimica Acta,2005,51(6):1091-1098.

［27］ TANG L,LU W,ZHANG H,et al. Progress and perspective of the cathode materials towards bromine-based flow batteries［J］. Energy Material Advances,2022:275-296.

［28］ ZHANG L,CHENG J,YANG Y,et al. Study of zinc electrodes for single flow zinc/nickel battery application［J］. Journal of Power Sources,2008,179(1):381-387.

［29］袁治章,刘宗浩,李先锋. 液流电池储能技术研究进展［J］. 储能科学与技术,2022,11(9):2944-2958.

［30］ LOPEZ-ATALAYA M,CODINA G,PEREZ J R,et al. Optimization studies on a Fe/Cr redox flow battery［J］. Journal of Power Sources,1992,39(2):147-154.

其他参考文献

# 第十章
## "能量的弹簧"——
## 超级电容器材料

超级电容器,又称电化学电容器或双电层电容器,是一种介于二次电池和传统电容器之间的新型储能装置,具有功率密度高、快速充放电能力强以及循环寿命长等优势。超级电容器利用电极材料表面或界面处的电荷吸附与脱附过程进行充放电,在极短的时间内完成能量的存储与释放。电容像一个"弹簧",在"一压一弹"之间实现能量的存储和释放。

本章从超级电容器的储能原理开始,包括超级电容器的组成和多类型超级电容器基本工作原理两部分;然后根据超级电容器的材料分类,对电极材料、电解质材料及隔膜材料进行详细介绍;最后介绍目前超级电容器的应用,例如在新能源交通、智能电网和先进电子设备等领域的应用。通过本章的介绍,有助于读者较为系统地学习和掌握超级电容器的基本原理、性质、分类以及应用。本章的结构总图如图 10-1 所示。

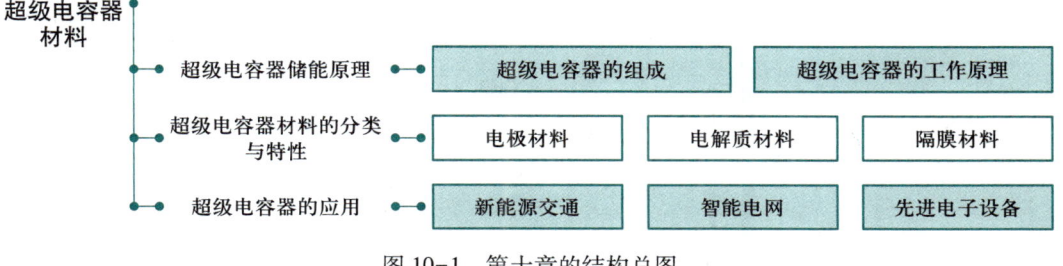

图 10-1　第十章的结构总图

## 10.1　超级电容器储能原理

### 10.1.1　超级电容器的组成

超级电容器的组成结构与电池类似,主要包括双电极、电解质和隔膜三个部分。其中,超级电容器的电解质多为导电液体或固体,能够在两个电极之间形成一个电荷分离的界面。

### 10.1.2　超级电容器的工作原理

根据电极活性材料存储电荷机理的不同,超级电容器可分为双电层电容器、赝电容器和混合型超级电容器。

**1. 双电层电容器**

双电层电容器在工作时,将电解液中的离子可逆地吸附到高比表面积的碳材料电极中,利用在电解液/电极界面上形成的双电层来存储电荷,其原理示意图如图 10-2 所示。

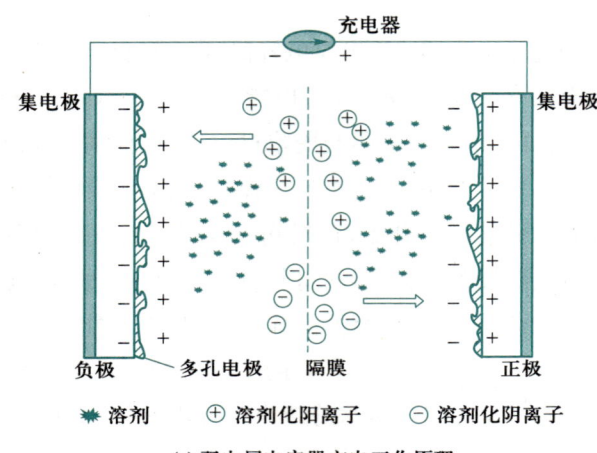

(a) 双电层电容器充电工作原理

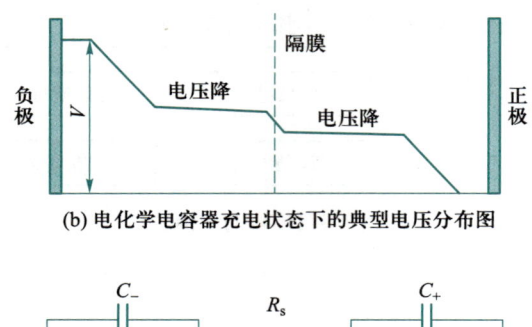

(b) 电化学电容器充电状态下的典型电压分布图

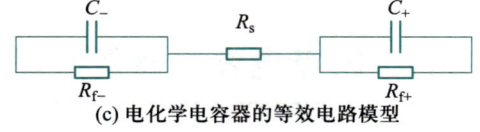

(c) 电化学电容器的等效电路模型

图 10-2　双电层电容器原理示意图

充电前,电极处于自然状态,电解质中的离子处在混乱无秩序状态。充电时,电容器的正、负极分别吸引负、正电荷。通过表面电

简述超级电容器与传统电池在储能机制上的主要区别。

荷迁移,电极与电解质界面之间形成双电层,从而使正极电势升高,负极电势降低,两极板间形成电场。由此,电荷被分离并存储在电极与电解质之间的界面上,实现了电能的存储。放电时,电极板上的电荷被外电路释放,界面上的电势逐渐回归初始状态,电解质中的离子也重新变成混乱无序的状态。

双电层电容器的正、负极均使用碳材料作为电极活性材料,在整个充、放电过程中仅发生电荷的物理运动,不发生化学变化。因此,双电层电容器具有工作稳定,循环寿命长等优点。

### 2. 赝电容器

赝电容器与双电层电容器在电荷存储原理和电极材料方面存在差异。

充电时,在赝电容器一端施加电压,电解质离子便移动到极性相反的极化电极上形成双电层。电解质中的离子通过电吸附作用渗入双电层,将会产生赝电容,并发生离子与电极间快速可逆的电子转移,从而引起电极材料氧化数的变化。放电时,则相反。通过电极氧化还原反应和离子电吸附过程,实现了电子电荷在电极和电解质之间的转移,从而存储电能。

赝电容器拥有比双电层电容器更高的比电容。在循环充、放电过程中,电极表面结构和成分可能会发生变化,循环稳定性较差。赝电容器电极材料包括金属氧化物电极材料和导电聚合物电极材料等。

### 3. 混合型超级电容器

混合型超级电容器又称为非对称型超级电容器,其正、负极是由不同类型的电极材料构成。相比之下,双电层电容器或赝电容器等对称型超级电容器的正、负极材料相同。目前,混合型超级电容器最常用一种的组合方式:碳材料作为负极、赝电容器材料作为正极。通过这种组合方式形成的混合型超级电容器可以得到较高的工作电压。

## 10.2 超级电容器材料的分类与特性

根据超级电容器的组成,超级电容器材料可分为电极材料、电解质材料和隔膜材料。

### 10.2.1 电极材料

#### 1. 碳基电极材料

碳基电极材料具有良好的导电性、化学稳定性以及优良的机械性能等优点,是超级电容器理想的电极材料之一。目前,应用于超级电容器的碳基材料主要有活性炭、碳纳米管和石墨烯及其衍生物等。

（1）活性炭电极材料

活性炭（activated carbon，AC）是双电层电容器中应用广泛的活性材料之一，具有比表面积高、价格相对较低等特点。活性炭中超大的比表面积和丰富的孔隙结构为化学反应提供了大量活性位点，从而增强了其电化学性能。此外，活性炭还具有化学稳定性好、导电性好、热稳定性好、易于加工以及来源丰富等优点。

活性炭纤维（activated carbon fiber，ACF）是一种继粉状和粒状活性炭之后的第三代活性功能材料，具有微孔含量丰富、比表面积

活性炭纤维与活性炭颗粒相比有哪些优势？

大、孔径分布窄、吸附速度快、电导率与热膨胀系数小及耐腐蚀等优点。ACF 的孔隙结构与活性炭颗粒孔隙结构不同，如图 10-3 所示，ACF 的孔隙 90% 以上是纤维表面上的微孔，几乎没有大孔，只有少量中孔，孔径分布相对均匀。因此，丰富的多孔结构提高了 ACF 的吸附容量和吸附效率。

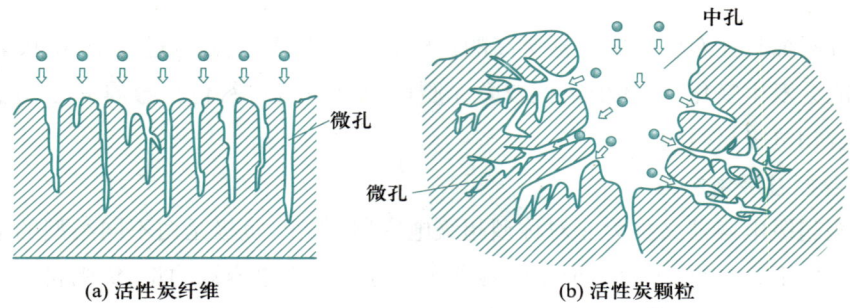

(a) 活性炭纤维　　　　　(b) 活性炭颗粒

图 10-3　活性炭孔隙结构示意图

活性炭的制备一般分为两个步骤：炭化和活化。目前，常用的活化方法包括物理活化法、化学活化法、物理化学联合活化法及其他活化法。图 10-4 介绍了化学活化法制备活性炭的工艺流程。

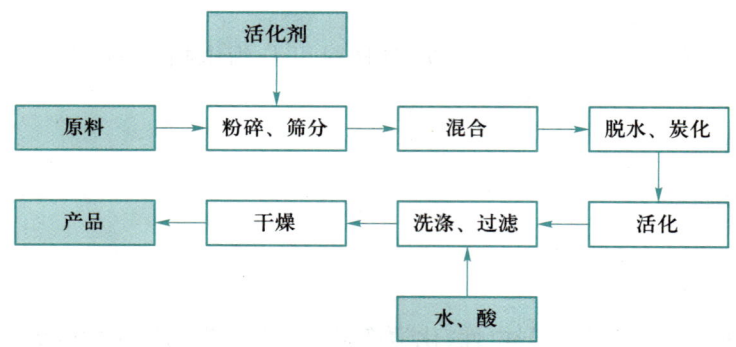

图 10-4　化学活化法制备活性炭的工艺流程图

（2）碳纳米管电极材料

碳纳米管（carbon nanotube，CNT）是一种具有特殊结构的一维量子材料，其径向尺寸为纳米量级，轴向尺寸为微米量级。碳纳米管是一种重要的碳基电极材料，具有优异的导电性、机械强度和化学稳定性。碳纳米管的高导电性提升了电子在电极材料中的移动速度，从而提高了超级电容器的充放电速度。碳纳米管电极材料可以通过电弧放电、化学气相沉积等方法制备。

（3）石墨烯及其衍生物电极材料

石墨烯为单层离散的石墨材料，整个表面均可形成双电层，因此其比电容远高于其他的碳材料。

**2. 过渡金属化合物电极材料**

过渡金属化合物作为电极材料时，电极活性物质能够发生快速可逆的氧化还原反应，从而提高了赝电容器的比电容。过渡金属化合物电极材料包括过渡金属氧化物电极材料、过渡金属氢氧化物电极材料和过渡金属硫化物电极材料等。

（1）过渡金属氧化物电极材料

过渡金属氧化物电极材料（如氧化锌、氧化铁、氧化铜和氧化钌等），主要通过法拉第效应存储电能，在发生氧化还原反应时快速传递电子。以氧化钌为例：当超级电容器充电时，一个电极会吸附氢离子，另一个电极则释放氢离子。放电时，原来吸附氢离子的电极会转为释放氢离子，原本释放氢离子的电极则转为吸附氢离子。在整个充、放电过程中，氢离子在氧化钌晶体内部循环运动，电解质中氢离子的浓度保持不变。因此，以氧化钌为代表的一些过渡金属氧化物可以提供高比容量，并提高充、放电性能。

（2）过渡金属氢氧化物电极材料

过渡金属氢氧化物电极材料主要采用钴的氢氧化物。有序的结构、适合的分层孔隙度和良好的导电性能使氢氧化钴系列材料拥有了较高的比电容，因而适用于超级电容器电极材料。表 10-1 总结了常见过渡金属的氧化物与氢氧化物电极材料的特性及优、缺点。

表 10-1　常见过渡金属的氧化物和氢氧化物电极材料的特性及优、缺点

| 材料 | 特性 | 优点 | 缺点 |
|---|---|---|---|
| 氧化铱 | 高电化学性能 | 优异的电化学稳定性 | 价格较高 |
| 氧化钌 | 高比容量、好导电性 | 提供高能量密度和快速充放电能力 | 昂贵，成本较高 |
| 复合氧化钌 | 良好的导电性，不易被腐蚀 | 降低成本，提高性能 | 可能存在界面稳定性问题 |
| 氧化镍 | 高比电容、良好倍率性能、稳定性、绿色无毒 | 储量丰富、价格低廉、环保 | 电化学性能一般 |

续表

| 材料 | 特性 | 优点 | 缺点 |
|---|---|---|---|
| 纳米氧化镍 | 比表面积大,表面活性高 | 高比表面积、高比电容 | 制备工艺较为复杂 |
| 氢氧化钴 | 高比电容 | 较高的电化学性能 | 活性物质含量低 |
| 氢氧化钴复合材料 | 导电性能优异 | 有序结构、提高导电性能 | 制备工艺可能复杂,成本可能增加 |

（3）过渡金属硫化物电极材料

过渡金属硫化物主要包括硫化物和硒化物,也被广泛用于超级电容器电极材料。通常情况下过渡金属硫化物导电性优于过渡金属的氧化物和氢氧化物,更有利于电极活性物质充分参与电化学储能过程。但在大电流密度下,过渡金属硫化物的性能仍须进一步提高。

### 3. 导电高分子电极材料

导电高分子电极材料是一类具有优异导电性和电化学性能的高分子材料,通过充、放电过程中的氧化还原反应来存储电荷,从而

分析导电高分子超级电容器的储能机制和工作原理。

实现高能量密度和高功率密度的输出。导电高分子电极材料具有成本低、易合成、比容量高、环境稳定性好,以及导电性能可调等优点,在超级电容器电极材料领域受到了广泛关注。导电高分子电极材料种类众多,目前可大致分为以下两类:复合型导电聚合物和结构型导电聚合物。

（1）复合型导电聚合物

导电聚合物的制备方法

复合型导电聚合物是以高分子结构材料为基质,与导电填料(如碳系材料、金属、金属氧化物等)通过分散复合、层积复合、表面复合或梯度复合等方法制备得到,并通过导电填料提供载流子实现导电过程。这类复合型导电聚合物的本征聚合物本身具有良好的力学性能,通过与导电填料结合后,提升了复合型导电聚合物的导电性能,因此可作为超级电容器的电极材料。

（2）结构型导电聚合物

结构型导电聚合物也称为本征型导电聚合物,是指本身可提供载流子的聚合物,或经过掺杂之后具有导电功能的聚合物。结构型导电聚合物一般为共轭型高聚物,根据导电机理不同可分为离子型导电聚合物、电子型导电聚合物和氧化还原型导电聚合物。图10-5展示了导电聚合物掺杂和去掺杂的过程。

导电聚合物的合成方法有很多,常用的方法主要有化学合成法和电化学合成法。

表10-2总结了超级电容器中常用的导电聚合物。

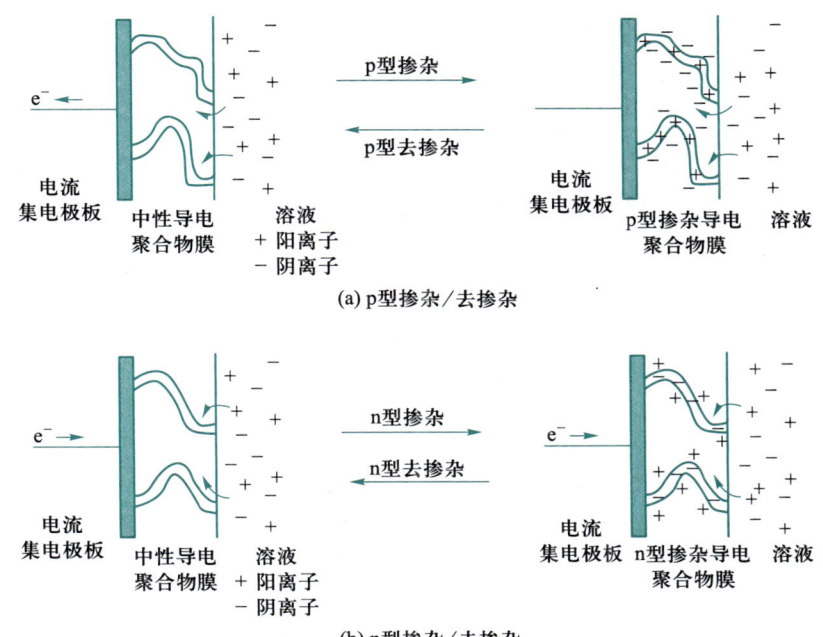

(a) p型掺杂／去掺杂

(b) n型掺杂／去掺杂

图 10-5 导电聚合物掺杂／去掺杂示意图

表 10-2 常用的导电聚合物

| 类别 | | 定义与特性 | 举例 | 应用 |
|---|---|---|---|---|
| 复合型导电聚合物 | | 以导电能力较差的高分子结构材料为基质,与导电填料复合 | 聚丙烯与石墨烯复合物、酚醛树脂与碳纳米管复合物 | 具有良好的柔韧性和稳定性,适用于柔性电子器件 |
| 结构型导电聚合物 | 离子型 | 以阴、阳离子为主要载流子的导电聚合物,具有电解质的性质 | 聚酯与金属盐复合物、聚醚与碱金属络合物 | 导电能力与温度相关,适用于电解质类应用 |
| | 电子型 | 载流子为自由电子或空穴 | 共轨导电高分子 | 具有电子导体现象,适用于高导电性应用 |
| | 氧化还原型 | 以氧化还原反应为电子转移机理,具有可逆的氧化还原反应活性体 | 含有能发生可逆氧化还原反应的结构 | 适用于需要可逆电子转移的应用 |

## 10.2.2 电解质材料

电解质的主要功能是输运离子,在充、放电过程中,电解质中的离子在电极之间进行往复移动,实现了电能的存储和释放。在选择电解质材料时,需要综合考虑电导率、电化学稳定性、工作温度范围、离子尺寸与电极材料孔径匹配度以及环境友好性等因素。

### 1. 水系电解质材料

水系电解质材料发展趋势

水系电解质材料是以水溶液作为电解质载体的,是最早应用于超级电容器的电解质材料之一。水溶液中的离子具有较高的迁移率和浓度,因此水系电解质材料具有良好的离子传输性能,使超级电容器在高功率输出时具有更低的内阻和更高的能量效率。由于水系电解质材料的主要成分是水,因此在使用过程中不会产生有毒或有害物质,对环境的影响较小,具有环境友好的特点。常用的水系电解质材料主要有酸性水系电解液、碱性水系电解液和中性水系电解液。

（1）酸性水系电解液

超级电容器的等效串联电阻简介

强酸水溶液具有电导率高、离子浓度高、内阻低、等效串联电阻低等特点,是超级电容器常用的电解液之一。例如,基于碳基材料的超级电容器常采用硫酸水溶液作为电解液。

（2）碱性水系电解液

碱性水系电解液广泛应用于碳基双电层电容器、赝电容器和混合型电化学超级电容器,主要包括 KOH 水溶液、LiOH 水溶液和 NaOH 水溶液等。

（3）中性水系电解液

中性水系电解液腐蚀性较小、安全性高,但电导率略低于酸性、碱性水系电解液。

表 10-3 总结了以上三种水系电解质材料的特性。

表 10-3    酸性、碱性和中性水系电解液的特性

| 项目 | 酸性水系电解液 | 碱性水系电解液 | 中性水系电解液 |
|---|---|---|---|
| 主要成分 | 硫酸、盐酸、硝酸等强酸 | 氢氧化钾、氢氧化钠等强碱 | 锂盐、钾盐、钠盐等中性盐 |
| 电导率 | 较高 | 较高 | 较低 |
| 腐蚀性 | 较强 | 较低 | 较低 |
| 安全性 | 使用时需注意安全,腐蚀性较强 | 安全性较高,但高温下需注意 | 三者之中安全性最高 |
| 环保性 | 可能含有对环境有害的化学物质 | 较为环保 | 环保 |
| pH | 酸性（pH 小于 7） | 碱性（pH 大于 7） | 中性（pH 接近 7） |
| 温度适应性 | 温度范围较宽 | 需要较高温度使电解质分子活跃 | 温度范围较宽 |
| 电解液黏度 | 较低 | 较高 | 中等 |

水系电解质材料的性能受多种因素影响,例如 pH、阳离子和阴离子的种类、盐浓度、添加剂以及溶液温度等。虽然中性水系电解液双电层电容器的比电容值相对较低,但其等效串联电阻较小,因此能量转换效率更高。中性水系电解液拥有更高的稳定性,扩大了电化学稳定电势窗口。这一特性也使中性水系电解液双电层电容器能够产生更高的工作电压。

### 2. 有机电解质材料

有机电解质材料主要由电解质盐、有机溶剂和添加剂组成。有机电解质材料的优点主要包括电化学窗口宽泛稳定、分解电压高、腐蚀性弱、工作温度范围宽等。

（1）电解质盐

常用的电解质盐主要分为烷基铵盐类、烷基磷盐类、烷基锍盐类和金属盐类等几类。由于电解质盐的种类不同,离子电导率有所差异。有机电解质盐的结构(对称性和离子尺寸)对于电解质的溶解性、电离度等参数也有影响。

（2）有机溶剂

电解质盐溶解到有机溶剂中,形成有机电解液。理想的有机溶剂应对电解质盐有良好的溶解性,并具有宽泛的电化学窗口、较低的黏度以及较高的安全性等。目前常用的有机溶剂主要有碳酸丙烯酯、丙烯腈、二甲基甲酰胺等。多重溶剂混合体系的开发,为有机溶剂广泛应用于超级电容器奠定了基础。多重溶剂混合体系主要包括二元溶剂体系和三元溶剂体系,例如碳酸丙烯酯/三亚甲基碳酸酯、碳酸乙烯酯/碳酸丙烯酯/2-甲基四氢呋喃等。

（3）添加剂

由于有机溶剂黏度大、电导率低,当其用作电解液时,通常需要加入添加剂进行改性。主要的添加剂包括氧化还原类添加剂和电活性材料等物质,例如碳酸酯、亚硫酸二乙酯等。采用添加剂改性后的有机电解液,导电性将得到大幅提升。

### 3. 其他电解质材料

（1）室温离子液体电解质材料

室温离子液体也被称为室温熔盐、室温熔融盐、有机离子液体,简称离子液体,是一种由阴、阳离子构成的物质,在室温下呈现液态。综合性能较好的室温离子液体电解质材料主要包括咪唑盐、烷基季铵盐、烷基哌啶盐、烷基吡咯盐等。一般情况下,乙基咪唑盐的电导率较高。由于纯离子液体的黏度较大,且电导率较低,不适宜直接用作电解液,可通过向纯离子液体中添加适当的溶剂,达到降低电解液黏度、提高电导率的目的,从而使其更适于用作超级电容器电解液。

（2）固态电解质材料

固态电解质材料又称为"超离子导体"或"快离子导体",是一类在固态时具有与熔融盐或液体电解质相当离子电导率的材料。在固态电解质

超级电容器固
态电解质材料
发展现状

中,通过内部的缺陷和空位实现离子的迁移。理想的无机固态电解质材料应具有高离子电导率、低电子电导率、良好的化学稳定性、较小的晶界电阻、合适的热膨胀系数、较高的电化学分解电压、环境友好、原料廉价易得和易制备等特点。

### 10.2.3    隔膜材料

隔膜将超级电容器的正极和负极分隔开,可防止电解质中的离子直接穿透导致正、负极短路,但允许离子在电场的作用下通过其微孔结构进行迁移,实现电荷的存储和释放,从而保证超级电容器的正常充、放电功能。隔膜也为超级电容器的电极材料提供了一定的机械支撑,有助于维持电极结构的稳定性和完整性。

超级电容器新型隔膜材料

超级电容器的隔膜一般采用微孔材料制成,如聚丙烯、聚乙烯、聚氨酯等。这些材料具有良好的化学稳定性、热稳定性以及电解液润湿性,可提高超级电容器的性能。聚丙烯隔膜具有优良的化学稳定性和电解液润湿性,是常见的隔膜材料之一。表 10-4 对聚丙烯、聚乙烯、聚氨酯等常见隔膜材料的性能进行了对比。

表 10-4    常见隔膜材料的性能对比

|  | 聚丙烯 | 聚乙烯 | 聚氨酯 |
|---|---|---|---|
| 来源 | 丙烯聚合 | 乙烯聚合 | 多元醇和多异氰酸酯缩聚 |
| 结构 | 半结晶热塑性塑料 | 热塑性塑料 | 高分子材料 |
| 力学性能 | 中等 | 较差 | 优异 |
| 安全性 | 无毒,耐腐蚀 | 耐热性有限,且对紫外线敏感 | 安全性较高 |
| 耐热性 | 熔点高达 167℃,连续使用温度可达 110~120℃ | 室温下稳定,但不如聚丙烯耐热 | 根据类型有所不同,但通常耐热性较好 |

超级电容器隔膜的厚度和材质是超级电容器的性能和工作寿命的影响因素。理想的隔膜应具有适当的孔径和孔隙率,以保证离子能够快速、有效地通过,有效防止电解质中的杂质颗粒穿过,从而使得超级电容器的性能达到最优。

## 10.3    超级电容器的应用

超级电容器在工作过程中仅发生物理变化,其电荷存储不依赖化学反应速率。与其他电化学装置相比,电化学电容器具有更长的循环寿命和更好的充放电功率特性。电化学电容器的性能衰减速率较慢,具有很好的可靠性。基于这些优势,超级电容器在新能源交通、智能电网和先进设备等领域得到了广泛应用。

## 10.3.1 新能源交通

超级电容器具有快速充放电的能力,支持频繁启停,这使超级电容器可用于电动车能量缓存区。超级电容器可与电池协同工作,这为超级电容器在新能源交通领域中的大规模推广应用提供了有力支撑。

**案例 10-1  用于高速铁路再生制动能量回收的超级电容器**

随着科技的不断进步,铁路列车、地下铁路和有轨电车等交通系统逐渐与新能源和先进储能技术相结合,以减少城市污染和温室气体排放。高速机车在制动过程中会产生大量的再生能量,在大多数情况下,当属于同一馈电段的馈线没有动力运动时,制动产生的再生能量会通过可逆变电站流回电网,这会对上游电网造成很大干扰,增加电力系统的调度难度。因此,有效利用再生制动能量(regenerative braking energy,RBE)具有重要的意义与价值。为了提高 RBE 的利用率,降低运行成本,提高高速铁路牵引供电系统的电能质量,研究人员提出了一种基于超级电容器的储能系统(supercapacitor-based energy storage system,SCESS)的综合铁路静态功率调节器(railway static power conditioner,RPC)。超级电容器通过双向转换器连接到 RPC 的直流链路上,SCESS 提升了高速机车运行系统的能量利用率和灵活性。

**案例 10-2  混合动力城市客车的能量管理策略**

城市公交车作为城市中常见的公共交通工具之一,非常适合使用混合储能技术来减少二氧化碳排放并提升经济性能。将电池和超级电容器相结合的混合储能系统在城市公交车中具有很好的应用潜力。利用超级电容器的高功率密度特性和电池的高能量密度特性,并结合高效的能量管理系统,可以最大限度地减少混合动力电动城市公交车的电力消耗和电池退化成本。

**案例 10-3  超级电容器电动巴士路线的驾驶循环开发**

研究人员首次进行了超级电容器城市公交车的滑行循环(supercapacitor bus driving cycle,SBDC)实验。在两条配备超级电容器实验公交车的路线中,一辆公交车在正常运行期间,由车上的测量员收集行车数据。对收集的数据进行分析,以确定具体的驾驶模式和特征。通过使用随机选择方法来匹配总体汇总统计数据,从而开发 SBDC。与从传统公交车上收集的数据进行对比发现,超级电容器公交车在平均加速度和减速度方面表现出了更优良的驾驶特性。超级电容器公交车的平均运行速度比传统公交车大约快 10%。

### 10.3.2 智能电网

在智能电网中,具有优良储能特性的超级电容器可用于调节负载和存储的备用电力,提高电网的稳定性、灵活性和经济性。由于超级电容器具有响应迅速的特点,将其用于电网储能系统,可以快速响应电力需求的变化,平衡电网负荷,确保电力系统的安全稳定运行。

智慧电网是集成大规模可再生能源的重要技术手段之一。而可再生能源发电具有不稳定性和间歇性的问题,为智慧电网的稳定运行带来挑战。将超级电容器与可再生能源

 分析超级电容器在智能电网中的潜在应用及其面临的挑战。

发电系统相结合,可实现能量的有效存储和释放,能够降低系统的运营成本并提高能量利用效率。

**案例 10-4　利用混合储能的大型太阳能光伏发电厂**

全球范围内,太阳能光伏发电厂正在快速建设。但是太阳能光伏发电厂并网可能会对电网的可靠性和稳定性产生负面影响。集成储能系统(energy storage system,ESS)是调节光伏发电厂自然振荡输出功率的解决方法之一。研究人员提出了一种用于 1 MW 并网太阳能光伏发电厂的功率平滑策略,即由钒蓄电池和超级电容器组成的电网储能系统(hybrid energy storage system,HESS)用于平滑光伏发电厂的发电输出功率。HESS 的功率管理旨在将超级电容器所需的功率降低到钒蓄电池额定功率的五分之一,并避免钒蓄电池在低功率水平下运行,从而提升电厂整体效率。

**案例 10-5　分布式发电和电网集成的风力发电能量管理和功率控制系统**

传统的风能转换系统通常是无源发电机,其发电量并不取决于电网需求,而是完全取决于波动的风力条件。研究人员通过建造有源风力发电机并耦合风/氢/超级电容器形成混合动力系统,协调不同的电源及电力交换过程,以使发电功率可控。超级电容器在平滑波动的能量生产方面能够快速地进行充电和放电过程,即使在 100% 的放电深度下也没有"记忆效应"。应用超级电容器的电厂发电能量管理和功率控制系统为电力的稳定输出提供了重要保障。

### 10.3.3 先进电子设备

随着科技的不断进步,各类型的先进电子设备广泛应用于生产生活中。其中,超级电容器快速充电的特性使其非常适用于电子设备领域。当电子设备系统电压降低时,超级

电容器可以快速响应,充当备用电源,避免因电压不稳或断电而造成的影响。

**案例 10-6　可穿戴能量密集型和功率密集型超级电容器纱线**

　　近年来,可穿戴电子产品在能量采集、微型机器人、电子纺织品、表皮和植入式医疗设备等领域具有显著的应用潜力。如何开发轻量级、可穿戴和高性能的储能设备是亟待解决的关键性问题。在众多储能设备中,柔性超级电容器具有快速充放电、长寿命和良好的安全性等优势,因此其具有广阔的应用前景。研究人员提出了一种分级石墨烯-金属织物复合电极的概念,以应对这一挑战。分级复合电极由固定在 Ni 涂层表面的石墨烯片组成,该石墨烯片是通过高度可扩展的 Ni 化学沉积和石墨烯的电化学沉积制备的。这种复合电极制成的全固态超级电容器纱线的体积能量密度和功率密度分别为 $6.1\ mW \cdot h/cm^3$ 和 $1\ 400\ mW/cm^3$。此外,这种超级电容器纱线重量轻、灵活性高、坚固耐用,可在生命周期和弯曲疲劳测试中使用,并可集成到各种可穿戴电子设备中。

**案例 10-7　超级电容器材料的通用三维轻质基底**

　　化学交联的纤维素纳米晶体气凝胶是一种通用的基底材料,可在其上制备轻质杂化材料。将聚吡咯纳米纤维、聚吡咯涂层的碳纳米管和二氧化锰纳米颗粒原位掺入气凝胶中,可获得具有优异电容保持率、低内阻和高充放电速率的柔性 3D 超级电容器装置。同时,3D 纳米纤维素气凝胶是一种柔性和高度多孔的材料,在减振和防护设备、建筑和隔热、能量/气体转换和存储、个人护理和传感器方面具有潜在应用。研究人员研制了化学交联的 CNC(cellulose nanocrystal,纤维素纳米晶体)气凝胶,该气凝胶在空气和液体中都具有可定制的力学性能和形状恢复能力。同时,研究人员受到混合纳米复合材料概念的启发,提出了 CNC 气凝胶与各种电容性纳米颗粒的组合,从而实现了性能增强的轻质独立超级电容器装置。由于活性材料质量与总电极质量的比值较高,在高充放电速率下超级电容器具有优异的电容保持率。凝胶中的多个通道为扩散提供了更多的电子和离子路径,从而使纳米纤维素超级电容器的内阻显著降低。

# ✿ 本章小结

　　超级电容器是一种介于二次电池和传统电容器之间的新型储能装置,主要通过电极材料表面或界面处的电荷吸附与脱附过程进行储能。超级电容器是一种重要的储能技术,拥有广泛的应用领域。

　　根据电极活性材料存储电荷机理不同,超级电容器可分为双电层电容器、赝电容器和混合型超级电容器。双电层电容器在工作时,将电解液中的离子可逆地吸附到大比表面积的碳材料电极中,利用在电解液/电极界面形成的双电层来存储电荷;赝电容器基于快速可逆的氧化还原反应中的法拉第效应进行储能,拥有比双电层电容器更高的比电容;混合型超级电容器又称为非对称型超级电容器,其正、负极是由不同类型的电极材料构成,储能机制因电极材料不同而有所差异。

目前,电极材料可分为碳基电极材料、过渡金属化合物电极材料以及导电高分子电极材料等。碳基电极材料主要有活性炭电极材料、碳纳米管电极材料和石墨烯及其衍生物电极材料等;过渡金属化合物电极材料主要有过渡金属氧化物电极材料、过渡金属氢氧化物电极材料、过渡金属硫化物电极材料等;导电高分子电极材料主要有复合型导电聚合物和结构性导电聚合物等。

超级电容器的性能也与电解质材料密切相关。目前,电解质材料可分为水系电解质材料、有机电解质材料和其他电解质材料等。其中,水系电解质材料主要有酸性水系电解液、碱性水系电解液和中性水系电解液等;有机电解质材料主要由电解质盐、有机溶剂和添加剂等组成;其他电解质材料主要有室温离子液体电解质材料和固态电解质材料等。

隔膜在超级电容器中发挥着十分重要的作用。隔膜将超级电容器的正极和负极分隔开,防止电解质中的离子直接穿越导致短路,同时又能够维持电极的稳定性和完整性。

作为储能领域的重要一员,超级电容器凭借其独特的充、放电机制和快速响应能力,在能源存储与转换中占据着举足轻重的地位。超级电容器在新能源交通、智能电网及储能以及先进电子设备等领域具有广阔的应用前景。通过不断优化超级电容器结构和电极材料,提升其性能,可以为超级电容器大规模应用提供理论指导和技术支持。

## 思考题

10-1 超级电容器在电动汽车领域的应用前景如何?

10-2 超级电容器的循环寿命受到哪些因素的影响?如何延长其使用寿命?

10-3 列举几种常见的超级电容器电极材料,并详细介绍其性能优势。

10-4 超级电容器的性能评价指标有哪些?影响其性能的因素有哪些?

10-5 柔性电极材料在超级电容器中的应用日益受到关注,请查找相关资料,简述其制备方法和加工工艺与传统电极材料有何不同?

10-6 请简述至少3种超级电容器电极材料的性能优化方法。

10-7 根据超级电容器电解质材料的分类,每类列举一种典型材料,并详细介绍其特性和应用场景。

10-8 目前国内外在新型电解质材料研发领域有哪些最新进展?

10-9 隔膜材料的孔隙率对超级电容器的性能有什么影响?

10-10 请查找相关资料,总结超级电容器未来的发展趋势。

## 习题

10-1　什么是超级电容器？简述超级电容器的工作原理。

10-2　超级电容器有哪些应用场景？选择其中两种详细介绍。

10-3　超级电容器相比传统电池有哪些优势和劣势？

10-4　如何权衡超级电容器的能量密度和功率密度之间的关系？在设计和优化超级电容器时,如何平衡这两个性能指标以满足特定应用的需求？

10-5　金属氧化物类电极材料的制备过程中,如何控制材料的结晶形貌和晶格结构以改善其电化学性能？

10-6　请简述碳基电极材料中活性炭是如何制备的。

10-7　请写出至少 3 种水系电解质材料的类型。

10-8　与水系电解质材料相比,有机电解质材料的主要优势是什么？

10-9　隔膜在超级电容器中的主要作用是什么？

10-10　请描述至少 3 种制备隔膜的方法。

## 参考文献

[1] FRANCOIS B,ELZBIETA F. 超级电容器:材料、系统及应用[M]. 张治安,等译. 北京:机械工业出版社,2014.

[2] 魏颖. 超级电容器关键材料制备及应用[M]. 北京:化学工业出版社,2018.

[3] 陈英放,李媛媛,邓梅根. 超级电容器的原理及应用[J]. 电子元件与材料,2008(4):6-9.

[4] 胡毅,陈轩恕,杜砚,等. 超级电容器的应用与发展[J]. 电力设备,2008(1):19-22.

[5] 张步涵,王云玲,曾杰. 超级电容器储能技术及其应用[J]. 水电能源科学,2006(5):50-52,100.

[6] 刘海晶,夏永姚. 混合型超级电容器的研究进展[J]. 化学进展,2011,23(Z1):595-604.

[7] 江奇,瞿美臻,张伯兰,等. 电化学超级电容器电极材料的研究进展[J]. 无机材料学报,2002(4):649-656.

[8] 田艳红,付旭涛,吴伯荣. 超级电容器用多孔碳材料的研究进展[J]. 电源技术,2002(6):466-469,479.

[9] 黄晓斌,张熊,韦统振,等. 超级电容器的发展及应用现状[J]. 电工电能新技术,2017,36(11):63-70.

[10] 朱修锋,景晓燕. 金属氧化物超级电容器及其应用研究进展[J]. 功能材料与器件学报,2002(3):325-330.

[11] 李雪芹,常琳,赵慎龙,等. 基于碳材料的超级电容器电极材料的研究[J]. 物理化学学报,2017,33(1):130-148.

[12] 杨盛毅,文方. 超级电容综述[J]. 现代机械,2009(4):82-84.

[13] 赵雪,邱平达,姜海静,等. 超级电容器电极材料研究最新进展[J]. 电子元件与材料,2015,34(1):1-8.

[14] 涂亮亮,贾春阳. 导电聚合物超级电容器电极材料[J]. 化学进展,2010,22(8):1610-1618.

[15] 徐斌,张浩,曹高萍,等. 超级电容器炭电极材料的研究[J]. 化学进展,2011,23(Z1):605-611.

[16] 李作鹏,赵建国,温雅琼,等. 超级电容器电解质研究进展[J]. 化工进展,2012,31(8):1631-1640.

[17] LI J,HUANG X,CUI L,et al. Preparation and supercapacitor performance of assembled graphene fiber and foam[J]. Progress in Natural Science:Materials International,2016,26(3):212-220.

[18] SHARMA P,BHATTI T S. A review on electrochemical double-layer capacitors[J]. Energy Conversion and Management,2010,51(12):2901-2912.

[19] GONZALEZ A,GOIKOLEA E,BARRENA J A,et al. Review on supercapacitors:Technologies and materials[J]. Renewable and Sustainable Energy Reviews,2016,58:1189-1206.

[20] IRO Z S,SUBRAMANI C,DASH S S. A brief review on electrode materials for supercapacitor[J]. International Journal of Electrochemical Science,2016,11(12):10628-10643.

[21] HEIDARINEJAD Z,DEHGHANI M H,HEIDARI M,et al. Methods for preparation and activation of activated carbon:a review[J]. Environmental Chemistry Letters,2020,18(2):393-415.

[22] FRACKOWIAK E. Carbon materials for supercapacitor application[J]. Physical Chemistry Chemical Physics,2007,9(15):1774-1785.

[23] HUANG Y,LI H,WANG Z,et al. Nanostructured polypyrrole as a flexible electrode material of supercapacitor[J]. Nano Energy,2016,22:422-438.

[24] NITHYA V D,ARUL N S. Review on $\alpha$-$Fe_2O_3$ based negative electrode for high performance supercapacitors[J]. Journal of Power Sources,2016,327:297-318.

[25] CHANG S K,ZAINAL Z,TAN K B,et al. Recent development in spinel cobaltites for supercapacitor application[J]. Ceramics International,2015,41(1):1-14.

[26] CHEN T,DAI L. Carbon nanomaterials for high-performance supercapacitors[J]. Materials Today,2013,16(7-8):272-280.

[27] XIA H,LAI M O,LU L. Nanostructured manganese oxide thin films as electrode material for supercapacitors[J]. The Journal of The Minerals,Metals & Materials Society,2011,63(1):54-59.

[28] MONDAL A K,SU D,CHEN S,et al. A microwave synthesis of mesoporous $NiCo_2O_4$ nanosheets as electrode materials for lithium-ion batteries and supercapacitors[J]. ChemPhysChem,2015,16(1):169-175.

[29] RAJKUMAR M,HSU C T,WU T H,et al. Advanced materials for aqueous supercapacitors in the asymmetric design[J]. Progress in Natural Science:Materials International,2015,25(6):527-544.

[30] LIANG R,DU Y,XIAO P,et al. Transition metal oxide electrode materials for supercapacitors:a review of recent developments[J]. Nanomaterials,2021,11(5):1248.

[31] MENG Q,CAI K,CHEN Y,et al. Research progress on conducting polymer based supercapacitor electrode materials[J]. Nano Energy,2017,36:268-285.

[32] STAAF L G H,LUNDGREN P,ENOKSSON P. Present and future supercapacitor carbon electrode materials for improved energy storage used in intelligent wireless sensor systems[J]. Nano Energy,2014,9:128-141.

[33] MEI L,YANG T,XU C,et al. Hierarchical mushroom-like $CoNi_2S_4$ arrays as a novel electrode material for supercapacitors[J]. Nano Energy,2014,3:36-45.

[34] ZHONG C,DENG Y,HU W,et al. A review of electrolyte materials and compositions for electrochemical supercapacitors[J]. Chemical Society Reviews,2015,44(21):7484-7539.

[35] PAL B,YANG S,RAMESH S,et al. Electrolyte selection for supercapacitive devices:A critical review[J]. Nanoscale Advances,2019,1(10):3807-3835.

[36] AHANKARI S,LASRADO D,SUBRAMANIAM R. Advances in materials and fabrication of separators in

supercapacitors[J]. Materials Advances,2022,3(3):1472-1496.

[37] CUI G,LUO L,LIANG C,et al. Supercapacitor integrated railway static power conditioner for regenerative braking energy recycling and power quality improvement of high-speed railway system [J]. IEEE Transactions on Transportation Electrification,2019,5:128-139.

[38] SHI J,XU B,SHEN Y,et al. Energy management strategy for battery/supercapacitor hybrid electric city bus based on driving pattern recognition[J]. Energy,2022,243:122752.

[39] TONG H. Development of a driving cycle for a supercapacitor electric bus route in Hong Kong [J]. Sustainable Cities and Society,2019,48:101588.

[40] WANG G,CIOBOTARU M,AGELIDIS V G. Power smoothing of large solar PV plant using hybrid energy storage[J]. IEEE Transactions on Sustainable Energy,2014,5(3):834-842.

[41] ZHOU T,FRANCOIS B. Energy management and power control of a hybrid active wind generator for distributed power generation and grid integration[J]. IEEE Transactions on Industrial Electronics,2010, 58(1):95-104.

[42] LIU L,YU Y,YAN C,et al. Wearable energy-dense and power-dense supercapacitor yarns enabled by scalable graphene-metallic textile composite electrodes[J]. Nature Communications,2015,6:7260.

[43] YANG X,SHI K,ZHITOMIRSKY I,et al. Cellulose nanocrystal aerogels as universal 3D lightweight substrates for supercapacitor materials[J]. Advanced Materials,2015,27:6104-6109.

其他参考文献

# 第四部分
# 储氢功能材料

　　氢能作为清洁、高效、热值高、可持续的新能源,对构建清洁能源转型具有重要的价值,储氢技术贯穿氢能产业链全过程。氢气的化学性质活泼,在常温常压下以气体形式存在,与空气混合浓度达到4%时遇到明火便会发生燃烧爆炸,这对氢气的安全使用、运输和存储提出了重要挑战。因此,急需一种安全、高效的存储氢气的材料,为氢能的高效、安全利用提供保障。

　　储氢功能材料(简称储氢材料)是指能够吸附、储存和释放氢气的材料。根据储氢材料元素组成和储氢机制的不同,可分为金属储氢材料、碳质储氢材料和有机液体储氢材料。金属储氢材料具有较高的储氢密度和良好的循环稳定性,在燃料电池汽车、电子设备等领域得到广泛应用。碳质储氢材料具有比表面积高、成本低、操作条件温和等优点,在氢气存储和输运等领域具有广阔的应用前景。有机液体储氢材料具有储氢密度高、安全性较好等优点,在燃料电池系统、固定式储能等领域应用前景广阔。

　　本部分根据储氢材料进行分类,分别介绍金属储氢材料、碳质储氢材料和有机液体储氢材料。逐一介绍不同储氢材料的原理、分类以及应用等,为科学研究和实际应用中储氢功能材料制备、研发及优化提供参考。本部分总图如图4所示。

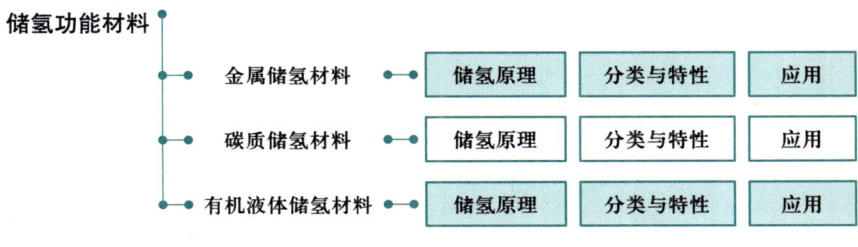

图 4　储氢功能材料的结构总图

# 第十一章
## "会呼吸的金属"——
## 金属储氢材料

　　金属储氢材料主要通过化学吸附方式进行储氢,主要包括合金氢化物(储氢合金)和金属配位氢化物两大类。例如,储氢合金在一定温度和压力下能够捕捉氢气分子,氢分子在合金中先分解为单个原子,然后这些氢原子便进入合金原子间的缝隙中,与合金发生化学反应生成金属氢化物等。尽管储氢合金的原子缝隙较小,但储氢合金的内部结构像"海绵吸水"一样,可将一定量的氢气完全吸收,具有很强的储氢能力。与常见的钢制容器储氢方法相比,重量为储氢钢瓶 1/3 的储氢合金,其体积不到钢瓶体积的 1/10,但对于在相同温度和压力下的气态氢其储氢量是钢瓶储氢量的 1 000 倍。因此,金属储氢是一种非常简便且有效的储氢方法。使用金属储氢材料存储氢气,不仅具有储氢量大、能耗低、工作压力低和使用方便的优点,还能免去庞大的钢制容器,使存储和运输更加便捷和安全。合金氢化物是目前应用较为广泛、发展较为成熟的金属储氢材料。

　　本章首先从吸氢过程和放氢过程两个方面介绍金属储氢材料的储氢原理;然后对金属储氢材料进行分类,并介绍不同类型金属储氢材料的特性;最后介绍目前金属储氢材料的应用。通过本章的介绍,帮助读者较为系统地学习和掌握基本的储氢合金材料的储氢原理、分类、性质以及应用。本章结构总图如图 11-1 所示。

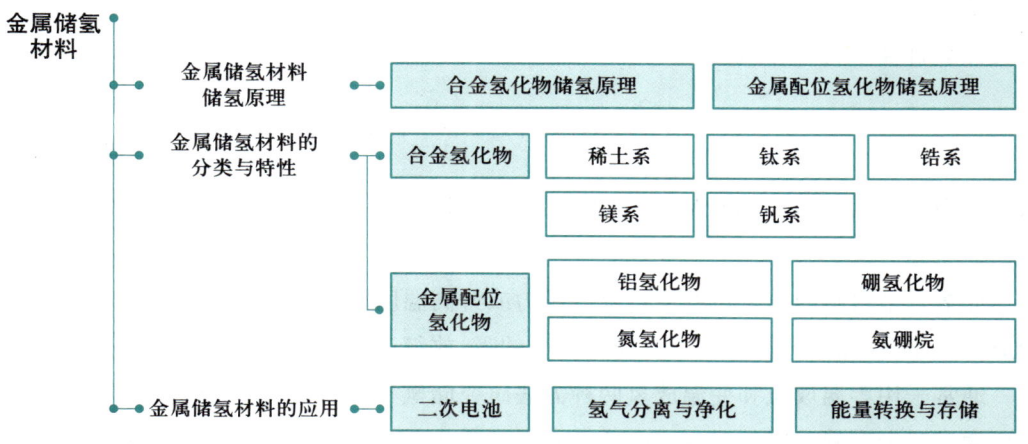

图 11-1　第十一章的结构总图

# 11.1 金属储氢材料储氢原理

金属储氢材料是指在一定温度和压力条件下,能够大量地吸、放氢分子的金属材料。金属与氢之间的反应是可逆的:正向反应吸

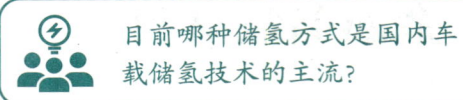

目前哪种储氢方式是国内车载储氢技术的主流?

收氢气释放热量,逆向反应释放氢气吸收热量。通过调节温度和压力条件,可使反应在正向和逆向之间循环,"一呼一吸"之间实现材料的吸氢和放氢功能。金属储氢材料属于化学吸附储氢材料。

## 11.1.1 合金氢化物储氢原理

### 1. 吸氢过程

储氢合金材料的吸氢过程为储氢材料与氢气发生反应,通过相变形成合金氢化物的过程。

氢分子吸附在储氢合金表面,形成固溶体($\alpha$ 相),反应过程如式(11−1)所示,合金结构保持不变,氢在合金中的溶解度$[H]_M$与固溶体平衡氢压 $P_{H_2}$的平方根成正比,即 $P_{H_2}^{1/2} \propto [H]_M$。

$$M + \frac{x}{2}H_2 \rightleftharpoons MH_x \tag{11−1}$$

式中,M 为金属元素。固溶体($\alpha$ 相)进一步与氢反应转换为金属氢化物($\beta$ 相),氢原子获得电子变成−1 价 H 离子,与金属形成离子型金属氢化物,从而将氢气以原子形式被存储在储氢合金中,反应过程为

$$\frac{2}{y-x}MH_x + H_2 \rightleftharpoons \frac{2}{y-x}MH_y \tag{11−2}$$

式中,$MH_x$ 为固溶体($\alpha$ 相),$MH_y$ 为金属氢化物($\beta$ 相)。

### 2. 放氢过程

储氢合金材料的放氢过程通过降低压力或升高温度使氢原子从储氢合金中释放并结合成氢分子,从而对外提供氢气。储氢合金的吸、放氢过程晶格示意图如图 11−2 所示。

通常采用等温放氢和变温放氢两种方法研究储氢材料的放氢动力学。放氢反应活化能可通过基于变温放氢的 Kissinger 方程或基于等温放氢的 Arrhenius 方程来确定。

Kissinger 方程:根据差热分析实验测得的吸/放热峰的特征温度与升温速率的关系,

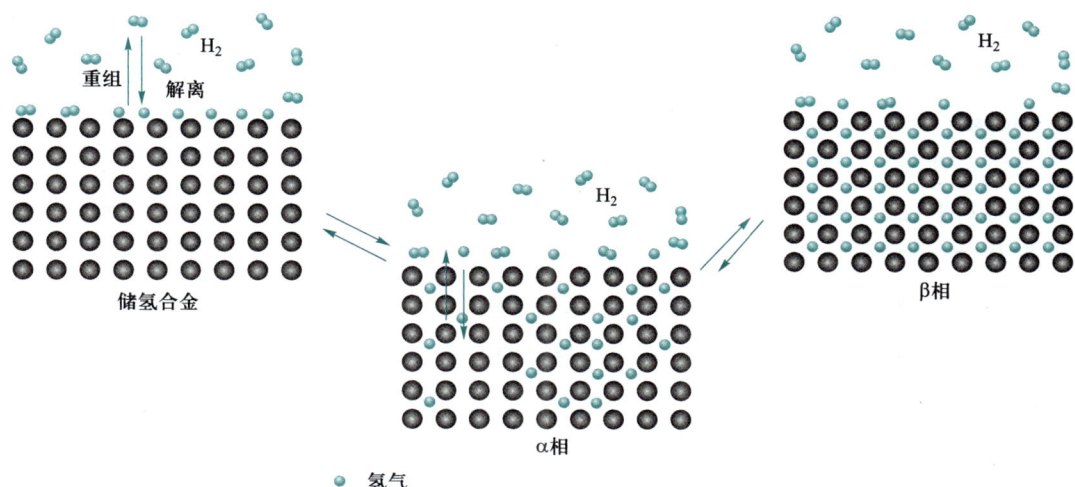

图 11-2 储氢合金吸、放氢过程晶格示意图

通过对 $\ln(\beta/T_p^2)$ 与 $1/T_p$ 进行线性拟合,可计算出反应活化能:

$$\frac{\mathrm{d}\left[\ln(\beta/T_p^2)\right]}{\mathrm{d}(1/T_p)} = -\frac{E_a}{R} \tag{11-3}$$

式中:$\beta$——升温速率;

$E_a$——反应活化能,J/mol;

$T_p$——吸/放热峰的峰尖所对应的温度,K;

$R$——气体常数。

Arrhenius 方程:Arrhenius 方程如式(11-4)所示,以 $\ln k$ 对 $1/T$ 作图并拟合得到直线,根据该直线的斜率,即 $E_a/R$,可计算出反应活化能:

$$k = Ae^{-\frac{E_a}{RT}} \tag{11-4}$$

其中:$k$——速率常数;

$A$——指前因子;

$T$——温度,K。

金属吸、放氢过程的热力学特性可用压力-成分-温度(pressure-composition-temperature,PCT)曲线表示,如图 11-3a 所示。PCT 曲线是衡量储氢材料热力学性能的重要依据,其特征由吉布斯相率决定,可直观反映材料吸/放氢反应的可逆储氢容量、吸氢和放氢速率、平衡氢压、平台斜率、滞后效应、热力学性质(如熵、焓和吉布斯自由能等)以及动力学行为(如反应速率常数和活化能等)等重要信息。这些信息对于储氢合金的设计、优化和应用具有重要的意义。

根据吸、放氢过程中氢浓度和平衡压力变化过程,可通过实验测量绘制得到不同温度下的 PCT 曲线。其中,图 11-3a 中三条等温线表示不同温度下氢压力($p_{H_2}$)与储氢合金

氢浓度($C_H$)的关系,以 0℃(即 273.15 K)温度下的 PCT 曲线为例:

(1)在 $A$ 点之前,氢气扩散进入储氢合金晶格内形成固溶体(α 相),在最高点储氢合金中的氢原子浓度超过固溶度极限,开始转化为金属氢化物(β 相)。

(2)$AB$ 段是 α 相与 β 相共同存在的区域,称为 α+β 相区。此区域的氢压不随氢浓度变化,称为平台压。当氢压高于平台压时,金属继续吸氢转化为氢化物;当氢压低于平台压时,氢化物分解释放氢气。温度升高时,储氢合金的平台压也随之增大,吸氢难度增加。

(3)$B$ 点处,固溶相已完全转化为氢化物,继续升高氢压,可吸附更多的氢分子。

根据氢压力($p_{H_2}$)与温度($T$)的关系以及式(11-3)所列的范托夫方程,拟合得到 $\ln p_{H_2}$-$1/T$ 曲线,如图 11-3b 所示。

$$\ln p_{H_2} = \frac{\Delta H}{RT} - \frac{\Delta S}{R} \tag{11-5}$$

式中:$T$——储氢合金工作温度,K;

$p_{H_2}$——工作温度的氢压力,Pa;

$\Delta H$——反应焓变,kJ/mol;

$\Delta S$——反应熵变,J/(mol·K);

$R$——气体常数,$R = 8.314$ J/(mol·K)。

反应焓 $\Delta H$ 和反应熵 $\Delta S$ 是描述金属氢化物热力学稳定性的重要参数。

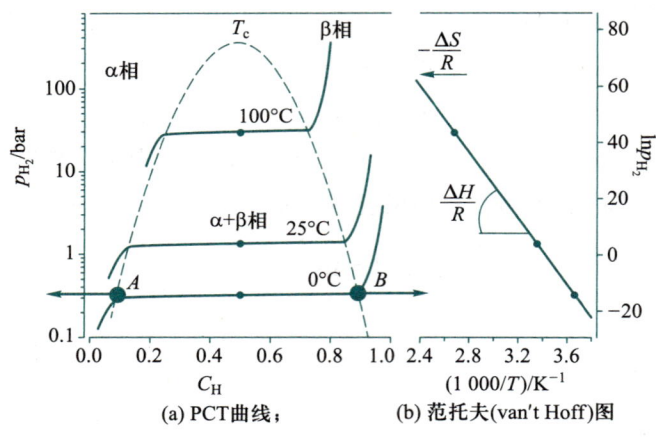

图 11-3 储氢合金吸、放氢过程的热力学特性

## 11.1.2 金属配位氢化物储氢原理

### 1. 吸氢过程

金属配位氢化物储氢材料的吸氢过程为储氢材料中的金属离子与氢原子或氢负离子之间通过配位键形成稳定的金属配位氢化物,进而实现氢气的存储。

金属配位氢化物的吸氢过程经历从金属氢化物向离子或共价化合物的转变。金属配位氢化物与合金氢化物的主要区别在于吸氢过程中化学状态的变化。

金属配位氢化物与合金氢化物吸氢过程有什么区别?

### 2. 放氢过程

金属配位氢化物储氢材料的放氢过程为在一定温度和压力条件下氢离子从储氢材料脱离,并重新形成氢分子释放出来。

与合金氢化物相比,金属配位氢化物具有较高的热稳定性和化学稳定性,放氢过程通常在高温高压下进行。金属配位氢化物的吸氢过程是放氢过程的逆过程,但可逆性较弱,金属配位氢化物放氢后再次氢化难度较大。因此,金属配位氢化物的大规模推广应用受到限制。

## 11.2　金属储氢材料的分类与特性

金属储氢材料通常具有体积小、储氢过程循环可逆、高安全、无污染等优点,制备技术和工艺较为成熟,是目前最具发展潜力的储氢材料之一。金属储氢材料主要包括合金氢化物储氢材料和金属配位氢化物储氢材料。

### 11.2.1　合金氢化物储氢材料

合金氢化物一般由与氢结合能为负的金属元素(通常称为 A 元素,主要包括 I A～Ⅱ A、Ⅲ B～Ⅴ B 族金属,如 La、Ce、Zr、Mg、Ti、V 等)和与氢结合能为正的金属元素(通常称为 B 元素,如 Fe、Co、Ni、Cu、Al、Cr、Mn 等)组成。

A 金属氢化物属于强键合氢化物,与氢气反应形成稳定的化合物,反应过程放出大量热;B 金属氢化物则为弱键合氢化物,不易形成氢化物,为吸热过程。前者决定储氢量,后者则决定吸/放氢的可逆性,均起到调节生成热与分解压力的作用。目前,合金氢化物储氢材料主要包括稀土系储氢合金、钛系储氢合金、锆系储氢合金、镁系合金及钒系合金。

### 1. 稀土系储氢合金

稀土系储氢合金是指稀土金属基的储氢材料,目前主要包括 $AB_5$ 型储氢合金 $LaNi_5$ 和 $AB_3$ 型、$A_2B_7$ 型的 La-Mg-Ni 系储氢合金两类。A 侧由一种或多种镧系元素(例如 La、Ce、Pr、Nd 等)或 Ca、Y、Zr 等元素组成,B 侧主要包含 Ni、Co、Mn、Al、Fe、Sn、Si、Ti 等不具吸氢性质的金属。

稀土系 $AB_5$ 储氢合金研究进展

$AB_5$ 型储氢合金 $LaNi_5$ 是稀土系储氢合金的典型代表,理论储氢量为 1.4%。$AB_5$ 型合金特点为易于激活、具有良好的吸/放氢动力学性能,广泛应用于电极材料、燃料电池供氢装置以及催化等领域。$LaNi_5$ 型储氢合金吸氢过程为

$$LaNi_5 + 3H_2 \rightleftharpoons LaNi_5H_6 \qquad (11-6)$$

### 2. 钛系储氢合金

钛系储氢合金
研究进展

钛系储氢合金是指以金属钛(Ti)为基的储氢材料,具有储氢量大、能耗低、使用方便等特点,主要为 $AB_2$ 型、AB 型储氢合金。A 侧为 Ti 元素,B 侧主要包含 Ni、Fe、Mn、Cr 等金属元素。钛基 $AB_2$ 型储氢合金主要有 TiMn 基和 TiCr 基两类;AB 型储氢合金有 TiFe 系合金与 TiNi 系合金两类。

TiFe 系合金是 AB 型钛系储氢合金的典型代表,理论储氢量为 1.86%,具有放氢温度低、储氢量大、存储方式灵活、资源丰富以及价格低廉等优点。但 TiFe 系合金活化困难,可采用元素替换、改性等方法进一步提高储氢能力。

TiFe 系合金吸氢过程为

$$TiFe + \frac{x}{2}H_2 \longrightarrow TiFeHx \qquad (11-7)$$

### 3. 锆系储氢合金

锆系 $AB_2$ 型合
金研究进展

锆系储氢合金是指以金属锆(Zr)为基的储氢材料,具有吸氢量较大、易活化、反应速率快以及无滞后效应等优点。锆系储氢合金主要以 $AB_2$ 型拉弗斯相合金为主(拉弗斯相合金:是一种化学式主要为 $AB_2$ 型的密排立方或六方结构的金属间化合物,Ti 系和 Zr 系储氢合金材料中最为常见),具备较高的能量密度,A 侧为 Zr 元素,B 侧主要为 V、Mn、Cr 等金属元素。$AB_2$ 型拉弗斯相合金包含三种结构,分别是六角形 C14、立方体 C15 和六角形 C36。其中,C14 型和 C15 型合金储氢性能优于 C36 型拉弗斯相合金储氢性能。

锆系储氢合金包括 Zr-V、Zr-Cr 和 Zr-Mn 系列。$ZrV_2$、$ZrCr_2$ 和 $ZrMn_2$ 是锆系储氢合金的主要代表,均为 $AB_2$ 型拉弗斯相合金。但锆系储氢合金价格昂贵、合金表面易附着致密的氧化膜,限制氢的表面吸附和向内部渗透,延长储氢合金电极的初期活化周期。以 $ZrMn_2$ 为例,锆系储氢合金吸氢过程为

$$ZrMn_2 + \frac{x}{2}H_2 \longrightarrow ZrMn_2H_x \qquad (11-8)$$

### 4. 镁系储氢合金

镁系复合储氢
材料相关研究

镁系储氢合金是指以金属镁(Mg)为基材的储氢材料,具备储氢量大、环境友好以及成本低廉等特点,应用前景广阔。镁系储氢合金主要以 $A_2B$ 型为主,A 侧为 Mg 元素,B 侧主要为 Ni、Cu 等金属元素。镁系储氢合金可分为单质镁储氢材料、镁基合金储氢材料和镁基复合储氢材料三大类。

单质镁储氢材料:Mg 化学性质活泼,在 Mg 与氢反应生成 $MgH_2$ 的过程中,其结构从

纯 Mg 的密排六方发生转变,形成低压条件下的四方晶氢化物($\alpha$-MgH$_2$)或高压条件下的正交晶氢化物($\gamma$-MgH$_2$)。由于 Mg 氢化物的结合键更接近离子键,且单质镁吸、放氢温度较高,因此吸、放氢反应的动力学性能较弱,单质镁理论储氢量为 7.6%,吸、放氢过程为

$$Mg + H_2 \underset{\text{放氢}}{\overset{\text{吸氢}}{\rightleftharpoons}} MgH_2 \qquad (11-9)$$

镁基合金储氢材料:镁基合金储氢材料主要以 A$_2$B 型为主,其中 Mg-Ni 系中的 Mg$_2$Ni 是镁基合金储氢材料的典型代表,理论储氢量为 3.6%,通过添加 Ni 等金属元素可提高吸氢量。Mg$_2$Ni 在一定条件下能够与氢迅速反应,生成具有四方晶格结构的 Mg$_2$NiH$_4$。Mg$_2$Ni 吸、放氢过程为

$$Mg_2Ni + 2H_2 \underset{\text{放氢}}{\overset{\text{吸氢}}{\rightleftharpoons}} Mg_2NiH_4 \qquad (11-10)$$

Mg-Al 系和 Mg-La 系储氢合金同样是镁基合金储氢材料的重要分支。为了进一步提高 Mg$_2$Ni 的储氢量,可在 Mg-Ni 材料中添加第三种元素(如 Ti、Fe、La、V、Si、Cu、Co 等)形成镁基复合储氢材料(或称多元镁基

通过文献调研,对比不同镁系储氢合金吸、放氢特性,这些镁系储氢合金有哪些应用场景?

合金储氢材料),从而改善动力学性能,加快氢的吸放速率,为镁基合金储氢材料的应用提供理论依据。

### 5. 钒系储氢合金

钒系储氢合金是指金属钒(V)及钒基固溶体合金的储氢材料,具有可逆储氢量大以及氢扩散速率快等优点。钒基固溶体型合金包括 Ti-V、Zr-V、Ti-V-X(X 可为 Cr、Mn、Ni、Zr 等)。以金属钒为例,V 在吸氢过程中与 H$_2$ 首先形成 VH,在一定温度、氢压条件下,氢继续向内部扩散形成 VH$_2$。V 吸、放氢过程为

$$V + \frac{1}{2}H_2 \underset{\text{放氢}}{\overset{\text{吸氢}}{\rightleftharpoons}} VH$$
$$VH + \frac{1}{2}H_2 \underset{\text{放氢}}{\overset{\text{吸氢}}{\rightleftharpoons}} VH_2 \qquad (11-11)$$

由于 VH 的平衡压力较低,在室温条件下无法实现放氢,须先由 VH$_2$ 向 VH 转化,因此钒系储氢合金实际室温的储氢密度较低。但与现有稀土系和钛系储氢合金相比,钒系固溶体型合金具有较高的储氢密度。

钒系储氢合金材料最新研究进展

## 11.2.2 金属配位氢化物储氢材料

金属配位氢化物储氢材料一般是由ⅢA 或 VA 主族元素(如 Al、B、N)与氢通过共价键结合,再与金属离子以离子键结合所形成的氢化物,通式为 A(XH$_4$)$_n$。其中,A 一般由

碱金属(Li、Na、K 等)或碱土金属(Mg、Ca 等)组成,X 一般由 B 或 Al 组成。目前,金属配位氢化物储氢材料可分为铝氢化物[A(AlH_4)_n]储氢材料、硼氢化物[A(BH_4)_n]储氢材料、氮氢化物[A(NH)_n]储氢材料和氨硼烷(NH_3BH_3)储氢材料等。

金属配位氢化物可通过直接还原法、机械球磨法等方法制备得到,通过水解法或热解法释放氢气,但可逆吸氢过程需要在高温高压条件下进行,可逆性较弱。

### 1. 铝氢化物储氢材料

铝氢化物储氢材料是指结构中含有$(AlH_4)$或$(AlH_6)$配位基团的储氢材料,通式为$A(AlH_4)_n$,典型代表有 $LiAlH_4$、$NaAlH_4$、$Mg(AlH_4)_2$ 和 $Ca(AlH_4)_2$。其中,$NaAlH_4$ 通常具有较高的热稳定性、循环稳定性和可逆性。常见铝氢化物及其理论储氢量见表 11-1。

表 11-1  常见铝氢化物及其理论储氢量

| 铝氢化物 | 储氢量/% | 铝氢化物 | 储氢量/% |
|---|---|---|---|
| $Li_3AlH_6$ | 11.2 | $NaAlH_4$ | 7.4 |
| $LiAlH_4$ | 10.6 | $CaAlH_5$ | 7.0 |
| $Mg(AlH_4)_2$ | 9.3 | $Na_3AlH_6$ | 5.9 |
| $Ca(AlH_4)_2$ | 7.9 | $KAlH_4$ | 4.3 |

(1)$LiAlH_4$

$LiAlH_4$ 的放氢过程分为三个步骤,反应步骤如式(11-12)~式(11-14)所示。三个反应理论放氢量为 5.3%、2.65% 和 2.65%,总计为 10.6%。由于第三步反应中 LiH 的分解温度较高,因此通常只考虑前两步反应的氢气释放性能。

$$3LiAlH_4 \longrightarrow Li_3AlH_6 + 2Al + 3H_2 \quad \Delta H = -10 \text{ kJ/mol}(H_2) \quad 460 \sim 491 \text{ K} \quad (11\text{-}12)$$

$$Li_3AlH_6 \longrightarrow 3LiH + Al + 3/2H_2 \quad \Delta H = 25 \text{ kJ/mol}(H_2) \quad 501 \sim 555 \text{ K} \quad (11\text{-}13)$$

$$LiH \longrightarrow Li + 1/2H_2 \quad \Delta H = -140 \text{ kJ/mol}(H_2) \quad 643 \sim 756 \text{ K} \quad (11\text{-}14)$$

$LiAlH_4$ 第一步分解生成 $Li_3AlH_6$ 是放热反应,根据热力学性能,将 $Li_3AlH_6$ 吸氢转化为 $LiAlH_4$ 的逆向反应相对困难;第二步 $Li_3AlH_6$ 分解生成 LiH 是吸热反应;第三步 LiH 分解生成 Li 是放热反应,可忽略。图 11-4 显示了 $LiH-H_2$、$Li_3AlH_6-H_2$ 和 $LiAlH_4-H_2$ 三个体系的平衡氢压与温度的关系。从图中可看出,若在 298 K 下通过吸氢反应将 $Li_3AlH_6$ 转化为 $LiAlH_4$,需要施加 100 MPa 以上的氢压。

(2)$NaAlH_4$

$NaAlH_4$ 的放氢过程可分为三个步骤,放氢之前 $NaAlH_4$ 在约 453 K 的温度下发生熔化。三个步骤的理论放氢量分别为 3.7%、1.85%、1.85%,理论放氢总量为 7.4%。由于第三步放氢温度较高,因此 $NaAlH_4$ 放氢过程通常只考虑前两步反应的氢气释放性能,实际可逆放氢量约为 5.6%。具体反应式如下:

$$3NaAlH_4 \longrightarrow \alpha\text{-}Na_3AlH_6 + 2Al + 3H_2 \quad \Delta H = 36 \text{ kJ/mol}(H_2) \quad 493 \sim 503 \text{ K} \quad (11\text{-}15)$$

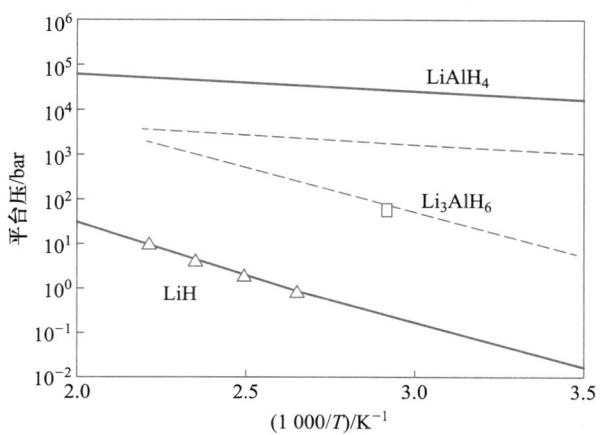

图 11-4　LiH、$Li_3AlH_6$ 和 $LiAlH_4$ 与氢气压力、
温度之间的平衡相图

$$\alpha-Na_3AlH_6 \longrightarrow 3NaH + Al + 3/2H_2 \quad \Delta H = 46.8 kJ/mol(H_2) \quad 543 \sim 533\ K \quad (11-16)$$

$$NaH \longrightarrow Na + 1/2H_2 \quad 不低于\ 673\ K \quad (11-17)$$

$NaAlH_4$ 放氢过程首先进行吸热熔化过程；进一步吸热分解成中间相 $NaAlH_4$；中间相 $NaAlH_4$ 经历相结构的变化，转化为 $\alpha-Na_3AlH_6$；最后 $\alpha-Na_3AlH_6$ 分解成 NaH。相前两步放氢反应均为吸热过程，其焓变值均小于 50 $kJ/mol(H_2)$。因此，在金属铝氢化物体系中，$NaAlH_4$ 的吸/放氢过程的热力学条件相对温和，较易实现可逆吸、放氢过程。

（3）$Mg(AlH_4)_2$

$Mg(AlH_4)_2$ 的放氢过程可分为两个步骤，分别释放约 7.0% 和 2.3% 的氢气，理论放氢总量为 9.3%，具体反应式如下：

$$Mg(AlH_4)_2 \longrightarrow MgH_2 + 2Al + 3H_2 \quad \Delta H \approx 0\ kJ/mol(H_2) \quad 408 \sim 436\ K \quad (11-18)$$

$$MgH_2 \longrightarrow Mg + H_2 \quad \Delta H = 75\ kJ/mol(H_2) \quad 543 \sim 583\ K \quad (11-19)$$

$Mg(AlH_4)_2$ 首先通过加热生成 $MgH_2$，反应焓变接近于 0 $kJ/mol(H_2)$，反应过程较容易，但 $Mg(AlH_4)_2$ 不是理想的可逆储氢材料；生成的 $MgH_2$ 在常温常压条件下稳定性较高，在高温条件下分解为单质镁和氢气。温度过高时，生成的单质镁与第一步生成的单质铝发生固相反应，形成 $Mg_2Al_3$ 及其他 Mg-Al 固溶相。与 $NaAlH_4$ 相比，$Mg(AlH_4)_2$ 的可逆放氢能力较弱。因此，可对 $Mg(AlH_4)_2$ 进行掺杂改性，进而提高吸、放氢指标。

（4）$Ca(AlH_4)_2$

$Ca(AlH_4)_2$ 的氢气释放过程经历了三个步骤，分别释放 2.85%、2.85% 和 1.9% 的氢气，反应式如下：

$$Ca(AlH_4)_2 \longrightarrow CaAlH_5 + Al + 3/2H_2 \quad \Delta H = -9.0 kJ/mol(H_2) \quad 约\ 400\ K$$

$$(11-20)$$

$$CaAlH_5 \longrightarrow CaH_2 + Al + 3/2H_2 \quad \Delta H = 26.2 kJ/mol(H_2) \quad 约 523 \ K \quad (11-21)$$

$$CaH_2 + Al \longrightarrow Ca-Al 合金 + H_2 \quad 约 673 \ K \quad (11-22)$$

与 $LiAlH_4$ 和 $NaAlH_4$ 类似，由于第三步放氢温度较高且主要形成 Ca-Al 合金，放氢量较小，在实际应用中可忽略。因此，$Ca(AlH_4)_2$ 的有效氢气释放量为 5.7%。$Ca(AlH_4)_2$ 的第一步放氢反应焓变为 $-9 \ kJ/mol(H_2)$，表明该步骤的逆向吸氢反应不易进行。$Ca(AlH_4)_2$ 的可逆放氢能力较弱，可通过优化 $Ca(AlH_4)_2$ 合成方法、掺杂改性，进而提高 $Ca(AlH_4)_2$ 吸、放氢性能。

### 2. 硼氢化物储氢材料

硼氢化物储氢材料是指结构中含有 $[BH_4]$ 配位基团的储氢材料，通式为 $A(BH_4)_n$。硼氢化物储氢材料主要有 $LiBH_4$、$NaBH_4$、$KBH_4$、$Mg(BH_4)_2$ 和 $Ca(BH_4)_2$ 等。硼氢化物储氢体系与铝氢化物储氢体系相似，可逆储氢性能较弱。本节以常见的 $LiBH_4$、$NaBH_4$ 为例，介绍硼氢化物储氢材料吸、放氢特性。

（1）$LiBH_4$

$LiBH_4$ 是一种高容量的固体储氢材料，其通过热解放氢，放氢过程较为复杂。$LiBH_4$ 放氢过程的主要化学反应方程式如下所示：

$$LiBH_4 \longrightarrow LiH + B + \frac{3}{2}H_2 \quad (11-23)$$

或

$$LiBH_4 \longrightarrow Li + B + 2H_2 \quad (11-24)$$

$LiBH_4$ 的理论储氢量约为 13.6%。在 873 K 和 155 MPa 的氢压条件下，可缓慢进行反应式（11-24）的逆反应。通过添加 $MgH_2$ 形成 $2LiBH_4-MgH_2$ 样品，能够降低 $LiBH_4$ 的热力学稳定性，实现 8%~10% 的可逆储氢量，反应方程式为

$$LiBH_4 + MgH_2 \longrightarrow LiH + MgB_2 + 4H_2 \quad (11-25)$$

（2）$NaBH_4$

与 $LiBH_4$ 相比，$NaBH_4$ 的稳定性更高。$NaBH_4$ 通过水解和热解的方式释放氢气，理论储氢量为 10.8%，在常压常温条件下可生成氢气。$NaBH_4$ 放氢反应为

根据 $LiBH_4$ 和 $NaBH_4$ 储氢过程，通过查阅文献，解释其他金属硼化物储氢材料放氢过程。

$$水解放氢 \quad NaBH_4 + 4H_2O + xH_2O \longrightarrow NaB(OH)_4 \cdot xH_2O + 4H_2 \quad (11-26)$$

$$热解放氢 \quad NaBH_4 \longrightarrow Na + B + 2H_2 \quad (11-27)$$

金属硼氢化物储氢材料相较于金属铝氢化物储氢材料，具有更高的可逆储氢容量。但该体系的热力学性能较差，放氢温度较高，通常为 533~773 K。

### 3. 氮氢化物储氢材料

氮氢化物储氢材料一般由轻金属的氢化物和氨基化物组成,通式为 $A(NH_2)_n$。含有氨基基团的化合物是氨基化合物,氨基基团($NH_2$)是从氨分子中去掉一个氢原子形成的,如甲氨基、二乙氨基、苯氨基等。亚氨基是从氨分子中去掉两个氢原子形成的二价基团,含有亚氨基基团($NH$)的有机化合物包括亚胺、仲胺和二酰亚胺等。根据所含亚氨基基团和金属元素的种类,金属氮氢化物体系可分为二元(binary-system,BS)、三元(ternary-system,TS)以及多元(multi-system,MS)反应体系。

二元金属-氮-氢(M-N-H)体系包括 $Li-N-H$、$Mg-N-H$、$Ca-N-H$ 和 $Al-N-H$ 等。在二元体系中引入 Mg、Ca、Na 等元素,可降低放氢温度,改变反应路径及相关热力学参

根据二元系统和三元系统的储氢过程,通过查阅文献,解释其他多元系统的放氢过程。

数,从而改善金属氮氢化物的储氢性能。三元体系包括 $Li-Mg-N-H$、$Li-Ca-N-H$、$Li-B-N-H$、$Li-Al-N-H$、$Na-Mg-N-H$、$Na-Ca-N-H$ 和 $Mg-Ca-N-H$ 等。多元体系包括 $Li-Mg-Al-N-H$、$Li-Mg-B-N-H$ 等。部分二元、三元及多元 M-N-H 储氢材料系统的储氢反应方程式及理论储氢量详见表 11-2。本小节将主要介绍典型的二元和三元 M-N-H 储氢材料的吸、放氢性能。

表 11-2　常见金属氮氢材料体系储氢反应方程式及理论储氢量

| 材料系统 | | 反应方程式 | 理论储氢量/% |
|---|---|---|---|
| 二元体系 | BS-1 | $LiNH_2 + 2LiH \rightleftharpoons Li_3N + 2H_2$ | 10.26 |
| | BS-2 | $LiNH_2 + LiH \rightleftharpoons Li_2NH + H_2$ | 6.45 |
| | BS-3 | $Mg(NH_2)_2 + MgH_2 \rightleftharpoons 2MgNH + 2H_2$ | 4.84 |
| | BS-4 | $Mg(NH_2)_2 + 2MgH_2 \rightleftharpoons Mg_3N_2 + 4H_2$ | 7.35 |
| | BS-5 | $2CaNH + CaH_2 \rightleftharpoons Ca_3N_2 + 2H_2$ | 2.63 |
| | BS-6 | $CaNH + CaH_2 \rightleftharpoons Ca_2NH + H_2$ | 2.06 |
| | BS-7 | $Ca(NH_2)_2 + CaH_2 \rightleftharpoons 2CaNH + 2H_2$ | 3.51 |
| 三元体系 | TS-1 | $2LiNH_2 + CaH_2 \rightleftharpoons Li_2Ca(NH)_2 + 2H_2$ | 4.55 |
| | TS-2 | $Mg(NH_2)_2 + 2LiH \rightleftharpoons Li_2Mg(NH)_2 + 2H_2$ | 5.53 |
| | TS-3 | $3Mg(NH_2)_2 + 8LiH \rightleftharpoons 4Li_2NH + 8H_2 + Mg_3N_2$ | 6.78 |
| | TS-4 | $Mg(NH_2)_2 + CaH_2 \rightleftharpoons MgCaN_2H_2 + 2H_2$ | 4.07 |

续表

| 材料系统 | | 反应方程式 | 理论储氢量/% |
|---|---|---|---|
| 三元体系 | TS-5 | $2LiNH_2 + LiBH_4 \rightleftharpoons Li_3BN_2 + 4H_2$ | 11.80 |
| | TS-6 | $2LiNH_2 + LiAlH_4 \rightleftharpoons Li_3AlN_2 + 4H_2$ | 9.52 |
| | TS-7 | $LiNH_2 + 2LiH + AlN \rightleftharpoons Li_3AlN_2 + 2H_2$ | 5.00 |
| | TS-8 | $4LiNH_2 + 3Li_3AlH_6 \rightleftharpoons Li_3AlN_2 + Al + 2Li_2NH + 3LiH + 15/2H_2$ | 3.75 |
| | TS-9 | $3LiNH_2 + 7LiH + Al + AlN \rightleftharpoons Li_3AlN_2 + Al + 2Li_2NH + 3LiH + 4H_2$ | 4.15 |
| 多元体系 | MS-1 | $NaNH_2 + LiAlH_4 \longrightarrow NaH + LiAlNH + 2H_2$ | 5.19 |
| | MS-2 | $3Mg(NH_2)_2 + 3LiAlH_4 \longrightarrow Mg_3N_2 + Li_3AlN_2 + 2AlN + 12H_2$ | 8.48 |
| | MS-3 | $3MgH_2 + 2LiBH_4 + 6LiNH_2 \longrightarrow Mg_3N_2 + 2Li_3BN_2 + 2LiH + 12H_2$ | 9.25 |

（1）Li-N-H 系

Li-N-H 系储氢材料一般由摩尔比为 1：1 的氨基锂 $LiNH_2$ 和氢化锂 LiH 组成,该系储氢材料的吸、放氢反应的方程式为

$$LiNH_2 + LiH \rightleftharpoons Li_2NH + H_2 \tag{11-28}$$

式（11-28）逆向反应的理论储氢量约为 6.45%。

Li-N-H 系也可从摩尔比为 1：2 的氨基锂和氢化锂开始,其吸、放氢反应为

$$LiNH_2 + 2LiH \rightleftharpoons Li_2NH + H_2 + LiH \rightleftharpoons Li_3N + 2H_2 \tag{11-29}$$

反应分为两步进行,理论储氢量分别是 5.1% 和 5.4%。对应放氢反应两个步骤的焓变分别是 $\Delta H = 148$ kJ/mol($H_2$) 和 $\Delta H = 45$ kJ/mol($H_2$)。

氨基锂是白色固体,熔融态氨基锂呈现绿色,冷却后会恢复为白色。当氨基锂暴露在空气中时会发生缓慢的分解反应。若加热,则氨基锂发生分解,但不会引发爆炸。将氨基锂加热到大约 723 K 时,会分解生成亚氨基锂和氨气。

$$2LiNH_2 \longrightarrow Li_2NH + NH_3 \tag{11-30}$$

氨基锂在液氨中难以溶解,可溶于冷水,在热水中迅速水解为氢氧化锂和氨气。

制备氨基锂的方法之一是通过将金属锂加入液氨中,使金属锂与氨气反应,生成氨基锂。其化学反应方程为

$$2Li + 2NH_3 \longrightarrow 2LiNH_2 + H_2 \tag{11-31}$$

其他氨的锂盐可用类似方法制备,也就是用相应的氨代替液氨:

$$2Li + 2R_2NH \longrightarrow 2LiNR_2 + H_2 \tag{11-32}$$

工业上可由氢化锂与氨气反应制得,也可将金属锂直接在 673 K 温度下与氨气反应:

$$LiH + NH_3 \xrightarrow{673\text{ K}} LiNH_2 + H_2 \tag{11-33}$$

（2）Li-Mg-N-H 系

Li-Mg-N-H 系储氢材料一般由摩尔比为 2∶1 的氨基锂和氢化镁组成,该系储氢材料的吸、放氢可逆反应的方程式为

$$MgH_2 + 2LiNH_2 \Longleftrightarrow Li_2Mg(NH)_2 + 2H_2 \tag{11-34}$$

式(11-34)逆向反应的理论储氢量约为 5.46%。

Li-Mg-N-H 系也可从摩尔比为 1∶2 的氨基镁和氢化锂开始,这时其吸、放氢反应为

$$Mg(NH_2)_2 + 2LiH \Longleftrightarrow Li_2Mg(NH)_2 + 2H_2 \tag{11-35}$$

氨基镁可在 623~673 K 的氨气气氛中加热碘活化的镁粉制备得到,通常含有少量镁、氧化镁和碘化镁杂质。另一种制备方法是将镁与氨基钾或氨基钠反应。这些反应可使镁与氨基离子结合,形成氨基镁。

$$Mg + 2KNH_2 \longrightarrow Mg(NH_2)_2 + 2K \tag{11-36}$$

（3）Li-Ca-N-H 系

Li-Ca-N-H 系储氢材料一般由摩尔比为 2∶1 的氨基锂和氢化钙组成,该系储氢材料的吸、放氢可逆反应的方程式为

$$2LiNH_2 + CaH_2 \Longleftrightarrow CaLi_2N_2H_2 + 2H_2 \tag{11-37}$$

式(11-37)逆向反应的理论储氢量约为 4.54%。

（4）Na-Mg-N-H 系

Na-Mg-N-H 系储氢材料一般由摩尔比为 1∶1.5 的氨基镁和氢化钠组成,该系储氢材料的吸、放氢可逆反应的方程式为

$$Mg(NH_2)_2 + 1.5NaH \Longleftrightarrow Na_{1.5}MgN_2H_{3.5} + H_2 \tag{11-38}$$

式(11-38)逆向反应的理论储氢量约为 2.14%。

（5）Mg-Ca-N-H 系

Mg-Ca-N-H 系储氢材料一般由摩尔比为 1∶1 的氨基镁和氢化钙组成,该系储氢材料的吸、放氢可逆反应的方程式为

$$Mg(NH_2)_2 + CaH_2 \Longleftrightarrow CaMgN_2H_2 + 2H_2 \tag{11-39}$$

式(11-39)逆向反应的理论储氢量约为 4.08%。

### 4. 氨硼烷储氢材料

氨硼烷(ammoniaborane,$NH_3 \cdot BH_3$,AB)是一种在常温常压下以固体形式稳定存在的化合物。氨硼烷分子内同时包含两种相反电荷的氢原子,一种是氮上的正氢,另一种是硼上的负氢。在室温下,氨硼烷及其衍生物可稳定存在于水溶液中。加入催化剂后,氨硼烷开始水解放氢,其水解放氢量与热解放氢量相当。与金属氮氢化合物-氢化物体系相比,氨硼烷内部正氢与负氢之间的相互作用能够促进氢气的释放,而不会受到固-固两相反应中的界面效应和传质问题的限制,储氢性能更为优越。

氨硼烷是分子络合物,理论储氢容量可达 19.6%,反应式为

$$LiBH_4 + NH_4Cl \longrightarrow NH_3 \cdot BH_3 + LiCl + H_2 \qquad (11\text{-}40)$$

氨硼烷的热解放氢反应可分为三个阶段,均会释放氢气,反应温度分别约为 383 K、423 K 和 773 K,每一阶段固体主产物依次是聚合态氨基硼烷($[NH_2BH_2]_n$)、聚合态亚氨基硼烷($[NHBH]_n$)以及氮化硼(BN),具体反应过程如式(11-41)~式(11-43)所示。氮化硼的标准生成焓为-448kJ/mol,但由于氨硼烷的第三步放氢反应需要高温下进行,因此氮化硼不会被氢气直接还原。若采用氨硼烷作为储氢材料,通常只考虑前两步放氢反应。

$$n NH_3 \cdot BH_3 \longrightarrow [NH_2BH_2]_n + n H_2 \qquad (11\text{-}41)$$

$$[NH_2BH_2]_n \longrightarrow [NHBH]_n + n H_2 \qquad (11\text{-}42)$$

$$[NHBH]_n \longrightarrow n BN + n H_2 \qquad (11\text{-}43)$$

$NH_3 \cdot BH_3$ 在常温常压下是白色固体,熔点为 377 K,化学性质相对稳定,不容易燃烧或爆炸。固态 $NH_3 \cdot BH_3$ 在温度升高至 363 K 左右时,开始分解并释放氢气。此外,$NH_3 \cdot BH_3$ 在水中的溶解度较高,且 $NH_3 \cdot BH_3$ 水溶液在常温常压下可稳定存在。$NH_3 \cdot BH_3$ 储氢材料可通过热解制氢或水解制氢,例如 $NaBH_4$ 与硫酸铵反应可获得高纯度和高产率的 $NH_3 \cdot BH_3$,其反应方程式为

$$2NaBH_4 + (NH_4)_2SO_4 \longrightarrow 2NH_4 \cdot BH_3 + Na_2SO_4 + 2H_2 \qquad (11\text{-}44)$$

## 11.3　金属储氢材料的应用

### 11.3.1　二次电池

镍氢二次电池具有高能量、无污染等优点,已在信息、航天等领域得到了应用,并逐渐取代传统的镍镉电池。

**案例 11-1　不含 Co 的镍氢电池**

镍氢(Ni-MH)电池在低温地区应用所面临的主要挑战来自其负极材料——储氢合金 HSAs 的缓慢动力学。研究者们设计并制造了一系列不含 Co 的储氢合金,该合金展现了优异的电化学反应动力学和低温放电性能。其中的一种材料 $La_{0.95}Y_{0.05}Ni_{4.5}Mn_{0.4}Al_{0.35}$,在 3 000 mA/g 的高放电电流密度下,放电比容量可达 283.5 mA·h/g,达到了与商用合金($MmNi_{3.55}Co_{0.75}Mn_{0.4}Al_{0.3}$)同成分合金电极的 4.3 倍。并且,这种无 Co 的 $La_{0.95}Y_{0.05}Ni_{4.5}Mn_{0.4}Al_{0.35}$ 合金电极在 233 K 的低温下仍保持了 255.8 mA·h/g 的放电比容量,因此有望成为超低温镍氢电池的负极材料。

## 11.3.2 氢气分离与净化

在化学工业、石油精制、制药和冶金等领域,大量含氢尾气被排放,如果能对氢进行回收利用,将产生可观的经济效益。利用氢化物对氢气的高选择吸收特性可获取高纯度的氢,该方法适用于集成电路、半导体器件、电子材料、光纤等的生产过程。目前,对氢气的分离、回收与净化的研究正逐步推广到更多的工业尾气利用领域。

**案例 11-2　基于膜分离的氢气分离技术**

研究人员成功研制了中空纤维膜法提氢技术。该技术可用于从合成氨弛放气和石油炼厂气中提取高浓度氢气,气体处理量最高可达数万 $m^3/h$,所回收的氢气质量分数大于 95%,回收率超过 85%,已在多家企业推广应用。相关研究成果——高性能中空纤维氮氢膜分离器的研制于 1993 年获得国家科技进步奖二等奖。

## 11.3.3 能量转换与存储

储氢合金在吸、放氢过程中伴随着放热和吸热,其储热密度可达 1 500~2 500 kJ/kg,超过了熔融盐储热材料的 10 倍。利用这种性能,可进行热能—化学能—热能的转换,从而实现热能的有效存储。基于储氢合金材料的储热系统具有储热温度范围可调、无副反应、无腐蚀性、较低成本等特点,是一种理想的储热系统。储氢材料储热系统在可再生能源和热能存储领域具有巨大的潜力。全球范围内的研究和开发工作旨在提高储热密度、降低成本、增强可持续性,并推动这一领域的创新,以满足不断增长的能源需求并减少对化石燃料的依赖。

**案例 11-3　基于太阳能驱动的氢化镁储氢方法**

金属氢化物在吸氢过程中会有反应热放出。传统的氢化镁可逆固态储氢由外部加热驱动,但仍受制于大量能量输入和较低的系统能量密度。研究人员通过原子重构设计了单相 $Mg_2Ni(Cu)$ 合金,实现了光热效应和催化效应的理想结合,从而实现了稳定的太阳能驱动氢化镁储氢。通过 $Mg_2Ni(Cu)$ 及其氢化态的带内/带间跃迁,实现了整个光谱中超过 85% 的吸收率,在 2.6 $W/cm^2$ 的条件下使温度达到了 534.8 K。在反复脱氢过程中可逆生成的 $Mg_2Ni(Cu)$ 使光热作用和催化作用持续稳定地结合在一起,确保了局部热量直接作用于催化位点而不产生任何热量损失,在 3.5 $W/cm^2$ 的条件下实现了 6.1% 的 $H_2$ 可逆容量和 95% 的保留率。

**案例 11-4　基于钛锰型储氢合金的气态和固态混合储氢方法**

　　高压-固态复合储氢技术将高压气态储氢的吸、放氢响应速度快与固态氢化物储氢体积储氢密度高、工作压力低的优点相结合，是实现安全高效储氢的新方法。研究人员采用有效储氢量为 1.7% 的钛锰型储氢合金，开发了一种工作压力低于 5 MPa 的气态和固态复合储氢系统，可在低至 288 K 的温度下随时释放足够的氢气。该系统具有 $40.07\ kg/m^3$ 的高体积储氢密度，与燃料电池系统组合的储能效率达到了 86.4% ~ 95.9%，证明了气态和固态混合储氢是一种很有前景的固定式储氢方法。

**案例 11-5　基于热力学优化策略的金属有机氢化物储氢方法**

　　车载储氢技术是研发高效、安全、低成本氢燃料电池车的关键。研究人员提出了一种基于碱金属或碱土金属取代环己醇和苯酚—OH 基团 H 的热力学优化策略，开发出金属有机氢化物储氢的新体系，对吸放氢热力学性能进行可控调节，初步实现了金属有机氢化物材料在温和条件下可逆储氢，为满足车载氢气存储所需条件打下基础，并成功开发了公斤级氢化物储氢材料制备工艺，搭建了公斤级储氢测试平台。

## ❉ 本章小结

　　氢能作为一种清洁、高效、可持续的新能源，具有巨大的市场潜力。然而，氢气在常温下以气体形式存在，易发生燃烧爆炸，给使用、运输和存储等带来了挑战。储氢材料具有可强力捕捉氢气的特点，为安全高效地存储氢气提供了选择。

　　本章首先介绍了金属储氢材料的储氢原理，其次介绍了金属储氢材料的分类与特性，最后介绍了金属储氢材料的应用。

　　金属储氢材料包括合金氢化物和金属配位氢化物两类。合金氢化物储氢材料根据组成元素的不同，可分为稀土系储氢合金、钛系储氢合金、锆系储氢合金、镁系储氢合金及钒系储氢合金。稀土系储氢合金具有良好的吸、放氢动力学性能；钛系储氢合金与锆系储氢合金的储氢量高；镁系储氢合金的储氢量大、成本低；钒系储氢合金的储氢密度较高。

　　金属配位氢化物储氢材料根据结构中配位基团的不同，可分为铝氢化物储氢材料、硼氢化物储氢材料、氮氢化物储氢材料和氨硼烷储氢材料等。铝氢化物储氢材料和硼氢化物储氢材料的可逆储氢性能较差，氮氢化物储氢材料具有储氢量大，可逆性好，吸、放氢反应条件温和等特点，氨硼烷储氢材料由于分子结构中正氢与负氢的相互作用促进了氢气释放，其储氢性能优于氮氢化物储氢材料。

　　金属储氢材料在氢能存储领域具有广泛的应用前景。通过不断优化合金成分和制备方法，提升储氢材料的性能，可为氢能的大规模应用提供技术支撑。未来，随着技术的进一步发展,储氢材料将在氢能产业链中发挥更加重要的作用。

## 思考题

11-1　氢存储是可持续氢能发展的关键技术,常见的储氢方法包括压缩储氢、液态储氢和固态储氢,请调研常见储氢方式的应用局限性。

11-2　以轻金属铝氢化物 $LiAlH_4$ 与 $Li_3AlH_6$ 为例,描述其放氢反应过程。

11-3　通过阅读教材和查阅资料,描述氨硼烷常用制备方法与热分解放氢反应机理。

11-4　目前国内外在储氢合金研发领域有哪些最新进展?

11-5　根据合金氢化物的分类,每类列举一种典型材料,并介绍其储氢特性。

11-6　请查找相关资料,总结当前氢能产业的发展机遇。

## 习题

11-1　储氢合金材料有哪些应用场景?选择其中两种详细介绍。

11-2　以典型轻金属硼氢化物 $LiBH_4$ 为例,描述其氢化过程与热分解放氢机理。

11-3　研究材料放氢动力学可采用哪些数学模型?

11-4　针对常见的二元、三元与多元金属氮氢材料体系,请写出至少三种储氢反应方程式及其储氢量。

11-5　请描述至少 3 种铝氢化物的放氢过程。

## 参考文献

[1] 张诗雨,唐文艳,刘俊霞,等. 储氢材料的研究进展[J]. 河南大学学报(自然科学版),2022,52(5):579-586.

[2] LIU H, XU L, HAN Y, et al. Development of a gaseous and solid-state hybrid system for stationary hydrogen energy storage[J]. Green Energy & Environment,2021,6(4):528-537.

[3] 刘名瑞,丁凯,王唯,等. 基于物理吸附储氢材料的研究进展[J]. 储能科学与技术,2023,12(6):1804-1814.

[4] IZANLOU A, AYDINOL M K. An ab initio study of dissociative adsorption of $H_2$ on FeTi surfaces[J]. International Journal of Hydrogen Energy,2010,35(4):1681-1692.

[5] 胡素梅. 镁基碳纳米管复合材料储氢性能的研究[D]. 兰州:兰州理工大学,2009.

[6] 丁艳巧. 单相超堆垛 Pr-Mg-Ni 合金的可控制备与电化学性能的研究[D]. 秦皇岛:燕山大学,2018.

[ 7 ] YU Y, HE T, WU A, et al. Reversible hydrogen uptake/release over a sodium phenoxide-cyclohexanolate pair[J]. Angewandte Chemie, 2019, 131(10):3134-3139.

[ 8 ] LI M M, WANG C C, YANG C C. Development of high-performance hydrogen storage alloys for applications in nickel-metal hydride batteries at ultra-low temperature[J]. Journal of Power Sources, 2021, 491: 229585.

[ 9 ] 邓麦村,曹义鸣,袁权. 气体膜分离技术在我国的发展现状与展望[J]. 现代化工,1996(10):13-18.

[10] ZHANG X, JU S, LI C, et al. Atomic reconstruction for realizing stable solar-driven reversible hydrogen storage of magnesium hydride[J]. Nature Communications, 2024, 15(1):2815.

[11] 菅晓玲. $AB_2$ 型 Laves 相 Zr-Mn 基贮氢合金的电子结构研究[D]. 南宁:广西大学,2006.

[12] ZÜTTEL A. Materials for hydrogen storage[J]. Materials Today, 2003, 6(9):24-33.

[13] 周顺. 动力电池用镧铈稀土储氢材料制备及性能研究[D]. 广州:华南理工大学,2013.

[14] TAKESHITA T, GSCHNEIDNER JR K A, THOME D K, et al. Low-temperature heat-capacity study of Haucke compounds $CaNi_5$, $YNi_5$, $LaNi_5$, and $ThNi_5$[J]. Physical Review B, 1980, 21(12):5636.

[15] 秦高梧,谢红波,潘虎成,等. 一类介于晶体与准晶体之间的有序结构[J]. 金属学报,2018,54(11): 1490-1502.

[16] 蓝亭. 贮氢合金的种类及制取方法[J]. 现代机械,2004(4):63-65.

[17] 范丽媛. ZnO@Co 杂化纳米管阵列的电化学生长及其结构,光学,光催化及磁性的研究[D]. 合肥: 中国科学技术大学,2009.

[18] 李金,王利,闫慧忠,等. 铸造方法对 $LaY_2Ni_{9.7}Al_{0.3}Mn_{0.5}$ 储氢合金性能的影响[J]. 电池,2020,50 (3):242-244.

[19] 郑传祥,孟剑. 碳纤维复合材料高压储氢容器研究与结构设计[J]. 化工学报,2004(S1):134-137.

[20] 吴天栋. Zr 基 Laves 相储氢合金的构效关系及抗毒化行为[D]. 西安:西北工业大学,2017.

[21] 周轶凡. 硼氢化锂基复合储氢材料的吸放氢性能及其机理[D]. 杭州:浙江大学,2012.

[22] 梁初. Li-Mg-N-H 基高容量储氢材料的储氢性能及其机理研究[D]. 杭州:浙江大学,2011.

[23] 刘晓然. 锂氨基硼烷($LiNH_2BH_3$)的制备及储氢性能改善的研究[D]. 北京:北京有色金属研究总院,2020.

[24] CHEN P, XIONG Z, LUO J, et al. Interaction of hydrogen with metal nitrides and imides[J]. Nature, 2002, 420(6913):302-304.

[25] 吴国涛,陈维东,熊智涛. 设计新型高容量储氢材料[J]. 自然杂志,2011,33(1):27-34.

[26] 徐杰. 元素取代对稀土基 $AB_5$ 型、Ti-V-Cr 基高熵储氢合金晶体结构和储氢性能的影响[D]. 扬州:扬州大学,2023.

[27] 孙岩. 钴硫合金复合材料的制备及电化学储氢性能的研究[D]. 长春:长春理工大学,2023.

[28] 刘海迪. Li-Mg-B-H 体系储氢材料的制备工艺与性能研究[D]. 沈阳:沈阳师范大学,2013.

[29] 王淇. 熔融渗硅制备 $SiC_f/MoSi_2$ 过程中 SiC 纤维的结构损伤研究[D]. 厦门:厦门大学,2019.

[30] 张轲,张国英,曹中秋,等. 金属氮氢系固体储氢材料[M]. 北京:科学出版社,2013.

[31] 朱敏. 先进储氢材料导论[M]. 北京:科学出版社,2015.

其他参考文献

# 第十二章
## "有容乃大的多孔骨架"——碳质储氢材料

碳质储氢材料是一种主要基于物理吸附存储氢气的材料,具有孔隙多、比表面积大以及表面吸附势能大等特性。通过调整压力和温度,碳质储氢材料表面像"磁铁"一样实现对氢气的存储和释放。碳质储氢材料具有安全可靠、储氢容器轻巧、形状灵活、存储效率高、对微量气体杂质不敏感以及可反复使用等优势。

本章先介绍碳质储氢材料的储氢原理;然后对主要碳质储氢材料进行分类介绍,并介绍不同碳质储氢材料的特点;最后介绍目前碳质储氢材料的应用。通过本章的介绍,帮助读者较为系统地学习和掌握基本的碳质储氢材料的储氢原理、分类、性质以及应用。本章的结构总图如图 12-1 所示。

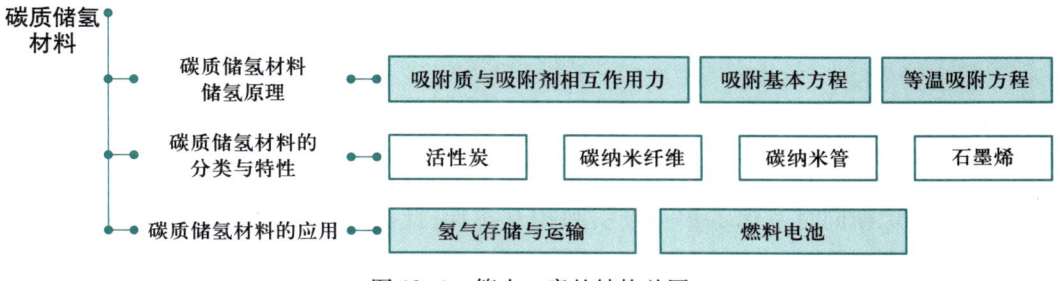

图 12-1　第十二章的结构总图

## 12.1　碳质储氢材料储氢原理

碳质储氢材料的储氢过程主要利用其多孔、高比表面积结构的特点实现对氢气的存储。在吸附过程氢分子不发生断键,几乎不影响氢气的纯度。

吸附是指气体与固体表面接触时,由于固体表面与气体之间的作用力,气体分子在固体表面浓度发生动态变化的过程。吸附过程是通过温度和压力进行调节控制的可逆过程,固体表面气体浓度增加时,为吸附过程,实现氢气的存储;当固体表面气体浓度减小时,为脱附过程,实现氢气的释放。

化学吸附储氢
原理

不同吸附过程

吸附气体的固体物质称为吸附剂,被吸附的气体称为吸附质,吸附质在吸附剂表面吸附以后的状态称为吸附态。根据气体分子是否发生化学键的变化,可分为物理吸附和化学吸附。碳质储氢材料主要是利用物理吸附来储氢,当碳质储氢材料利用表面官能团与氢气发生吸附进行储氢时,为化学吸附储氢。

物理吸附中吸附质分子与固体表面之间作用力为分子间吸引力,例如范德瓦耳斯力等。其中,固体对气体的吸附作用,是由固体表面的表面能引起的。表面能是指固体表面粒子相对于内部粒子多出的能量,即表面张力与表面积的乘积。因此,比表面积、孔隙率越高,理论吸附效果越好。物理吸附过程与温度和压力息息相关,根据不同吸附过程的特点主要可分为等温吸附过程、等压吸附过程以及等量吸附过程等。

### 12.1.1　吸附质与吸附剂相互作用力

在物理吸附过程中,一个气体分子与固体表面的几个原子同时发生作用,可通过范德瓦耳斯力和伦纳德−琼斯(Lennard-Jones)势函数等进行表示。

分子间吸引力可通过范德瓦耳斯力进行描述:

$$U(r) = \frac{B}{r^{12}} - \frac{A}{r^6} \tag{12-1}$$

式中:$B$ 和 $A$——常数,根据原子的不同取值不同;

　　　　$r$——气体分子之间的距离,nm。

伦纳德−琼斯同时考虑了相互吸引和相互排斥,此作用力可用伦纳德−琼斯势函数描述:

$$\phi(r) = 4\varepsilon_{sf} \left[ \left( \frac{\sigma_{sf}}{r} \right)^{12} - \left( \frac{\sigma_{sf}}{r} \right)^6 \right] \tag{12-2}$$

式中:$\varepsilon_{sf}$ 为势阱深度,J;$\sigma_{sf}$ 为吸附分子的有效直径,nm;$r$ 为气体分子与固体表面之间的距离,nm。

分子的势能用来描述气体分子与固体表面之间的相互作用能量,最小值约在一个吸附质分子半径的距离处,通常为 0.01 ~ 0.1 eV(1 ~ 10 kJ/mol)。不同的表面几何形状可能会影响表面势场的强度,但不足以改变气体分子与固体表面之间相互作用力的性质。

## 12.1.2 吸附基本方程

物理吸附现象的产生是由于界面处出现浓度差,是吸附或脱附过程的驱动力。当浓度达到平衡时,吸附或脱附过程停止。因此,吸附量是界面密度高于主体相密度的部分,也可称为表面过剩吸附量;将吸附剂表面以上流体密度明显高于主体相密度的部分称为吸附空间或吸附相。该过程可通过吉布斯(Gibbs)表面吸附方程表示:

$$n = \int \left[ \rho(z) - \rho_g \right] dV_a \tag{12-3}$$

式中:$n$——过剩吸附量,$mol/m^2$;

$\rho_g$——主流体相的密度,$kg/m^3$,由于垂直于固体表面的密度分布函数 $\rho(z)$ 无法测量,通常假定吸附相密度均匀,取其密度为 $\rho_a$,或取其平均密度 $\rho_a$,单位为 $(kg/m^3)$;

$V_a$——吸附相体积,$m^3$。

式(12-3)变为

$$n = V_a(\rho_a - \rho_g) = n^s - \rho_g V_a \tag{12-4}$$

式中:$n^s$——绝对吸附量,$mol/m^2$。$n^s$ 与过剩吸附量 $n$ 之间的差值是 $\rho_g V_a$。

当吸附压力较低时,吸附量很小,可忽略。此时,绝对吸附量与过剩吸附量保持一致。随着气相压力的升高,气相密度和吸附相体积增大,$\rho_g V_a$ 不可忽略。在特定吸附压力下,$n$ 的值可能为零,说明达到了吸附极限。当 $n$ 值为负值时,说明此时已经超过了表面可吸附的极限。

## 12.1.3 等温吸附方程

恒温下吸附过程与压力相关。物理等温吸附方程主要包括弗罗因德利希(Freundlich)吸附方程、朗谬尔(Langmuir)吸附方程及 BET(Brunauer-Emmett-Teller)多层吸附方程。

弗罗因德利希(Freundlich)吸附方程为

$$q = \frac{x}{m} = kp^{\frac{1}{n}} \quad 或 \quad \lg q = \lg k + \frac{1}{n}\lg p \tag{12-5}$$

式中:$q$——单位质量固体上吸附气体的量,$m^3/kg$。

$x$——被吸附气体的质量,$kg$。

$m$——吸附剂的质量,$kg$。

$p$——吸附达到平衡后的蒸气分压,$Pa$。

$k$、$n$——常数，$n$ 大于 1。常数 $n$ 反映了吸附作用的强度，$k$ 与吸附相互作用、吸附量有关。常数 $k$、$n$ 的取值与吸附剂、吸附质的种类及吸附温度相关。该方程式属于经验公式，适用于中压范围内的物理吸附过程。

朗谬尔（Langmuir）吸附方程为

$$q = \frac{x}{m} = \frac{kq_{\mathrm{m}}p}{1 + kp} \tag{12-6}$$

式中：$q_{\mathrm{m}}$——饱和吸附量，通常表示为分数或百分比；

　　　$k$——Langmuir 平衡常数，与吸附剂和吸附质的性质以及温度有关，$\mathrm{m^3/mol}$，其值越大，表示吸附剂的吸附性能越强；

　　　$p$——溶质浓度，$\mathrm{mol/L}$。

此吸附方程适用于低压范围内的物理吸附过程。

1938 年，Brunauer、Emmett 和 Teller 在朗谬尔吸附方程的基础上提出了 BET 多层吸附理论，吸附方程为

$$V = \frac{V_{\mathrm{m}}pC}{(p_{\mathrm{s}} - p)(1 - p/p_{\mathrm{s}} + Cp/p_{\mathrm{s}})} \times 100\% \tag{12-7}$$

式中：$V$——平衡压力为 $p$ 时吸附气体的总体积，$\mathrm{m^3}$；

　　　$V_{\mathrm{m}}$——单分子层吸附时的吸附量，$\mathrm{mol/m^2}$；

　　　$p_{\mathrm{s}}$——饱和蒸气压力，$\mathrm{Pa}$；

　　　$C$——常数，与吸附质的汽化热有关。

根据吸附的平衡温度和吸附材料的几何结构特征，气体在固体（吸附剂）上发生吸附的机理存在差异。根据国际标准，孔结构按照孔径可分为微孔（<2 nm）、中孔（2~50 nm）和大孔（>50 nm）。如果吸附温度低于气体的临界温度，则会在开放的表面上发生多分子层吸附，气体在微孔中发生空间填充，在中孔发生毛细管凝聚，在大孔中发生的吸附机理与开放表面相似。吸附机理的前提是被吸附的气体具有发生凝聚的可能性。在物质的临界温度以下，任何气体都可视为蒸气，都可能发生凝聚。当吸附蒸气后，固体表面基本呈饱和液体状态，密度明显提高。

## 12.2　碳质储氢材料的分类与特性

碳质储氢材料具有孔隙多、比表面积大以及吸氢量大等优点，是目前储氢功能材料的研发方向之一。碳质储氢材料主要包括活性炭、碳纳米管和石墨烯等，如图 12-2 所示。

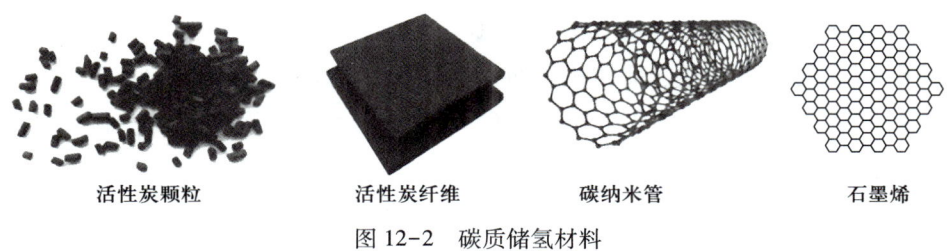

活性炭颗粒    活性炭纤维    碳纳米管    石墨烯

图 12-2  碳质储氢材料

## 12.2.1  活性炭储氢材料

活性炭（activated carbon，AC）是一种多孔富碳材料，具有比表面积大及孔隙结构丰富等特点，对气体、溶液中的有机或无机物质以及胶体颗粒等表现出优异的吸附性能，被广泛用于化工、食品、交通、新能源、空气净化、废水或废气处理、能量存储等领域，如图 12-3 所示。

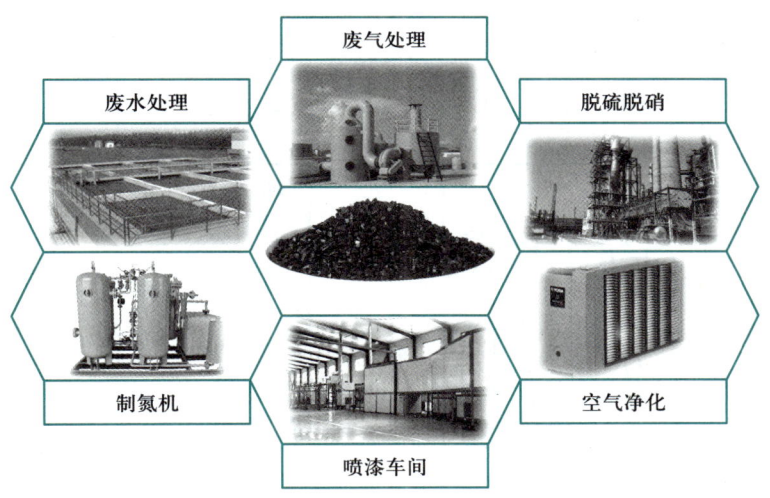

废气处理
废水处理
脱硫脱硝
制氮机
空气净化
喷漆车间

图 12-3  活性炭的应用

### 1. 颗粒状活性炭

颗粒状活性炭（granular activated carbon，GAC）中的碳含量通常高达 80%~90%，除了碳元素外，活性炭还包含 2%~5% 的氧和少于 1.5% 的氢，以及一些微量的灰分。活性炭的具体成分受到原材料和制备过程的影响，有些活性炭可能含有微量的硫元素。活性炭表面可能含有羧基、羟基、内酯基等官能团。不同原料经过不同制备方法得到的活性炭具有各自独特的孔结构。通常活性炭孔隙结构示意图如图 12-4 所示。活性炭的多孔结构和官能团共同决定了其储氢特性，通常情况下活性炭通过物理吸附的原理存储氢气，当以官能团吸附氢气时为化学吸附储氢。

活性炭储氢技术是一种在中低温（77~273 K）、中高压（1~10 MPa）下利用超高比表面积的活性炭作为吸附剂的储氢方法。当氢气与活性炭接触时,在表面能和范德瓦耳斯力的作用下,氢气在活性炭内部结构表面不断累积,实现氢气在活性炭中的高密度存储。储氢过程中大孔主要充当吸附分子到达吸附点的通道,控制着吸附速率;中孔同样可调节吸附速率,在较高浓度下可能发生毛细凝聚现象,中孔也可充当无法进入微孔的较大分子的吸附点;微孔由细长的毛细管壁组成,微

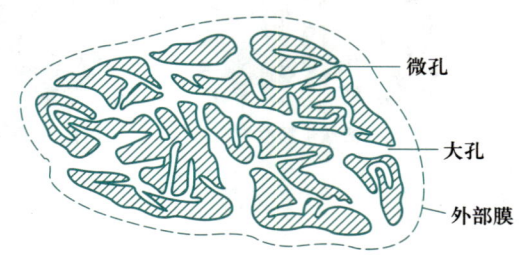

图 12-4　活性炭孔隙结构示意图

孔的存在增大了材料表面积,提高了吸附量。相较于其他储氢技术,活性炭储氢具备经济性、高储氢量、快速解吸、循环使用寿命长以及可规模化生产等优势。

### 2. 活性炭纤维

活性炭纤维(activated carbon fiber, ACF)是一种经过活化的含碳纤维,是一种性能优于颗粒状活性炭的高效活性吸附材料。根据含碳纤维种类,ACF 可分为黏胶基 ACF、聚丙烯腈基 ACF、沥青基 ACF、酚醛基 ACF 以及人造丝 ACF 等,在环境保护、催化、化工以及纺织等领域得到了广泛应用。ACF 与 GAC 孔结构示意图如图 12-5 所示。

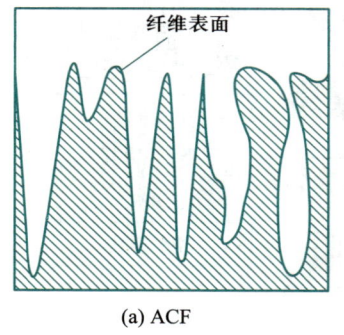
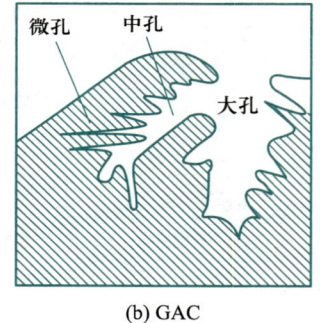

(a) ACF　　　　　　　　　　　(b) GAC

图 12-5　ACF 和 GAC 的孔结构示意图

活性炭纤维又称为纤维状活性炭,是在碳纤维技术与活性炭储氢技术相结合的基础上发展而成的高效吸附材料,为活性炭领域第三代产品中的典型代表。ACF 由纤维状前驱体(包括沥青基纤维、特殊苯酚树脂基纤维等)通过碳化和活化而得到。主要元素成分为 C、H 和 O,同时表面含有官能团结构。活性炭纤维表面含有大量的微孔结构,平均孔径为 1.0~4.0 nm。孔隙直接开口于纤维表面,超微粒子以各种方式结合在一起,形成丰富的纳米空间,纳米空间的大小与超微粒子处于同一个数量级,提供了较大的比表面积。目前,活性炭纤维主要通过物理吸附的原理存储氢气。

活性炭纤维储氢技术与活性炭储氢技术均是一种在较低温度和中高压下利用具有较大比表面积的活性炭作为吸附剂的储氢方法,低温吸附氢气过程遵循 Langmuir 型曲线。

与普通活性炭相比,活性炭纤维具有以下特点。

（1）结构特点：ACF 比表面积大,微孔占 95% 以上,除微孔外还有少量中孔,几乎无大孔,孔的开口多在活性炭纤维的表面,有利于吸附质进出。孔径多在 2 nm 以下,孔径分布均匀且范围更为狭窄,一般为 0.1~1 nm。普通活性炭孔径略大,通常为 0.5~3 nm。

（2）吸附特点：ACF 具有丰富的微孔以及纤维结构,与被吸附物质之间的接触面积增大,适用于吸附气体及溶液中的小分子,吸附容量大,脱附速率快,吸附率高。普通活性炭则主要用于气体吸附。

（3）使用寿命：ACF 的脱附速率更快,比活性炭更易再生。

因此,ACF 是优良的储氢载体之一,具有广阔的应用前景,其储氢性能与孔结构及孔尺寸相关。

普通活性炭在进行氢气吸附时效率较低,即使在低温下进行,其储氢量也难以达到 1.0%。随着活性炭制备手段的发展,逐步研发出了比表面积更大、孔径更小、更均匀的活性炭,被称为超级活性炭（其比表面积可达到 2 000 m²/g 以上）。超级活性炭具有更高的比表面积和更多的孔径量,在 77 K 下吸附量可达到 5.0%。将超级活性炭用于储氢材料,有望推动低成本、规模化储氢技术的发展,对于能源、交通、环保等方面具有重要的意义。

超级活性炭储氢性能研究

## 12.2.2　碳纳米管储氢材料

碳纳米管（carbon nanotubes,CNTs）是一维量子材料,具备优良的力学性能、电学性能和化学性能等特性,在晶体管、太阳能电池、催化以及锂离子电池等领域具有广泛的应用前景。

CNTs 可以看成是由单层或多层石墨片围绕中心轴按一定的螺旋角卷曲组成的纳米级管,大多数 CNTs 的两端由五边形、六边形和七边形碳原子环组成的半球状封口。CNTs 孔径在 0.7 nm 到几个纳米之间变化,具有纳米量级的径向尺寸和微米量级的轴向尺寸。CNTs 包括单层和多层、笔直和弯曲的多种结构,根据管中碳原子层的不同可分为单壁碳纳米管和多壁碳纳米管。

单壁碳纳米管是由单层石墨环绕而成的,其直径与长度大小分布范围相对较小,通常直径为 0.75~3 nm,长度为 1~50 μm。单壁结构具有良好的对称性和单一性,通过不同卷曲方式处理后可获得不同结构的 CNTs。

多壁碳纳米管是由呈六边形排列的碳原子构成的数层到数十层的同轴圆管构成。层与层之间保持着固定距离,约为 0.34 nm,直径一般为 2~30 nm,长度为 0.1~50 μm。片层与片层之间存在一定的角度,这种扭曲的角度称为螺旋角,根据螺旋角的不同可将多壁碳纳米管分为螺旋形和非螺旋形两类。多壁碳纳米管主要以六边形为基本结构单元的石墨平面卷曲而成。CNTs 可根据碳六边形沿轴向的不同取向分为锯齿形、椅形和螺旋形三种。其中,螺旋形的碳纳米管具有手性,而锯齿形和椅形碳纳米管没有手性。不同类型的 CNTs 如图 12-6 所示。

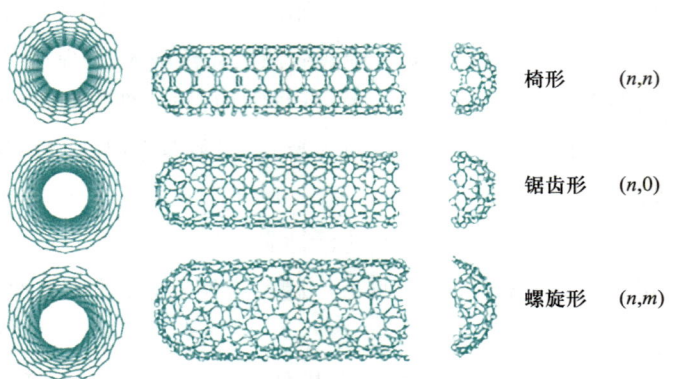

椅形      $(n,n)$

锯齿形    $(n,0)$

螺旋形    $(n,m)$

图 12-6    不同类型的碳纳米管

碳纳米管储氢原理可分为物理吸附和化学吸附两种。碳纳米管具有高比表面积和多孔结构,可通过改变碳纳米结构调控储氢性能,如长度、直径以及表面基团等。因此,碳纳米管具有高储氢密度、储氢量可调、较低的吸附温度和吸附压力等优点。

### 12.2.3    石墨烯储氢材料

石墨烯具有轻质、比表面积大、化学稳定性良好以及小尺度效应等特点。石墨烯的储氢性能出色,是一种轻质且高效的储氢载体,适用于长距离的氢气运输。石墨烯的晶格结构为由单层碳原子密集堆积而成的二维蜂窝状结构。石墨烯又被称为单层石墨片,是呈蜂巢晶格状的一个碳原子层厚度的碳薄片,是平面多环芳香烃原子晶体的主要代表。石墨烯可被视为碳原子以六元环的周期排列在平面内,图 12-7 为石墨烯的结构示意图。

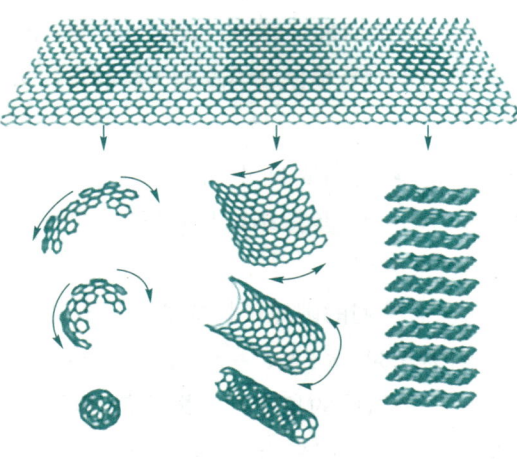

图 12-7    石墨烯的结构示意图

石墨烯的储氢机理同样分为基于范德瓦耳斯力的物理吸附和通过与石墨烯表面的碳原子或官能团形成化学键的化学吸附。本征石墨烯对氢分子的物理吸附作用相对较弱，$H_2$ 结合能的理论计算范围为 $0.01 \sim 0.06$ eV，储氢量较低，因此需要对石墨烯的储氢性能开展进一步的研究。石墨烯对氢分子的化学吸附较物理吸附作用更强，具有更高的氢吸附稳定性。此外，石墨烯的氢分子化学吸附和脱附的能垒相对较高，降低这一能垒成为提高单层石墨烯储氢性能的关键。

## 12.3　碳质储氢材料的应用

### 12.3.1　氢气存储与运输

从环保角度看，氢气是化石燃料的理想替代品，将氢作为发电燃料的难点在于如何存储氢气。存储液化或压缩的氢气存在经济性和安全性的问题；金属氢化物存储系统质量大，增加了运输成本，并且金属氢化物需要加热才能释放氢气。碳质储氢材料可在室温下使用，同时具有可观的储氢量，因此成为目前储氢的主要研究方向和应用形式。

**案例 12-1　用于储氢的还原石墨烯氧化基吸收剂**

Hydrogen in Motion 公司开发了一种用于储氢的还原石墨烯氧化基吸附剂，基于该还原石墨烯氧化基吸附剂的储氢系统可以在比市场上燃料电池汽车中使用的商用车载储氢系统低 14 倍的压力下运行。但该还原石墨烯氧化基吸附剂的稳定性问题以及氢气无法完全解吸的问题限制了其进一步推广应用。

**案例 12-2　生物质热解蒸气制备多孔碳材料用于氢气存储**

研究者提出了一种利用柠檬酸钙模板制备生物质热解蒸气多孔碳材料的新方法，并将其用于氢气存储。并研究了热解温度、热解升温速率和含碳前驱体制备温度对生物质热解产物产率、轻质生物油组成和多孔碳结构的影响。对制备的多孔碳进行了理化表征和氢吸附实验。还研究了含碳前驱体的碳化机理，并根据 DTG 曲线，采用高斯峰分离法建立了五阶段反应动力学模型。在热解温度（823 K）、升温速率（10 K/min）和含碳前驱体制备温度（473 K）的最优条件下，制备的多孔碳材料的最大比表面积为 1 703 $m^2/g$，微孔率为 24.17%。将该多孔碳材料用于储氢，在 77 K 时，在大气压下，其氢吸附能力可达 170.12 $cm^3/g$。

**案例 12-3　新型沸石/活性炭复合材料的储氢能力**

研究者以活性炭、石墨烯和多壁碳纳米管为碳源,制备了八面沸石分子筛复合材料:沸石/活性炭复合材料、沸石/石墨烯复合材料、沸石/多壁碳纳米管复合材料。其中,沸石/活性炭复合材料是利用超声辅助化学活化和氢氧化钾从青梅石中制备的。比较所制备的沸石/活性炭、沸石/石墨烯复合材料和沸石/多壁碳纳米管复合材料的结构和储氢性能,其中,沸石/活性炭复合材料具有最高的比表面积($1\,694\ \mathrm{m^2/g}$)、最大的总孔体积($1.023\ \mathrm{cm^3/g}$)以及最大的微孔体积($0.780\ \mathrm{cm^3/g}$)。在$-196\ ℃$和环境压力下对复合材料进行了氢吸附实验,对比了沸石/活性炭复合材料、沸石/石墨烯复合材料和沸石/多壁碳纳米管复合材料的氢吸附能力,发现沸石/活性炭复合材料的储氢量是活性炭储氢量的 1.47 倍,是沸石储氢量的 4.16 倍。

## 12.3.2　燃料电池

氢能是一种可再生的绿色能源,氢燃料电池因具有诸多优点而受到重视。与汽车相比,船舶具有足够的空间和载重能力,燃料电池更适合作为船舶的推进动力源。氢燃料电池在船舶中的应用同样面临制氢、储氢及燃料电池成本等方面的关键技术问题。

**案例 12-4　典型船舶燃料电池推进系统及储氢技术研究**

船舶燃料电池在常温下工作,研究人员基于具有较好吸、放氢动力学特性的物理吸附储氢方式,利用溢流效应,合成了常温下具有高储氢量的活性炭材料。研究表明:在活性炭上负载 Ni 离子后氢的吸附活性位点增加,Ni 催化 $H_2$ 的解离,氢原子溢流到活性炭载体。$40℃$ 时,负载 Ni 的活性炭储氢量提升了 1.45 倍,温度为 $60℃$ 时,仍具有一定的储氢量。

## ✤ 本章小结

碳质储氢材料的储氢原理主要基于物理吸附原理。吸附过程是指气体与固体表面接触时,由于固体表面与气体之间的作用力,气体分子在固体表面动态变化的过程。物理吸附中吸附质分子与固体表面之间作用力为分子间吸引力。固体对气体的吸附作用,是由固体表面的表面能引起的。表面能是指固体表面粒子相对于内部粒子所多出的能量,即表面张力与表面积的乘积。因此,比表面积大、孔隙率高,理论吸附效果越好。

碳质储氢材料主要包括活性炭、碳纳米管和石墨烯等。活性炭是一种多孔富碳材料,具有比表面积大及空隙结构丰富等特点,对气体、溶液中的有机或无机物质以及胶体颗粒等表现出优异的吸附性能。碳纳米纤维的碳含量超过 95%，具有高强度和高模量的特点。碳纳米纤维在吸氢过程中主要由边缘裸露的石墨片层对氢进行物理吸附。碳纳米管是一维量子材料，具备优良的力学性能、电学性能和化学性能等特性，可分为单壁碳纳米管和多壁碳纳米管。石墨烯的储氢性能出色，是一种轻质且高效的储氢载体，适用于长距离氢气运输。

碳质储氢材料在氢气存储与运输、燃料电池等领域具有广泛的应用前景。通过不断优化和提升碳质储氢材料的性能，可以为氢能的大规模应用提供技术支撑。

## ⚙ 思考题

12-1 请根据吸附平衡温度和吸附材料的几何结构特征简述气体在固体（吸附剂）上发生吸附的机理。

12-2 查阅相关资料，总结活性炭材料的储氢特性并列举 1~2 个应用实例。

12-3 请描述单壁碳纳米管与多壁碳纳米管的结构特性，并分析碳纳米管的结构对其储氢性能的影响因素。

12-4 活性炭是一种人造多孔碳质材料，可按原材料划分为椰壳活性炭、果壳活性炭、木质活性炭及煤制活性炭，请以其中一种为例介绍其制备方案。

12-5 石墨纳米纤维具有管状、平板状和鱼骨状三种结构。研究表明，具有鱼骨状结构的纳米纤维具有良好的吸附性能。请调查近五年鱼骨状碳纳米纤维研究现状。

12-6 碳纳米管可看作由石墨烯片层卷曲而成，查找并总结常规的碳纳米管制备方法。

12-7 活性炭纤维是继粉末活性炭、颗粒活性炭之后广泛使用的第三代新型吸附材料，请列举 4~6 个应用实例。

12-8 活性炭纤维长时间使用后，吸附能力会有所下降。请调研总结活性炭纤维脱附功能再生的方法。

12-9 石墨烯相对于氢分子的化学吸附效应较物理吸附更为强烈，表现出更高的氢吸附稳定性，通过对石墨烯进行修饰和改性，可显著增强其对氢分子的吸附效果，阅读相关文献，列举 2~4 种改性方法并简述其改性原理。

## A⁺ 习题

12-1 请简述物理吸附机理及其特点。

12-2    碳纳米纤维具有高储氢量的原因有哪些?

12-3    活性炭纤维相对于活性炭具有哪些优势?

12-4    简述活性炭纤维作为碳质吸附储氢材料的结构特点。

12-5    通过提纯和结构的改进,可显著改善单壁碳纳米管吸附性能。常用的处理方法包括元素掺杂、热处理、酸处理和球磨处理等手段。请选择其中 1~2 种,叙述其改性原理。

12-6    碳纳米管的结构对其储氢性能产生显著影响,其中有哪些关键因素?

12-7    简述碳纳米纤维的储氢机理。

12-8    简述石墨烯的储氢原理。

12-9    针对碳纳米管储氢机理展开介绍。

12-10    碳纳米管的中空管可容纳氢分子,而表面的碳原子具有一定比例的悬挂键,能够形成共价键吸附氢分子,实现了高效的氢存储,请问氢吸附主要发生哪些位置?

12-11    石墨烯具有卓越的导电性能,可通过电化学方法用于氢气存储,请简述其电化学储氢过程。

## 参考文献

[1] 蒋卫国,魏寿祥,曹建明,等. 碳纳米管的性能及应用[J]. 化工新型材料,2007(7):27-28.
[2] 吴盼,张美云,刘峰. 活性炭纤维在空气过滤领域的应用现状[J]. 湖北造纸,2013(1):6-9.
[3] 曾汉民,符若文. 纤维状活性炭材料的进展[J]. 新型碳材料,1991(Z1):108-114,55.
[4] 张金萍. 活性炭纤维净化装置对室内污染气体去除效果的研究[J]. 建筑科学,2016,32(12):119-126.
[5] 李湘洲. 活性炭纤维材料及其在冶金工业中的应用[J]. 新型碳材料,1996(2):19-22.
[6] 吴峻青,周仕学,杨敏建,等. 碳材料的储氢作用[J]. 煤炭科学技术,2006(11):75-78.
[7] 杨桢,熊玉竹. 橡胶材料耐磨性能研究进展[J]. 高分子通报,2020(9):15-30.
[8] 孙海梅,闫红. 新型储氢材料——碳纳米管[J]. 晋东南师范专科学校学报,2003(2):25-26.
[9] 康丽娟,万乾炳. 碳纳米管-羟磷灰石复合材料研究进展[J]. 国际口腔医学杂志,2008(S1):241-243.
[10] 付东升. 碳基储氢材料的技术研究及展望[J]. 化工技术与开发,2021,50(5):54-58.
[11] 任自飞. 碳纳米管改性碳纤维增强复合材料结构电容器的研究[D]. 上海:东华大学,2012.
[12] 杨洪润,刘吉平. 纳米碳管吸附储氢[J]. 炭素,2004(1):17-21.
[13] 陆东梅,杨瑞霞,孙信华,等. 石墨烯的 SiC 外延生长及应用[J]. 半导体技术,2012,37(9):665-669.
[14] 史永胜,李雪红,宁青菊. 石墨烯的制备及研究现状[J]. 电子元件与材料,2010,29(8):70-73.
[15] 温志宏. 石墨炔纳米管热导率的分子动力学模拟[D]. 湘潭:湘潭大学,2014.
[16] 吴峻青. 纳米碳复合储氢材料制备及储氢机理的研究[D]. 青岛:山东科技大学,2008.
[17] 付猛,岳艳娟,祝雅娟,等. 水热法制备石墨烯及其表征[J]. 机械工程材料,2013,37(6):84-88.
[18] 刘顶,张金柱. 石墨烯改性纤维全球技术及产业化现状分析[J]. 中国市场,2017(29):30-35.
[19] 尚嘉茵. 碳基柔性电极材料的制备和性能研究[D]. 西安:西安工业大学,2018.

［20］LIU Z,XUE Q,LING C,et al. Hydrogen storage and release by bending carbon nanotubes［J］. Computational Materials Science,2013,68:121-126.

［21］TOZZINI V, PELLEGRINI V. Reversible hydrogen storage by controlled buckling of graphene layers ［J］. The Journal of Physical Chemistry C,2011,115(51):25523-25528.

［22］TOZZINI V,PELLEGRINI V. Prospects for hydrogen storage in graphene［J］. Physical Chemistry Chemical Physics,2013,15(1):80-89.

［23］GUNASEKARAN S S,KUMARESAN T K,MASILAMANI S A,et al. Divulging the electrochemical hydrogen storage on nitrogen doped graphene and its superior capacitive performance［J］. Materials Letters,2020, 273:127919.

［24］蔡颖,许剑轶,胡锋,等. 储氢技术与材料［M］. 北京:化学工业出版社,2018.

［25］尚福亮,杨海涛,韩海涛. 多孔吸附储氢材料研究进展［J］. 化工时刊,2006(3):58-61.

［26］刘国强. 介孔氧化硅气凝胶和微孔活性炭的制备、织构及氢气吸附性能［D］. 北京:北京化工大学,2010.

［27］ZHENG Q R,ZHU Z W,WANG X H. Experimental studies of storage by adsorption of domestically used natural gas on activated carbon［J］. Applied Thermal Engineering,2015,77:134-141.

［28］DONG H, LIU Y, ZHAO D, et al. Lessons learned from analyzing an explosion at Shanghai SECCO petrochemical plant［J］. Process Safety Progress,2020,39(1):e12094.

［29］同黎娜. 让更多储氢瓶用上碳纤维［N］. 中国纺织报,2024-01-22(003).

［30］MAO S S,SHEN S,GUO L. Nanomaterials for renewable hydrogen production, storage and utilization ［J］. Progress in Natural Science:Materials International,2012,22(6):522-534.

其他参考文献

# 第十三章
## "潜力无限的液体"——有机液体储氢材料

有机液体储氢材料是一种以有机液体氢化物（liquid organic hydrids，LOH）作为载体的储氢材料，它可以通过可逆的加氢和脱氢反应，实现氢气的高效存储与释放，为氢能源的利用提供了一种解决方案。有机液体储氢材料具有储氢密度高、可反复循环使用、安全稳定性好等优势，在加氢站、燃料电池汽车以及分布式储能等场景应用前景广阔。

本章首先介绍有机液体储氢材料的储氢原理、运行过程以及特点，随后介绍传统有机液体储氢材料体系中的苯与环己烷、甲苯与甲基环己烷、萘与十氢化萘以及新型有机液体储氢体系中的咔唑和N–乙基咔唑等典型的有机液态储氢载体材料，最后介绍有机液体储氢材料的应用。通过本章的介绍，帮助读者系统地学习和掌握有机液体储氢材料的储氢原理、分类、性质以及应用。本章的结构总图如图13–1所示。

图13–1　第十三章的结构总图

## 13.1　有机液体储氢材料储氢原理

有机液体储氢是利用不饱和烷烃或芳香烃等有机分子作为氢载体，通过可逆的加氢和脱氢反应来实现氢气的存储与释放。

有机液体储氢系统的运行过程如下。

（1）加氢反应：在催化剂作用下氢气与不饱和烷烃或芳香烃（如烯烃、炔烃等）发生加氢反应,形成可在常温常压下易稳定存储的有机液体,以实现氢能的存储。

（2）存储与运输:将氢化后的可在常温常压下稳定存在的有机液体利用管道等基础设施进行运输和存储。

（3）脱氢反应:在脱氢装置中,有机液体在催化剂的作用下催化脱氢,释放存储的氢气,便于用户侧使用氢能。

有机液体储氢材料的储氢过程是可逆的,释放氢气后的有机液体可重新进行加氢反应,实现循环利用。

有机液体储氢的关键在于选择合适的储氢材料。选择有机液体储氢材料需要具有以下特性:

（1）质量储氢和体积储氢性能高;

（2）熔点合适,常温下为稳定的液态;

（3）成分稳定,沸点高,不易挥发;

（4）脱氢过程中环链稳定度高,不污染氢气,释氢纯度高,易于脱氢;

（5）材料成本低;

（6）循环使用次数多;

（7）低毒或无毒,对环境友好等。

目前,烯烃、炔烃、芳香烃等不饱和有机液体可作为储氢材料。在有机液体储氢体系中,萘的理论储氢量和储氢密度均稍高于甲苯和苯,在常温下呈固态;乙苯、辛烯的理论储氢量不及苯和甲苯,反应也并非完全可逆。苯和甲苯是比较理想的储氢材料,通过加氢反应将氢气存储在环己烷等载体中,而氢化后的载体通过催化脱氢又可释放被存储的氢气。因此,综合考虑储氢过程的能耗、储氢量、储氢剂、物性等因素,芳香烃,特别是单环芳香烃,是优异的储氢介质之一。

常见的芳香烃 LOH 包括甲苯与甲基环己烷、萘与十氢化萘、苯与环己烷等,无论是氢化状态还是脱氢状态,都与传统化石燃料有着相似的物理性质。由于 LOH 与常规液体燃料的物理性质相近,因此在现有基础设施中的应用前景非常广阔。

芳香烃通过加氢反应转化为相应的氢化物（环烷烃）实现氢的存储;环烷烃通过 C—H 键断裂的脱氢反应转化为芳香烃实现氢的释放。加氢和脱氢反应过程不破坏碳环主体结构,具有可逆性,通过提高脱氢转化率和选择性,实现储氢介质的循环利用,以达到可逆储氢的目的。主要芳香烃的吸、放氢反应方程式如图 13-2 所示。

理想的有机液体储氢系统应具有以下性能指标:

（1）系统中所有化合物具有高沸点（>573.15 K）和低熔点（<243.15 K）的特性,可通过有机液体储氢系统进行简单的氢气纯化;

（2）具有高储氢密度（>56 kg/$m^3$ 或>6.0%）和低解吸热[42~54 kJ/mol（$H_2$）]性质,可在 1 bar 氢压下实现低温（<473.15 K）脱氢;

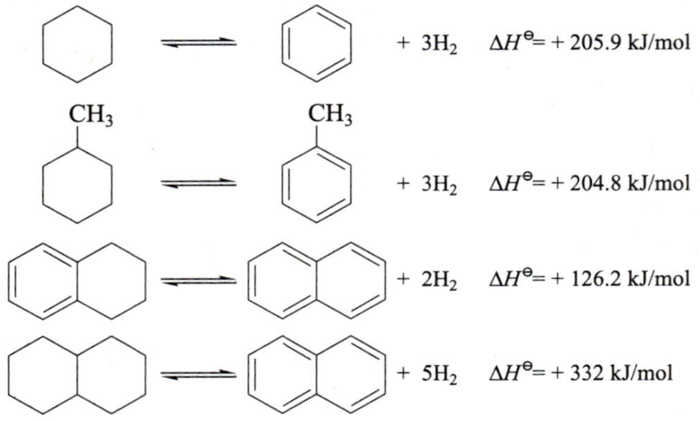

$$\text{（环己烷）} \rightleftharpoons \text{（苯）} + 3H_2 \qquad \Delta H^{\ominus} = +205.9 \text{ kJ/mol}$$

$$\text{（甲基环己烷）} \rightleftharpoons \text{（甲苯）} + 3H_2 \qquad \Delta H^{\ominus} = +204.8 \text{ kJ/mol}$$

$$\text{（四氢化萘）} \rightleftharpoons \text{（萘）} + 2H_2 \qquad \Delta H^{\ominus} = +126.2 \text{ kJ/mol}$$

$$\text{（十氢化萘）} \rightleftharpoons \text{（萘）} + 5H_2 \qquad \Delta H^{\ominus} = +332 \text{ kJ/mol}$$

图 13-2　主要芳香烃的吸/放氢反应方程式

（3）能够进行选择性氢化和脱氢，实现长期循环吸、放氢；

（4）能够与现有石油、天然气输运管道设备兼容；

（5）使用过程中绿色、安全、无污染。

易挥发的有机液体可能会在释放的氢气中产生杂质，因此可通过在系统中集成净化装置，如配备烃冷凝器的变压吸附技术，提供高纯度的氢气。

## 13.2　有机液体储氢材料的分类与特性

有机液体储氢材料的特点

有机液体储氢体系中，芳香烃在保持原有碳环结构的基础上经历加氢和脱氢反应，即 C—H 键断裂而不引起 C—C 骨架结构的破坏，具有加氢和脱氢反应可逆、反应物和产物可循环使用、理论储氢量可达 6%~8% 等优点。此外，有机液体氢化物可进行大规模工业化生产，在室温常压下通常呈液态，为存储和运输带来了便利。不仅可用于长周期的季节性存储，还能实现远距离运输，可解决区域能源分配不均的问题。主要的有机液体储氢体系包括苯与环己烷、甲苯与甲基环己烷、萘与十氢化萘、新型有机液体（咔唑、乙基咔唑）等，表 13-1 对比了常见的有机液体储氢性能。

表 13-1　常见有机液体储氢性能比较

| 储氢介质 | 分子式/化学式 | 熔点/℃ | 沸点/℃ | 理论储氢量/% |
|---|---|---|---|---|
| 环己烷 | $C_6H_{12}$ | 6.5 | 80.7 | 7.19 |
| 甲基环己烷 | $C_7H_{14}$ | −126.6 | 101 | 6.18 |
| 顺式-十氢化萘 | $C_{10}H_{18}$ | −43 | 196 | 7.29 |

续表

| 储氢介质 | 分子式/化学式 | 熔点/℃ | 沸点/℃ | 理论储氢量/% |
|---|---|---|---|---|
| 反式-十氢化萘 | $C_{10}H_{18}$ | -30.4 | 187 | 7.29 |
| 咔唑 | $C_{12}H_9N$ | 244.8 | 355 | 6.7 |

### 13.2.1 苯与环己烷储氢体系

苯的完全氢化的产物为环己烷,苯与环己烷作为一对储氢载体,可在常温常压下实现加氢/脱氢,无其他副产物,环己烷的理论储氢量为 7.19%。苯与环己烷在常温下均为液体,并且资源丰富,是常用的氢气存储和运输的载体之一。

苯及环己烷可通过"苯-氢-环己烷"的可逆化学反应来实现吸氢和脱氢过程,吸氢过程中,苯分子在一定温度、压力和催化剂条件下与氢气发生反应生成环己烷,并释放大量的热。当温度过高时会产生甲基环戊烷、甲烷以及碳等副产物。

环己烷的脱氢反应可在常压下进行,反应温度在 553K 以上。环己烷的脱氢过程中C—H 键断裂的同时形成新的 C—C 键,同时需要避免 C—C 键的断裂。因此,脱氢过程同样需要合理控制温度和压力,避免 C—C 键的断裂和积碳等副反应。常用于苯吸氢反应及环己烷脱氢反应的催化剂包括 Pt、Pd、Ni、Ru 和 Rh 等金属或金属合金。"苯-环己烷"储氢体系吸、脱氢反应方程式如图 13-3 所示。

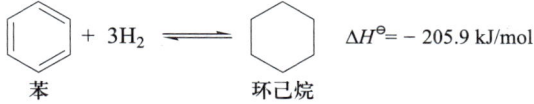

图 13-3 "苯-环己烷"储氢体系吸、脱氢反应方程式

工业上常采用的苯和氢气生产环己烷的方法主要有气相法和液相法两种。吸氢过程可在固定床反应器或液相循环反应器中进行。气相法的特点是催化剂与产品易分离,所需反应压力较低,但设备多而大,投资费用相对液相法较高,且床层温度不易控制。液相法的特点是反应温度易于控制,但所需反应压力比较高,转化率较低。苯加氢反应动力学根据反应类型以及催化剂颗粒所处的状态分为气相反应动力学和液相反应动力学两类。

### 13.2.2 甲苯与甲基环己烷储氢体系

甲苯的完全加氢产物为甲基环己烷,甲苯与甲基环己烷在常温条件下均为液体,理论储氢量为 6.2%。甲基环己烷脱氢过程可生成氢气和液体芳香烃产物甲苯,如图 13-4 所示。通过加氢和脱氢反应，甲苯与甲基环己烷实现相互转化，并可通过现有管道设备进行存储和输送。

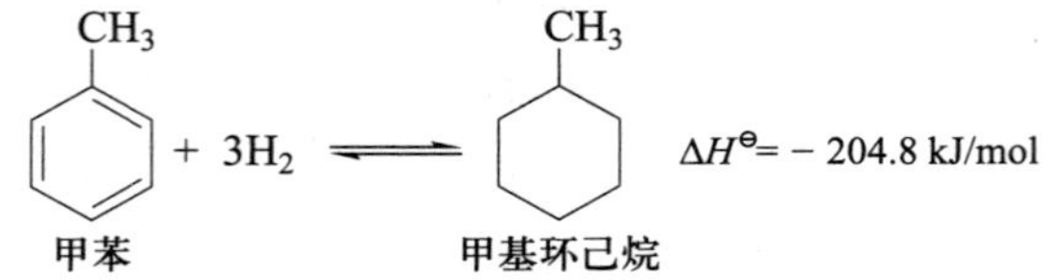

(a) 储、放氢过程的反应式

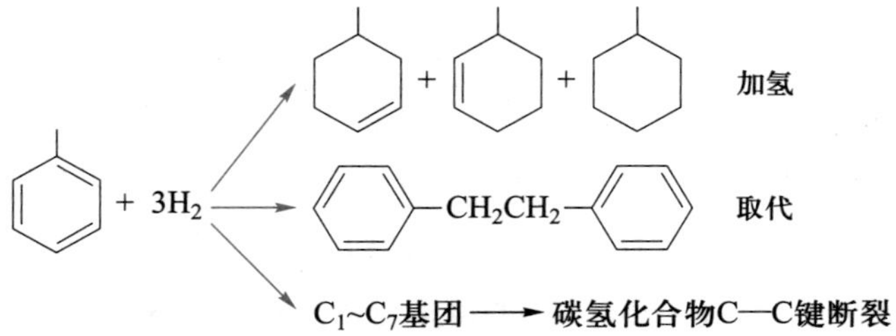

(b) 甲苯加氢反应生成产物类型

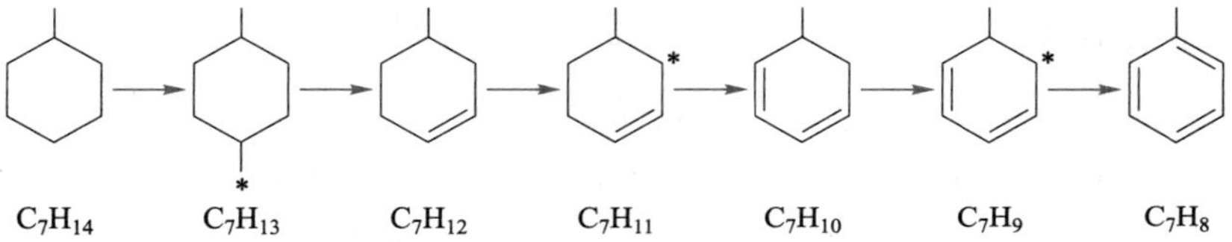

(c) 甲基环己烷脱氢的反应机理

图 13-4 "甲苯-甲基环己烷"储氢体系储、放氢过程与反应机理

甲苯加氢为强放热反应，不饱和双键逐步转化为饱和键，中间产物为甲基环己烯。现有甲苯加氢工艺较为成熟，反应压力为 5~7 MPa，反应温度为 453.15~473.15 K，温度超过 473.15 K 会产生苯、环己烷、甲烷等杂质。常用的甲苯加氢催化剂是镍基催化剂。采用共沉淀法制备的镍基催化剂在常压和低温条件下表现出较高的活性。在适宜的空气、氢气体积比条件下，该催化剂能够实现较高的转化率。

甲基环己烷的脱氢反应通常需要在 673.15~773.15 K 的高温下进行，限制了其应用。因此，开发高效、低温、长寿命的脱氢催化剂是实现甲苯-甲基环己烷可逆储氢技术实用化的关键。

甲苯-甲基环己烷储氢体系具有以下特点。

（1）脱氢过程能耗偏高，甲基环己烷脱氢是强吸热反应，反应需要在 573.15 K 以上进行，可利用装置周边的电厂、钢厂等的废热来降低能耗。

（2）多次循环使用后性能下降。循环次数是衡量储氢体系性能的关键参数，在甲基环己烷高温脱氢过程中环链易发生断裂并逐渐累积，造成储氢性能下降，因此需要不断补充原料。另外，循环过程中杂质不断累积，会在催化剂表面积碳，因此需要加强体系中对杂质含量及催化剂性能参数的实时监控。

### 13.2.3 萘与十氢化萘储氢体系

萘的完全加氢产物为十氢化萘。十氢化萘也被称为癸烷、十氢萘或萘烷,毒性较低,不溶于水,可溶于醇类、酮类以及醚类等大多数有机溶剂,通常可分为顺式和反式两种结构。作为传统有机液体储氢材料,十氢化萘理论储氢量为 7.3%,体积储氢密度可达 62.93 $kg/m^3$,且价格低廉,是理想的储氢材料之一。十氢化萘沸点较高(反式十氢化萘为 460.15 K、顺式十氢化萘为 469.15 K),常温下为液态,在储氢过程中的蒸发损失可忽略不计。

萘的加氢反应过程主要分为两条平行反应路径,在 Au、Pt、Pb、Ni、Mo 和 W 等金属催化剂的作用下,萘分子中的共轭双键被氢气还原为单键生成四氢化萘和十氢化萘,四氢化萘在催化剂的作用下继续生成十氢化萘。

十氢化萘脱氢反应可在较低温度下进行,且产物几乎不含 CO、$CO_2$ 等杂质。目前,十氢化萘脱氢过程常用的催化剂为 Pt,反式十氢化萘与 Pt 相互作用较强,顺式十氢化萘与 Pt 相互作用较弱。

图 13-5 为十氢化萘加氢、脱氢可逆反应的示意图。十氢化萘转化为氢气和萘的反应速率与初始十氢化萘/催化剂的比例、反应条件(反应温度、反应物性质、载体类型和孔隙率等)及反应管的尺寸和形状相关。

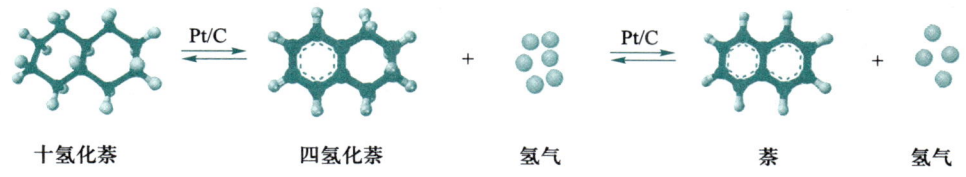

十氢化萘　　　　　　四氢化萘　　　　氢气　　　　　　萘　　　　　氢气

图 13-5　十氢化萘加氢与脱氢反应相互转化示意图

### 13.2.4 新型有机液体储氢体系

传统有机液体氢化物通常需要在高温条件下进行脱氢反应,难以大规模应用和发展,可采用不饱和芳香杂环有机物作为新型有机液体储氢介质,其中咔唑与 N-乙基咔唑是典型代表。

#### 1. 咔唑

咔唑($C_{12}H_9N$)是一种杂环芳香族有机化合物,常温下为无色单斜片状结晶,主要存在于煤焦油中,可通过精馏或萃取等方法得到。咔唑是含氮的杂环化合物,含有较多的碳碳双键,理论储氢量较高,可达 6.7%。咔唑的加氢机理较为复杂,加氢产物可能包括四氢咔唑、六氢咔唑、八氢咔

工业上咔唑的主要制备方法及其脱氢研究

唑、十氢咔唑以及十二氢咔唑等,加氢与脱氢反应采用 Ni 等金属作为催化剂。

### 2. N-乙基咔唑

N-乙基咔唑(NEC)常温下为白色片状结晶,溶于热乙醇、乙醚、丙酮等,不溶于水。N-乙基咔唑的完全氢化产物为十二氢 N-乙基咔唑(12H-NEC),12H-NEC 理论储氢量为 5%~7%。N-乙基咔唑可由咔唑、氯乙烷为原料制得,或由咔唑与乙炔反应制得。

N-乙基咔唑加氢反应的反应温度为 443K,压力为 82bar,加氢过程通过对不饱和双键分步加氢实现的,N-乙基咔唑的加氢反应通过两条平行反应路径进行。第一条反应路径生成 4H-NEC,第二条反应路径直接生成 8H-NEC。8H-NEC 可通过平行反应路径转化为 10H-NEC 和 12H-NEC。随着加氢反应的进行,NEC 转化为最终产物 12H-NEC,N-乙基咔唑加氢机理图如图 13-6a 所示。

12H-NEC 脱氢反应的反应温度为 298~473K,压力为 1bar。脱氢反应的机理图如图 13-6b 所示,脱氢过程中无杂质气体,无须纯化。N-乙基咔唑加氢反应与 12H-NEC 脱氢反应通常采用 Pd、Ru 和 Ni 等金属作为催化剂。

有机液体储氢材料通过打开碳碳双键实现加氢,典型的加氢过程分多步进行,并伴随着中间产物的形成。不论是加氢还是脱氢过程,反应条件均较为苛刻。因此,需要研发具

通过文献调研,目前还有哪些有机液体储氢材料,并总结对比储放氢特性。

有高转化率、高选择性和稳定性的脱氢催化剂,避免脱氢催化剂在高温条件下出现孔结构破坏和结焦失活等问题,减少脱氢过程发生副反应的可能,降低操作难度与操作成本。

(a) N-乙基咔唑加氢反应的机理图

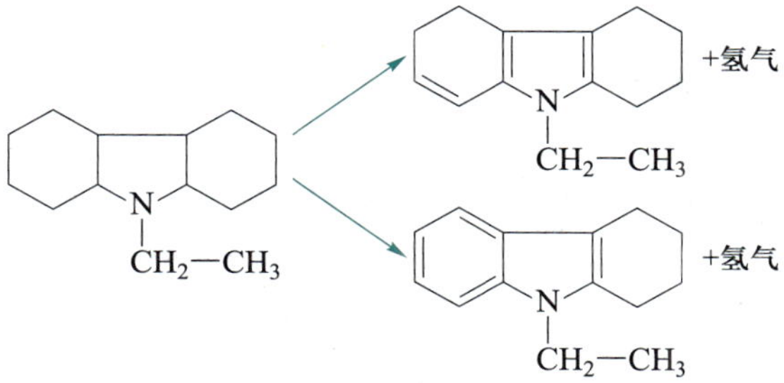

(b) 12H-NEC脱氢反应的机理图

图 13-6　N-乙基咔唑加氢反应与 12H-NEC 脱氢反应的机理图

## 13.3　有机液体储氢材料的应用

目前 LOHC 技术发展迅速,全球从事有机液体储氢的公司有中国武汉氢阳能源有限公司(简称武汉氢阳)、日本千代田化工建设株式会社(简称千代田公司)和德国 Hydrogenious Technologies 公司等。

### 案例 13-1　中国·武汉氢阳

武汉氢阳采用了以含氮杂环化合物为主体的多种 LOH 的混合模式(可逆的 N-乙基咔唑/十二氢-N-乙基咔唑氢存储系统),可在较低的温度(约 473.15 K)下对液态有机氢载体进行催化脱氢,释放高纯度氢气,对车载质子交换膜燃料电池的应用具有巨大价值。武汉氢阳在国内开展了常温常压有机液体储氢技术的商业化开发与示范。武汉氢阳能源有限公司陆续与安徽江淮汽车集团股份有限公司和扬子江汽车集团有限公司推出"星锐号""氢扬号"客车,"氢扬号"氢燃料电池客车的续航里程(400 km)已超过城市常用的电动客车(通常续航里程为 150~250 km)。

### 案例 13-2　日本·千代田公司

日本千代田公司在日本新能源和工业技术发展组织的指导下,与三菱商事株式会社、三井物产株式会社、日本邮船株式会社三家公司联合成立先进氢能源产业链开发协会。千代田公司开发了名为 SPERA Hydrogen 技术,克服了液化氢的诸多固有缺点。液化氢需要将氢气压缩或冷却到低温状态,成本极高且耗能。相反,SPERA 过程是在常温下将氢气固定在常见的石油产品甲苯上,生成稳定的液态甲基环己烷(MCH),可使用传统的石油运输船大规模运输。MCH 可在标准油罐中长时间存储,并可通过千代田公司的脱氢催化剂将氢气从甲苯中分离出来,甲苯可被运回加氢工厂回收再利用,而氢气则可交付使用。千代田公司展示了世界上首个端到端的全球氢气供应链,并成功将生产的 MCH 运输到日本川崎的一家炼油厂。

### 案例 13-3 德国·Hydrogenious Technologies 公司

德国 Hydrogenious Technologies(HT)公司致力于液态有机储氢技术的研发推广。Hydrogenious Technologies 公司借助高活性催化剂优化液态有机储氢材料的生命周期和效率,同时采用氢气净化系统,净化存储的氢气,并建造了有机液态储氢工厂。Hydrogenious Technologies 公司主要的研发产品为二苄基甲苯,该介质不易燃、不易爆。

Hydrogenious Technologies 公司总部用 PEM 电解槽制氢后,将其存储在二苄基甲苯中,用标准油罐车进行氢气运输。LOHC 技术的阻燃和非爆炸特性,作为液体载体的安全优势、高能量密度等特点,使该技术可利用现有的基础设施,在人口稠密的地区为加氢站供应氢气。

Hydrogenious Technologies 公司在 Stuttgart 安装了一个使用氢燃烧器进行加热脱氢的系统,适用于离网供电。LOCH 脱氢系统产氢速率为 0.33 N·m³/h,同时可供给质子交换膜燃料电池 30 kW 的电力。此外,Hydrogenous Technologies 公司还向联合氢集团(UHG)交付了两个脱氢系统:一个用于发电厂发电机的冷却,另一个用于向 UHG 客户供应氢气。Hydrogenious Technologies 公司将为在德国安装的第一个加氢站提供 LOHC 技术支持。

## ❋ 本章小结

有机液体储氢技术是利用不饱和烷烃或芳香烃等有机分子作为氢载体,通过可逆的加氢和脱氢反应来实现氢气的存储与释放。

有机液体材料的储氢原理是通过化学键的加氢反应实现氢的存储,通过碳氢键断裂的脱氢反应实现氢的释放。有机液体储氢材料包括苯与环己烷、甲苯与甲基环己烷、萘与十氢化萘和咔唑、N-乙基咔唑等。

有机液体储氢材料在加氢站、燃料电池汽车等场景具有广阔的应用前景。通过不断优化有机液体储氢材料的性能,可以为氢能的大规模应用提供技术支撑。

## ⚙ 思考题

13-1 有机液体储氢材料相对于传统储氢材料有何特点?现存哪些技术难题?

13-2　通过阅读教材和查阅文献,总结工业上主要的咔唑制备方法。

13-3　选择有机物储氢介质需要重点考虑哪些性能指标?

13-4　有机液体加氢、脱氢反应要使用催化剂,但催化剂活性不够稳定,易被毒化,请通过课后查阅相关文献,查找其中一种催化剂材料近3年的发展现状。

13-5　液态有机储氢技术正处于从实验室向工业化生产过渡阶段,请查找当前国内、外液态有机储氢技术的商业示范工程,列举2~4个。

13-6　二苄基甲苯熔点低、沸点高,可在较宽的温度范围内保持液态,用来储运氢气安全方便。请查阅相关文献,总结二苄基甲苯作为储氢材料的国内外研究现状。

# 习题

13-1　有机液体储氢材料储放氢过程的基本原理是什么? 请写出三种以上不饱和芳香烃吸放氢反应方程式。

13-2　请简述有机液体氢化物储氢系统运行机制。

13-3　有机液体作为储氢材料有哪些优势?

13-4　苯和甲苯是常用的两种有机液体储氢材料,与其他的储氢技术(液化、金属氢化物、高压压缩)相比,具有哪些优点?

13-5　请简述传统有机液体储氢材料的优势与劣势。

# 参考文献

[1] SULTAN O,SHAW H. Study of automotive storage of hydrogen using recyclable liquid chemical carriers [J]. NASA STI/Recon Technical Report N,1975,76:33642.

[2] 韩红梅,王敏,刘思明,等. 发挥氢源优势　构建中国特色氢能供应网络[J]. 中国煤炭,2019,45 (11):13-19.

[3] 张媛媛,赵静,鲁锡兰,等. 有机液体储氢材料的研究进展[J]. 化工进展,2016,35(9):2869-2874.

[4] 陈学迪. Pd基催化剂的设计及其催化有机液体储氢材料脱氢性能研究[D]. 武汉:中国地质大学,2023.

[5] 苗盛,张茜,陶光远. 氢能运输:不同形态的优劣势对比[J]. 能源,2022(4):66-70.

[6] 宋林. 镍系催化剂对乙基咔唑加脱氢反应的催化性能研究[D]. 杭州:浙江大学,2015.

[7] 唐博合金,张佳乐,蒋子翰,等. 有机液体储氢技术的研究进展[J]. 电池,2007(4):325-327.

[8] 吕丹,刘太奇. 碳基和有机物储氢材料的研究进展[J]. 新技术新工艺,2006(8):14-17,1.

[9] 朱刚利,杨伯伦. 液体有机氢化物储氢研究进展[J]. 化学进展,2009,21(12):2760-2770.

[10] 花飞,龚朝兵,孔令健,等. 有机液体储氢材料的研究与应用[J]. 石油化工技术与经济,2022,38 (4):53-56.

［11］全球首套常温常压有机液体储氢加注一体化示范项目已具备商用条件［J］. 氯碱工业，2023，59（7）：46.

［12］ALHUMAIDAN F，TSAKIRIS D，CRESSWELL D，et al. Hydrogen storage in liquid organic hydride：selectivity of MCH dehydrogenation over monometallic and bimetallic Pt catalysts［J］. International Journal of Hydrogen Energy，2013，38（32）：14010-14026.

［13］QI S，YUE J，LI Y，et al. Replacing platinum with tungsten carbide for decalin dehydrogenation［J］. Catalysis Letters，2014，144（8）：1443-1449.

［14］TAUBE M，RIPPIN D，KNECHT W，et al. A prototype truck powered by hydrogen from organic liquid hydrides［J］. International Journal of Hydrogen Energy，1985，10（9）：595-599.

［15］TORRESI R M，CÁMARA O R，DE PAULI C P. Influence of the hydrogen evolution reaction on the anodic titanium oxide film properties［J］. Electrochimica Acta，1987，32（9）：1357-1363.

［16］SHUKLA A，KARMAKAR S，BINIWALE R B. Hydrogen delivery through liquid organic hydrides：Considerations for a potential technology［J］. International Journal of Hydrogen Energy，2012，37（4）：3719-3726.

［17］OIU S J，CHU H L，ZHANG Y，et al. The electrochemical performances of Ti-V-based hydrogen storage composite electrodes prepared by ban milling method［J］. International Journal of Hydrogen Energy，2008，33（24）：7471-7478.

［18］KARIYA N，FUKUAKA A，ICHIKAWA M. Efficient evolution of hydrogen from liquid cycloalkanes over Pt-containing catalysts supported on active carbons under［J］. Applied Catalysis A：General，2002，233（1-2）：91-102.

［19］YE X，AN Y，XU G. Kinetics of 9-ethylcarbazole hydrogenation over Raney-Ni catalyst for hydrogen storage［J］. Journal of Alloys and Compounds，2011，509（1）：152-156.

［20］SHIN E J，KEANE M A. Gas-phase hydrogenation/hydrogenolysis of phenol over supported nickel catalysts［J］. Industrial & Engineering Chemistry Research，2000，39（4）：883-892.

［21］MARKIEWICZ M，ZHANG Y Q，BÖSMANN A，et al. Environmental and health impact assessment of liquid organic hydrogen carrier（LOHC）systems-challenges and preliminary results［J］. Energy & Environmental Science，2015，8（3）：1035-1045.

［22］MODISHA P M，OUMA C N M，GARIDZIRAI R，et al. The prospect of hydrogen storage using liquid organic hydrogen carriers［J］. Energy & Fuels，2019，33（4）：2778-2796.

［23］ABDIN Z，ZAFARANLOO A，RAFIEE A，et al. Hydrogen as an energy vector［J］. Renewable and Sustainable Energy Reviews，2020，120：109620.

［24］ZOU Y Q，VON WOLFF N，ANABY A，et al. Ethylene glycol as an efficient and reversible liquid-organic hydrogen carrier［J］. Nature Catalysis，2019，2（5）：415-422.

［25］孔文静. 咔唑加脱氢性能研究［D］. 杭州：浙江大学，2012.

［26］夏智军. 非贵金属催化剂 Ni-Cu/SiO$_2$ 催化环己烷脱氢研究［D］. 杭州：浙江工业大学，2017.

其他参考文献